U0262343

"十四五"时期国家重点出版物　工业和信息化部"十四五"规划专著
出版专项规划项目

新型热电材料研究丛书

氧硫族化合物 BiCuSeO
热电材料

赵立东　张潇　邱玉婷　著

THERMOELECTRICS

BiCuSeO OXYSELENIDES
THERMOELECTRICS

人民邮电出版社

北京

图书在版编目（CIP）数据

氧硫族化合物BiCuSeO热电材料 / 赵立东，张潇，邱
玉婷著. -- 北京：人民邮电出版社，2023.12
（新型热电材料研究丛书）
ISBN 978-7-115-61935-8

Ⅰ．①氧… Ⅱ．①赵… ②张… ③邱… Ⅲ．①热电转
换－材料科学 Ⅳ．①TK123

中国国家版本馆CIP数据核字(2023)第242836号

内 容 提 要

热电转换技术作为一种环境友好型的能量转换技术，备受瞩目，它利用半导体热电材料直接将热能与电能进行转换，具有寿命长、无运动部件、无噪声、可靠性高、适应环境能力强等特点，在航空航天、工业余热回收利用、环境低品位能量收集、可穿戴电子设备等领域有着广阔的应用前景。氧硫族化合物BiCuSeO因具备抗氧化性和热稳定性、无毒、储量丰富、成本低等优点，受到高度关注。

本书比较全面地梳理和总结了BiCuSeO的本征热电特性和发展潜力，同时基于国内外研究进展和相关理论，系统阐述了 P 型 BiCuSeO 载流子浓度优化策略、载流子迁移率提升策略和热电输运协同优化机制，以及 N 型 BiCuSeO 的研究进展，展望了 BiCuSeO的未来发展趋势和面临的挑战。本书可供从事热电材料研究和器件研发的科研人员、研究生、工程技术人员参考学习，也可作为高等院校材料科学与工程、半导体、材料物理与化学、热输运等专业的教学参考用书。

◆ 著　　　　赵立东　张　潇　邱玉婷
　　责任编辑　林舒媛
　　责任印制　李　东　焦志炜
◆ 人民邮电出版社出版发行　　北京市丰台区成寿寺路 11 号
　　邮编　100164　　电子邮件　315@ptpress.com.cn
　　网址　https://www.ptpress.com.cn
　　北京捷迅佳彩印刷有限公司印刷
◆ 开本：700×1000　1/16
　　印张：18.5　　　　　　　　　　2023 年 12 月第 1 版
　　字数：302 千字　　　　　　　　2023 年 12 月北京第 1 次印刷

定价：149.00 元

读者服务热线：**(010)81055410** 　印装质量热线：**(010)81055316**
反盗版热线：**(010)81055315**
广告经营许可证：京东市监广登字 20170147 号

丛书序

　　热电材料是一种可实现热能和电能直接相互转换的重要功能材料，相关技术在航空航天、低碳能源、电子信息等领域有着不可替代的应用价值。2017年，科技部印发的《"十三五"材料领域科技创新专项规划》中明确提出发展热电材料。2018年，热电材料被中国科协列为"重大科学问题和工程技术难题"之一。2019年，美国国家科学院在《材料研究前沿：十年调查》报告中也明确把研发新型高性能热电材料列为未来十年材料研究前沿和重要研究方向。热电效应自被发现距今已两百余年。以往，主要是美国和欧洲的一些国家在研究热电材料，直至近二十年，我国在热电材料领域才取得一席之地，这离不开国家政策和重大项目的支持，也离不开国内热电材料领域各研究团队的不懈努力。

　　赵立东教授多年来致力于热电材料的研究，特别是在新型热电化合物的设计合成方面做出了多项具有国际影响力的创新性工作，相关研究成果多次发表在 Science 和 Nature 等重要学术期刊上，在推动热电材料发展方面做出的创新性贡献获得了国际同领域的高度评价。此次由赵立东和相关团队优秀作者编写的"新型热电材料研究丛书"在内容和撰写思路上具有鲜明的特色。现有热电材料领域相关图书大多聚焦热电材料领域大框架的整体讨论和大范围的概括性总结，该丛书的不同之处是基于近几年快速发展的 3 种前沿、经典、具有潜力的热电材料体系，展开了全方位的总结讨论和深入分析，尤其阐述了调控材料自身性能的众多策略，为读者提供了寻找高效热电材料的研究思路，对热电技术在新时代下的产学研应用具有指导性作用，能填补同领域热电材料图书的空白，促进国内热电材料领域的学术发展，推动热电技术在温差发电与制冷领域的科技创新。

张清杰

中国科学院院士

武汉理工大学教授

前　言

2023 年是癸卯年，距离泽贝克先生首次发现热电效应（泽贝克效应，1821 年）已经过去两百多年。除泽贝克效应外，热电效应还包含佩尔捷效应和汤姆孙效应。虽然热电效应发现较早，但是在最早的金属材料中并没有获得优异的热电性能，因此热电材料的发展比较缓慢。直到 20 世纪 50 年代，随着半导体的热电理论建立，相关研究人员的研究热情被带动，半导体热电材料也获得快速发展，热电材料 Bi_2Te_3、$PbTe$ 的热电优值突破 1，成为经典的热电材料，直到今天，它们的优异性能还在被不断开发。与此同时，利用热电效应开发的温差发电和热电制冷技术也逐渐发展起来。比如，美国将 $PbTe$ 和 $AgSbTe_2$-$GeTe$（TAGS）作为热电发电电源，应用于"阿波罗 12 号"载人登月飞船及"旅行者 1 号"行星际探测器和"伽利略"号木星探测器等深空探测任务中，为探测器供电。

进入新时代，热电转换技术由于具有寿命长、无运动部件、无噪声、可靠性高、适应环境能力强等特点，在航空航天、工业余热回收利用、环境低品位能量收集、可穿戴电子设备等领域有着广阔的应用前景。某些特定服役条件要求热电材料在高温下具有较好的稳定性，氧硫族化合物 BiCuSeO 因具备抗氧化性和热稳定性、无毒、储量丰富、成本低等优点，受到科学家们的高度关注。

这两百多年间，热电材料的研究主要集中在美国、日本、韩国以及欧洲的一些国家，近二十年，得益于国家政策和重大项目的支持，以及国内热电研究人员的努力，中国逐渐成为热电材料研究领域的主场。站在这一历史节点，作者希望能基于自身对热电材料的研究，总结 BiCuSeO 最新研究成果，同时回顾其发展历史，总结该材料发展规律，为本书的各位读者——科研人员、研究生、工程技术人员，增强开拓进取的研究勇气和力量，力争开发出更多令人惊喜的 BiCuSeO 研究成果，为我国热电材料发展做出贡献。

本书第 1 章介绍热电效应基本理论及其应用、热电性能评价与测试、常见热电材料及 BiCuSeO 的发展历史。第 2 章比较全面地梳理和总结了 BiCuSeO 的本征热电性能和发展潜力。第 3 章详细介绍了 BiCuSeO 的各种制备方法。第 4 章至第 6 章，基于国内外研究进展和相关理论，系统阐述了 P 型 BiCuSeO 载流子浓度优化策略、截流子迁移率提升策略和热电输运协同优化机制。第 7 章介绍了 N 型 BiCuSeO 的研究进展。第 8 章对 BiCuSeO 的未来发展进行展望。

本书素材汇集了国内外热电材料相关的研究论文与专利，在撰写过程中得到诸多国内外同行的大力支持。在本书成稿之际，特此表示衷心感谢！特别感谢材料领域德高望重的资深前辈——宫声凯院士、李敬锋教授和陈立东教授在本书撰写过程中给予的指导与帮助！感谢为本书做出贡献的本组学生！同时感谢国内外专家在 BiCuSeO 热电材料研究中所做出的贡献！

限于作者的自身水平和精力，本书难免存在一些不足和疏漏之处，恳请广大读者朋友和同行专家批评指正，在此表示诚挚的谢意。

作者
2023 年 12 月

目　录

第 1 章 热电效应及常见热电材料

1.1 引言

面对当今世界化石能源的大量使用所带来的严重环境污染问题，开发清洁能源和提高能源利用效率是实现可持续发展的必然选择。热电能源转换材料（简称热电材料）是一种可再生新型功能材料，可实现热能与电能之间直接且可逆的相互转换，对应的热电器件可实现温差发电与热电制冷功能[1, 2]，在航空航天、余热回收、精准控温、可穿戴电子设备和 5G 等方面都有广阔的应用前景。

1821 年，德国科学家泽贝克发现了第一个热电效应——泽贝克效应，随后佩尔捷效应和汤姆孙效应被相继发现，由此建立了热能与电能转换的三大热电效应。科学家们对热电材料的研究始于 19 世纪初，但 100 年来都进展缓慢，主要原因是热电性能过低、热电转换效率低以及成本相对较高。"无量纲"热电优值 ZT 是衡量热电材料性能的主要指标，与热电转换效率呈正相关。一般来说，ZT 值越大，热电转换效率就越高。而 ZT 值又与 3 个重要的热电参数有关，即电导率、泽贝克系数和热导率，精准测量这 3 个参数对衡量热电材料的性能和热电转换效率非常重要。发展了两百多年的热电学科，聚集了从低温、中温到高温各个工作温区的热电材料，如 Bi_2Te_3、PbTe、方钴矿和半霍伊斯勒合金等，但这些热电材料大多是由重金属和稀土元素组成，价格昂贵。同时，在某些特定的高温热电器件的服役环境中，常见热电材料容易出现分解、氧化和蒸发等问题，不具有稳定性。氧硫族化合物 BiCuSeO 热电材料因在高温下具备抗氧化性和稳定性以及无毒、储量丰富、质量轻、价格便宜的优点，受到科学家们的关注。本章将简要阐述热电效应及其应用，讲解热电材料的性能评价标准、测试方法与原理，以及介绍常见热电材料。

1.2　热电材料背景概述

1.2.1　三大热电效应

三大热电效应是用来阐述热能与电能之间直接且可逆的相互转换过程的效应，为纪念发现者，分别用他们的名字命名——泽贝克效应、佩尔捷效应和汤姆孙效应。下面将简述三大热电效应及其联系。

1821 年，德国科学家泽贝克［见图 1-1（a）］首次发现了温差效应。他将由两个导体组成的闭合回路接头的一端加热，结果回路旁边的指南针发生了偏转，说明回路中有电流产生，该热能转化为电能的现象被称为泽贝克效应。当时他把这个原因归于热生磁，后来被奥斯特的实验进一步更正，指南针发生偏转的本质源于温度的差异导致了回路接头处产生电势差，进而产生了磁场，使回路旁磁场内的指南针发生了偏转。因此，磁性只是由电流的变化所引起的表观现象，而热能产生电能才是此现象发生的本质。由于最早发现这一热能转换成电能现象的是泽贝克，因此被称为泽贝克效应，这就是最早被发现的热电效应。

泽贝克效应的物理本质是当两种不同的导体（半导体）表面接触时，由于不同材料的载流子浓度不同，载流子会在接触表面进行扩散以消除浓度差异，直至达到平衡。载流子扩散的速率与温度有关，温度越高扩散速率越大，当材料两端存在温差时，温度梯度的变化使热端的载流子（空穴或者电子）具有更大的动能，从而引起载流子从热端到冷端迁移，也就产生了电动势和电流［见图 1-2（a）］。

泽贝克　　　　　　　佩尔捷　　　　　　　汤姆孙
(1770—1831)　　　　　(1785—1845)　　　　　(1824—1907)

(a)　　　　　　　　　(b)　　　　　　　　　(c)

图 1-1　发现三大热电效应的科学家 [3]

（a）德国科学家泽贝克；（b）法国科学家佩尔捷；（c）英国科学家汤姆孙

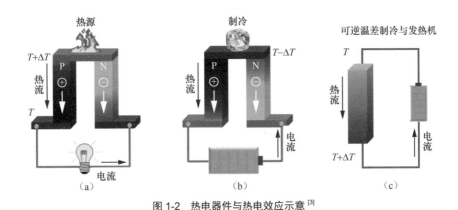

图1-2 热电器件与热电效应示意[3]

（a）温差发电机和泽贝克效应；（b）通电制冷器和佩尔捷效应；（c）可逆温差制冷与发热机和汤姆孙效应

泽贝克效应所产生的电流回路的电动势 V 可以表示为：

$$V = \int_{T_1}^{T_2} \left[S_B(T) - S_A(T) \right] dT \tag{1-1}$$

其中，T_1、T_2 为回路冷端和热端的温度，S 为泽贝克系数，S 为导体接头处 A、B 两端产生的电势差和温差的比值，如式（1-2）所示：

$$S = \lim_{\Delta T \to 0} \frac{\Delta V}{\Delta T} \tag{1-2}$$

在热电材料两端施加温差 ΔT，若此时材料两端产生了电势差 ΔV，则该材料的热电电动势为 $\Delta V/\Delta T$。当温差一定时，材料的泽贝克系数越大，则材料能产生的电势差就越大。不同材料具有不同大小的泽贝克系数。通常情况下，绝缘体具有大的泽贝克系数，其次是半导体材料，金属具有最小的泽贝克系数。导致这种差异的原因会在后文进行详细的分析和解释。另外，泽贝克系数存在正负之分。载流子为空穴的材料的泽贝克系数为正，反之，载流子为电子的材料的泽贝克系数为负。值得注意的是，以上提及的泽贝克系数的大小以及正负属于材料本身的性质，与加载在材料上的温差无关。

1833年，法国科学家佩尔捷［见图1-1（b）］发现了泽贝克效应的可逆效应——佩尔捷效应，即将两种不同的导体（铋和锑）一端进行连接，在两导体另一端分别接入直流电的正负极时，接头的两端会产生温度梯度，接头处会变冷；而转换电流方向，接头处又变热。这就是佩尔捷效应，也是通电制冷器的原理［见图 1-2（b）］：当电流流过两种不同导体时，接头处的温度会发生变化。其物理原理是载流子在两种导体构成的回路中存在势能差，当它经过接头时，会与晶格的热振动交换能量以达到平衡。佩尔捷效应的物理机制也与载流子在两种材料间的迁移有关。相同载流子在不同材料中具有不同的势能，如果外部电流的驱动使其从高势能端迁移到低势能端，则多余的势能会以热量的形式释放出来。反之，如果载流子从低势能端迁移到高势能端，缺失的能量会在其经过导体接触面时通过周围环境补充，也就是吸热过程。佩尔捷效应的吸放热速率可以表示为：

$$q = \pi I \tag{1-3}$$

其中，q 为吸放热速率，π 为佩尔捷系数，I 为直流电电流。与泽贝克系数类似，佩尔捷系数同样有正负。

泽贝克效应和佩尔捷效应都是将两种不同导体连接在一起所产生的热电效应，主要源于不同材料具有不同的性能。随后英国科学家汤姆孙［见图 1-1（c）］提出均质导体材料内同样存在热电效应［见图 1-2（c）］：当电流在导体内流动时，除了其自身产生的焦耳热，导体的两端会分别发生吸热和放热现象。反过来，如果加热导体的一端，则导体的两端会产生电势差。经过后人证实，此效应被称为汤姆孙效应。汤姆孙效应更偏重利用热力学理论进一步阐述泽贝克效应与佩尔捷效应的内在关联性。汤姆孙效应本质上与佩尔捷效应相似，不过汤姆孙效应的势能差是由同一导体中的载流子温度梯度所引起的，佩尔捷效应的电势差是由两种不同导体的不同载流子的势能差引起的，且汤姆孙效应对热电转换的能量贡献与泽贝克效应和佩尔捷效应相比较小。

尽管热电效应发现时间较早，但是热电学科发展缓慢，直到固体物理理论建立，热电学科的基础理论才建立。热电材料具有很多优点，但是其低热电转换效率（10%）影响了其应用，不过理论上其转换效率可以无限接近卡诺循环效率，因此提高热电转换效率成为热电研究的重点[3]。

1.2.2　热电效应的应用

1.2.1 节讲到热电材料可以实现温差发电和制冷，这主要是靠其内部的载流子和声子的输运及彼此间的作用实现的。自 20 世纪 50 年代第一代热电材料诞生，到目前很多新型的功能梯度热电材料、低维度热电材料的发现和研究，热电材料得到了快速发展 [4-7]。与此同时，热电转换技术（也称为温差电技术）的发展日新月异。

　　热电器件是热电转换技术的重要组成单元，热电器件的种类有很多，但其基本结构单元相似，即由众多的 P-N 结通过电串联、热并联组成。图 1-3 给出了常见的 3 种热电器件结构示意。

（a）　　　　　　　　　　　（b）　　　　　　　　　　　（c）

图 1-3　不同热电器件结构示意

（a）π 型热电器件结构示意；（b）管式热电器件结构示意；（c）Y 型热电器件结构示意 [8]

　　图 1-3（a）所示为传统的 π 型热电器件。很多长条形或圆柱形的 P 型热电材料和 N 型热电材料依次间隔排列在一起，然后用两块陶瓷片将其夹在中间，形成"三明治"结构。陶瓷片的作用有两个，一个是起绝缘作用，另一个是进行热输运。π 型热电器件被广泛应用在热流方向垂直于陶瓷面方向的环境中。同时，这种结构的工艺最简单。简单的结构和工艺使得这种结构的热电器件有着非常广泛的应用。但是，该结构的缺点在于很难适应表面不平整的热源，这时则需要另一种结构的热电器件——管式热电器件，如图 1-3（b）所示。不同于 π 型热电器件中的长条形或者圆柱形的材料结构，管式热电器件的基本单元为一系列同心圆环。同样是电串联和热并联，只是此时的热端和冷端分别处于空心圆柱体的内壁和外壁。通常情况下，内壁为吸热端，外壁为放热端。这种结构有多种好处：一是能够根据管的直径设计热电器件的尺寸，实现器件与热源的完全贴合；二是外壁的面积大，能够确保更好散热，维持稳定的温差，确保器件的发电效率。这种结构的弊端在于复杂的结构设计以及器件的维修更换方面。在热电器件的设计过程中，材料本身的热膨胀系数也是需要考虑的关键因素。不同的热电材料的热膨胀系数差异较大，如果没有将热膨胀系数作为设计因素之一来考虑，热电器件在热循环使用过程中，其材料接触点极易因为材料热膨胀而接触不良，接触电阻显著增大，从而使得热电器件的使用寿命大大缩短。因此，人们设计出一种 Y 型热电器件以解决这个问题，如图 1-3（c）

所示。该结构是使用多个 Y 型骨架将 P 型和 N 型热电材料依次固定起来,同时在材料与骨架之间保持一定的空隙以应对热膨胀损伤。这种结构可以根据热电材料的具体形状、大小来调节骨架的形状,以达到最优贴合的效果,并且能够使热电材料更贴近热端和冷端,进一步提升器件的热电转换效率。

热电转换技术是一种新型能源技术,和传统的发电技术相比,具有可模块化、无噪声、无运动部件和零磨损等特点。单个热电发电单元的体积小于 1 cm³,各个组件具有相对的独立性。在满足热电发电单元电串联、热并联的情况下,热电器件的形状和大小是可以随意变化的,热电器件的这个特征使它能够满足各种复杂环境条件下的使用需求;同时热电转换技术无运动部件意味着热电器件的发电过程是在静止条件下完成的,无须考虑磨损、疲劳损耗等因素,这意味着热电器件能够长期稳定服役,大大提高了热电转换技术的可靠性。热电转换技术的这些特点,使其在一些特殊领域,尤其是对服役条件和可靠性有着严格要求的航天领域,有着广阔的应用前景。热电器件在诸如废热发电、太阳光电复合发电、微型移动能源和半导体制冷与温控、航天探测器电源、深空探测器电源等技术领域有重要的应用。下面将简单举例说明热电转换技术在发电和制冷两方面的应用。

热电转换技术是深空和航天探测中的关键电源技术,在航空航天、国防与军工等方面具有不可或缺的作用。在深空环境下,太阳光的辐射功率很低,单一的太阳能电池不足以支撑航天器的正常使用需求,这使得温差发电电源成为深空探测器不可或缺的供电系统。图 1-4(a)所示的热电材料作为电源应用于"阿波罗 12 号"探月任务中。月球上昼夜交替时间长,约等于地球上两周的时间,在漫长不见太阳光的黑夜里,太阳能电池不再能满足需求,电能的来源成为问题,此时将热能转换成电能几乎就成了唯一选择[9]。热电发电电源模型内部的放射性元素在衰变时所放出的热量使电源与月球表面形成巨大温差,利用热电发电电源将热能转成电能。图 1-4(b)所示为火星任务中的热电发电电源,运用的也是同样的发电原理。值得一提的是,在 20 世纪 70 年代,美国发射了"航海者 1 号"深空探测器,探测器上搭载了一颗放射性同位素电池,如今 40 多年过去了,"航海者 1 号"早已飞出太阳系,但是它不断地向地球发送信号,这意味着探测器上的放射性同位素电池仍然在正常工作,热电发电电源的可靠性可见一斑。自 1961 年开始,46 个热电发电电源已经被应用于美国的 26 个空间任务中。有报道称,热电发电电源的转换效率会影响探测器的探测距离，当 ZT 值从 1.0 提高到 2.0 时，探测器的探测距离将会延长 2 倍[10]。近年来，美国、欧洲和日本等加大了对热电材料研究的支持力度。随着我国探月工程和深空探测工程的不断深入，热电转换技术的作用将更加凸显。

（a）　　　　　　　　　　　　　　　　　（b）

图 1-4　热电发电电源用于深空探测器

（a）"阿波罗 12 号"探月任务中的热电发电电源[9]；（b）火星任务中的热电发电电源

热电转换技术在汽车尾气废热回收利用方面有着重要的应用。据统计，在汽车使用的每一份燃料中，只有 33% 的能量被转化为汽车的驱动力，剩下 67% 的能量以废热的形式浪费掉了。如何利用这部分被浪费掉的能源对于汽车的节能环保有着重要的意义。热电转换技术是解决这个问题的重要技术之一。通过将热电发电器安装在汽车的尾气管上，汽车尾气产生的高温能够给热电器件提供足够大的温差，从而实现高效的热能到电能的转换。目前，很多国际知名汽车制造企业都在大力投资支持汽车热电器件的研发工作。例如美国的通用公司专门设立了研发汽车热电器件的项目。福特公司和宝马公司也正在积极与热电企业合作，在自己品牌汽车上安装热电器件。图 1-5（a）所示为汽车中 1 加仑（1 加仑≈3.79 升）汽油的消耗比例，用于汽车驱动的只有 33% 的能量。

图 1-5（a）中用于摩擦与辐射、冷却剂和废气的能量分别为 5%、24% 和 33%[11]。图 1-5（b）中的标红色部分和图 1-5（c）是排气管中利用余热发电的热电器件，图 1-5（d）是其横截面。若热电器件的转换效率能达到 20%～30%，那么能够回收利用 1 加仑汽油中约 10% 的能量，这样能大大减少能量的浪费[12]。

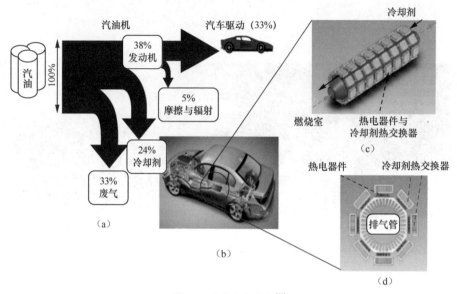

图 1-5　汽车余热发电[11]

（a）汽车中 1 加仑汽油的消耗比例[11]；（b）应用在排气管中的热电器件；（c）热电器件模型；
（d）利用余热发电的热电器件横截面示意

　　热电转换技术不仅在航空航天和汽车尾气废热回收等方面有着重要的应用，在热电冰箱、光电子领域和精准控温领域也有着不可替代的应用。同时，在时下流行的可穿戴电子设备、5G 和物联网等领域也有广阔的应用前景。

　　热电冰箱经过半个多世纪的发展，已经拥有了稳定的市场。此外，热电冰箱在小体积制冷和便携式制冷技术领域具有很强的竞争力。与传统的冷却方式相比，热电冷却的效率与体积无关，因此热电冰箱可用于小体积的冷却场所[图 1-6（a）所示为便携式热电冰箱]，通过调节电压或电流可以实现精准的温度控制。热电冰箱还具有无压缩机、无机械运动部件、可靠性高、无噪声、不需要氨和氟利昂等制冷介质等优点，更符合现代社会对环保的要求。作为日常消费品，还有其他很多基于热电制冷机的民用商用产品，便携式热电制冷机、热电空调座椅、小型热电空调、热电饮水机和热电酒冷却器是其中的典型应用。

（a）　　　　　　　　　　　　　　　（b）

图 1-6　热电转换技术的应用 [13]

（a）热电冰箱；（b）计算机集成芯片

　　热电制冷还广泛应用于光电子领域，如红外探测器、激光二极管、除湿器、露点测试仪和冰点渗透计等。一个典型案例如图 1-6（b）所示，微型热电制冷机可用于计算机集成芯片，并应用于国防。例如，用于预警卫星的红外探测器需要在低温条件下具有较高的灵敏度和检出率，要求制冷机具有轻量化和无振动的特点，因此热电制冷机是非常好的选择。此外，由于热电制冷可以很容易地实现定点冷却和精准温度控制，从而推动了相关医疗设备产品的发展，包括冷冻手术刀、冷冻切片机等。使用热电制冷技术的冷冻手术刀不需要使用压缩机或液氮，与传统的冷冻手术刀相比，它更小、更灵活。同时，尖端温度非常适合表皮和眼部手术。

　　热电材料由于具有灵活、经济和无毒的特点而极具吸引力，这使得它很有希望被用于人体热量收集，从而为便携式或可穿戴电子设备充电。传统电池由于需要频繁更换、充电和维护，在可穿戴电子产品中的应用有限，因此开发免维护、能源自主的热电发电电源对可穿戴电子产品的应用具有重要意义。目前市场上出现了诸多利用热电转换技术的可穿戴电子设备，比如戴森能源推出的手机应急充电器（见图 1-7），其关键原理是利用热电效应，将体温和室温的温差转换为电势差，为手机提供应急充电。再比如手指上由热电发电电源供电的无线传感器，将热电发电电源嵌入衬衫能收集人体胸部热能的热电衣服，底部内置热电材料可以为手机充电的热电靴子。这些新颖的应用很好展示了热电发电电源的人性化、方便、高效和低成本的优势以及在未来可穿戴电子设备领域的应用潜力。

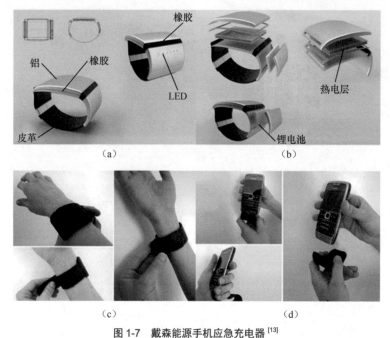

图 1-7 戴森能源手机应急充电器[13]

（a）材质；（b）配置的电源；（c）佩戴方式；（d）给手机应急充电

随着热电材料研究不断向前推进、热电转换效率提升、热电器件不断发展，以及热电学科与相邻学科的交叉融合，热电转换技术的应用将会越来越广阔，相信未来不管是国防军用方面，还是民用方面，将会有更多利用热电效应的产品出现在我们身边。

1.3 热电性能评价与测试

1.3.1 热电性能评价

随着泽贝克效应、佩尔捷效应和汤姆孙效应相继被发现，人们开始意识到热电转换技术的应用前景。热电转换技术是利用半导体材料的泽贝克效应与佩尔捷效应直接实现热能与电能之间的相互转换，具有无传动部件、无噪声和尺寸小等特点。尽管热电转换技术具有众多优点，但是较低的转换效率（约 10%）在很大程度上限制了热电材料及热电器件的广泛应用。从式（1-4）可以看出，热电器件的最大转换效率 η_{max} 主要由热电材料的平均 ZT（ZT_{ave}）和热电器件冷热端温差 $(T_h - T_c)$ 决定。

$$\eta_{\max} = \frac{T_h - T_c}{T_h} \frac{\sqrt{1+ZT_{ave}} - 1}{\sqrt{1+ZT_{ave}} + \dfrac{T_h}{T_c}} \qquad (1\text{-}4)$$

其中，T_h 为热端温度，T_c 为冷端温度。热电材料的 ZT_{ave} 表达式为：

$$ZT_{ave} = \frac{1}{T_h - T_c} \int_{T_c}^{T_h} ZT dT \qquad (1\text{-}5)$$

结合式（1-4）和式（1-5）可以发现，同一 ZT 值下，温差越大，热电转换效率越高；同一温差下，材料的 ZT 值越大，热电转换效率越高。

图 1-8 所示为冷端温度固定为 300 K 时的 $\eta_{\max}$ 与冷热端温差的关系曲线，图 1-9 所示为冷端温度固定为 300 K 时的 $\eta_{\max}$ 与 ZT_{ave} 值的关系曲线。不难看出，若想热电器件实现 20% 的转换效率（该值可与常规热机发电功率相比），材料的 ZT_{ave} 值需达到 2.0 且保证 400 K 左右的温差。因此，热电器件是热电转换技术得以应用的核心，而高性能热电材料是制备高效率热电器件的必要条件。

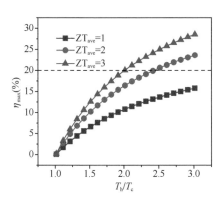

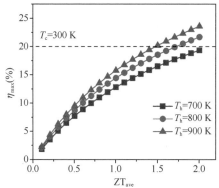

图 1-8　热电器件冷端温度固定为 300 K 时的 $\eta_{\max}$ 与冷热端温差的关系曲线

图 1-9　热电器件冷端温度固定为 300 K 时的 $\eta_{\max}$ 与 ZT_{ave} 值的关系曲线

在式（1-6）中，热电材料的 ZT 为无量纲参数，是评价材料热电性能的重要判据。ZT 值的大小由热电材料本身性能所决定，故称为材料的热电优值，其表达式为：

$$ZT = \frac{S^2 \sigma}{\kappa} T \qquad (1\text{-}6)$$

其中，S 是泽贝克系数，σ 是电导率，κ 是热导率，T 是绝对温度，$S^2\sigma$ 被称为功率因子（Power Factor，PF）。单纯从公式来看，只要提高泽贝克系数 S 和电导率 σ、降低热导率 κ，仿佛就能得到高的热电优值。影响材料热电性能的 3 个重要参数之间密切相关，这些参数之间的复杂关系可见以下表达式：

$$S = \frac{8\pi^2 \kappa_B^2}{3eh^2} m^* T \left(\frac{\pi}{3n}\right)^{\frac{2}{3}} \tag{1-7}$$

$$\sigma = ne\mu = \frac{ne^2 \tau}{m^*} \tag{1-8}$$

$$\kappa_{tot} = \kappa_{lat} + \kappa_{ele} = \kappa_{lat} + L\sigma T \tag{1-9}$$

其中，κ_B 是玻耳兹曼常数，m^* 是有效质量，h 是普朗克常数，n 是载流子浓度，e 是电子电荷，μ 是载流子迁移率，τ 是弛豫时间，κ_{tot} 是总热导率，κ_{lat} 是晶格热导率，κ_{ele} 是电子热导率，L 是洛伦兹常数。从式（1-7）、式（1-8）和式（1-9）可以看出泽贝克系数与电导率之间通过载流子浓度和有效质量联系在一起。当有效质量为定值时，载流子浓度越大，泽贝克系数越小，电导率越大；当载流子浓度为定值时，有效质量越大，泽贝克系数越大，电导率越小。

根据式（1-9），电子热导率与电导率 σ 成正比。尽管晶格热导率看起来相对独立（和电输运参数基本无关），但实际上研究人员在对电输运性能优化的过程中通常会影响甚至改变材料的晶格振动模式和声子输运散射机制，进而改变材料的晶格热导率。

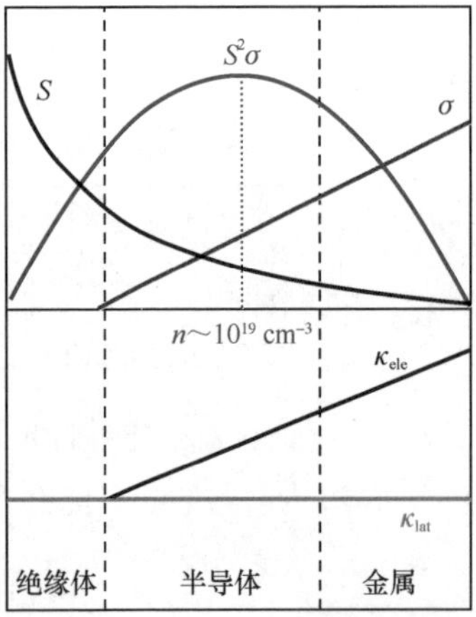

图 1-10 定性地给出了影响材料热电性能的各个参数与载流子浓度的变化关系。从图 1-10 中可以很明显地看出材料的最优热电性能应该出现在半导体范畴内，而对应的优化载流子浓度是 $10^{19}\ \text{cm}^{-3}$ 量级，而这个载流子浓度范围通常对应重掺杂（或简并态）半导体[14]。当然对于不同的材料体系，最佳载流子浓度也不尽相同。

大量研究表明，一味追求热电优值中某一个参数的增加或者减少，会导致其他参数发生非协同性变化，从而降低总体热电性能，因此，实现对热电材料热电输运性能的协同调

图 1-10　材料电导率、泽贝克系数、功率因子、电子热导率、晶格热导率与载流子浓度的关系

控，是研究人员长期以来追求的目标。

1.3.2 热电性能测试

根据 1.3.1 节的介绍，我们了解到电导率、泽贝克系数、热导率和载流子浓度是决定材料热电性能的主要参数，因此，这几个参数的精准测量必然是热电材料性能表征的关键内容。目前，大部分块体材料的热电性能测试技术已趋于成熟，但测量误差来源的多样性、复杂性以及测量过程非标准化等一系列问题都是热电参数精准测量中面临的巨大挑战。此外，针对类液态块体热电材料、低维热电材料等具有特殊物理性质的热电体系而言，其热电输运性能存在一定的特殊性，需要研究人员不断探索其热电性能，并开发出适宜的测量方法与技术。本节将重点阐述电导率、泽贝克系数、载流子迁移率及热导率的测试原理和方法，列举测量误差的典型案例并探索解决方案。

1.3.2.1 电导率

电导率是材料基本的电学性能之一，也是用来描述物质中电荷输运能力强弱的参数。电导率的测量方法已经比较成熟，接触式半导体电阻（导）测量法主要有两探针法、四探针法、单探针扩展电阻法、范德堡法、离子阻挡法和非电学测量法等。下面分别介绍这几种针对常规半导体材料的电导率测量方法。

（1）两探针法

根据电学知识可知，对于成分均匀的矩形金属样品（长度为 L，截面积为 A，电流密度为 J，电场强度为 E，见图 1-11），可以通过测量流经样品的电流 I 以及样品两端的电压 V，结合样品的尺寸信息计算出样品的电导率：

$$\sigma = \frac{J}{E} = \frac{IL}{VA} \tag{1-10}$$

然而，将以上测量方法直接应用到半导体样品上是行不通的。

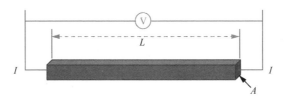

图 1-11 测量金属样品电导率的示意

这是因为半导体材料的电阻率小，接触电阻相对较大，倘若直接使用上述方法，不能忽视图 1-12 中所示的电压测量笔与半导体样品接触时产生的较大接触电阻，电压满足的关系式为：

$$V_0 = V_{c1} + V_b + V_{c2} \qquad (1-11)$$

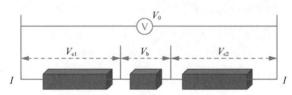

图 1-12　半导体样品的接触电阻示意

经验表明[15]，这种接触电阻可以高达几千欧姆，远远超出半导体材料自身的体电阻。由于 V_c（V_{c1} 和 V_{c2}）$>>V_b$，此时电压表上显示的电压 V_0 也远大于半导体样品内的电压降 V_b。通过上述分析，不难理解为什么不能简单地利用图 1-12 所示的方法去测量半导体的电导率，必须想方设法抵消或避免接触电阻，从而获得半导体材料真实的电导率。在此基础上，人们提出了两探针法和四探针法。

与测量金属样品电导率不同的是，两探针法会在测量回路上新串联一个参考电阻 R_S，如图 1-13 所示。

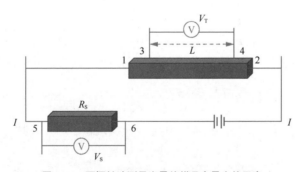

图 1-13　两探针法测量半导体样品电导率的示意

在两探针法中，通过接触点 1 和 2 对待测半导体样品通电流，测量新串联的参考电阻 R_S 接触点 5 和 6 之间的电压降 V_S，计算流过半导体样品的电流：

$$I = \frac{V_S}{R_S} \qquad (1-12)$$

同时利用两个靠弹簧压紧的探针在样品长度方向上测量距离为 L 的两接触点 3 和 4 之间的电压降 V_T，便可求出样品的电导率：

$$\sigma = \frac{IL}{V_T A} = \frac{V_S L}{R_S V_T A} \qquad (1-13)$$

由于探针上并没有待测样品电流通过，因此通过该法获得的样品电阻率与金属和半导体之间的接触电阻无关，以此可消除因接触电阻引起的测量误差。两探针法在测量过程中要求待测样品均匀，但两探针法存在的问题是：待测样品引起的附加泽贝克电压对测量结果有影响。在实际测量过程中，作为待测样品的热电材料本身具备明显的泽贝克效应和佩尔捷效应，因此一旦当直流电流流经待测样品时，会不可避免地建立温差，很难保证接触点 3 和 4 处于等温条件，产生的额外泽贝克电压会使测量误差高达 10% ～ 25%。因此，这样的测量必然会不同程度地影响测量结果的精准性。为了尽可能消除附加泽贝克电压的影响，人们曾尝试通过多次改变电流方向，取电流平均值，或采用交流、直流脉冲等多种形式开展测量。

（2）四探针法

四探针法是由地球物理领域测量地球电导率的 Wenner 法演变而来[16]。这种四探针法的测量通常是共线的，即在平整均匀待测样品上，将 4 根间距为 s 的探针排成一列，如图 1-14 所示，探针 1 和 4 测量待测样品中的恒定电流 I，探针 2 和 3 测量待测样品的电压 V。

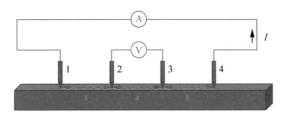

图 1-14　四探针法测量半导体样品电导率的原理

针对半无穷大样品而言，可将探针与接触点视为点电源，其等势面是以接触点为中心的一系列半球面，如图 1-15 所示。

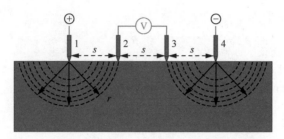

图 1-15　四探针法测量半无穷大样品时电流探针下的等势面

在以 r 为半径的半球面上，电流密度均匀分布且满足：

$$J = \frac{I}{2\pi r^2} \tag{1-14}$$

设 E 是与探针 1 距离为 r 位置处的电场强度，则：

$$E = \frac{I\rho}{2\pi r^2} \tag{1-15}$$

其中，ρ 为待测样品的电阻率。由于：

$$E = -\frac{\mathrm{d}V}{\mathrm{d}r} \tag{1-16}$$

根据待测样品为半无穷大的前提条件，r 趋于无穷远处的电势可视为零，则：

$$\int_0^{V_{(r)}} \mathrm{d}V = \int_\infty^r -E\mathrm{d}r = -\frac{I\rho}{2\pi}\int_\infty^r \frac{\mathrm{d}r}{r^2} \tag{1-17}$$

可推导出距离探针 1 为 r 位置处的电势 $V_{(r)}$：

$$V_{(r)} = -\frac{I\rho}{2\pi r} \tag{1-18}$$

根据电势叠加原理，探针 2 和 3 处的电势可以分别写成：

$$V_2 = \frac{I\rho}{2\pi}\left(\frac{1}{s} - \frac{1}{2s}\right) \tag{1-19}$$

$$V_3 = \frac{I\rho}{2\pi}\left(\frac{1}{2s} - \frac{1}{s}\right) \tag{1-20}$$

探针 2 和 3 之间的电势差 V_{23} 为：

$$V_{23} = V_2 - V_3 = \frac{I\rho}{2\pi}\left(\frac{1}{s} - \frac{1}{2s} - \frac{1}{2s} + \frac{1}{s}\right) = \frac{I\rho}{2\pi s} \tag{1-21}$$

由此可以得出待测样品的电导率：

$$\sigma = \frac{I}{2\pi s V_{23}} \qquad (1\text{-}22)$$

在使用式（1-22）时，它要求待测样品为半无穷大，且样品厚度及边缘与探针的最近距离要远大于探针间距。通常情况下，当待测样品各边界尺寸大于 4 倍探针间距时，就认为已满足上述条件。

针对待测样品厚度 t 比探针间距小很多，且横向尺寸为无限大的样品而言，可将电流探针下的等势面近似为圆柱面，等势面的半径设为 r，如图 1-16 所示。

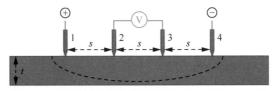

图 1-16　四探针法测量极薄样品时电流探针下的等势面

分析过程与分析半无穷大样品的类似，可推断出探针 1 在距离样品 r 处的电势为：

$$V_{(r)} = \int_r^\infty \frac{\rho I}{2\pi r t} \mathrm{d}r = -\frac{\rho I}{2\pi t} \ln r \qquad (1\text{-}23)$$

探针 2 和 3 之间的电势差 V_{23} 为：

$$V_{23} = \frac{I\rho}{2\pi t}\left(\ln 2 - \ln \frac{1}{2}\right) = \frac{I\rho}{\pi t}\ln 2 \qquad (1\text{-}24)$$

所以极薄样品的电导率为：

$$\sigma = \frac{I \ln 2}{\pi t V_{23}} = 4.532 t \frac{V_{23}}{I} \qquad (1\text{-}25)$$

由此可见，针对极薄样品，电导率与探针间距 s 并无关联，仅与样品厚度 t 相关。

目前各种新的测试手段蓬勃发展，但四探针法因具有操作方法简单、适用范围广泛等优点，因此市面上测量电导率的商用设备通常采用四探针法。如图 1-17 所示，电流从两个端面流经整个待测样品，而电压则通过中间的两个探针（常分布在待测样品的 1/3 长度处和 2/3 长度处）进行测量。

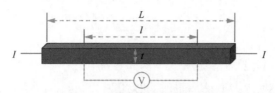

图 1-17 市面上利用四探针法测量材料电导率的示意

四探针法的优点在于其实用性强和不依靠定标的绝对测量方式。根据前面的基本原理可知，若将四探针法作为测量电导率的理论依据，必须尽量满足以下条件，以使待测样品内部尽可能形成均匀分布的电场。满足这些条件，不仅对待测样品的组分均匀性和尺寸特殊性两方面提出了要求，而且在测量过程中对样品与设备的放置也有严格的要求。待测样品整体成分分布要尽可能均匀，以避免组分差异导致电场分布不均匀。倘若存在局部高电导或高电阻夹杂物，会导致电流分布不均匀。样品外形通常为规则的长方体或者圆柱体（长方体待测样品的相对面若不能保持平行，电导率的误差很容易超过 5%）[17]。设备上的电流接触点与样品端面尽量实现面接触。理论上说，端面的接触面积越大，越有利于样品两端形成等势面，有利于在待测样品内部形成均匀分布的电场。若测试过程中不能确定电流接触点与样品端面是否形成了较好面接触的情况，最好使电压探针与样品端面保持一定的距离[18]，且满足 $L - l > 2t$。其中，L 为样品两端面之间的距离，l 为两电压探针之间的距离，t 为样品厚度。因此，在实际测试中，尽量选用长宽比大的样品，并选取合适的探针位置。而电压探针要求正好相反，其与样品之间的接触尽可能为最小的点接触，避免过大面积的接触引起 l 的测量误差。不难理解，电压探针与样品的接触面积越小，越能降低对样品内电场分布的影响。在电导率的测量中，接触电阻也会对测试结果产生很大影响。研究人员[19] 曾对此进行过详细的总结：热电半导体材料通常电阻率较小，在许多合金材料表面易形成氧化层，因此在待测的半导体样品与金属探针接触处极易形成半导体 - 金属接触面，其接触电阻相对较大。此外，部分半导体材料与探针形成的接触是 P 型材料和 N 型材料之间的接触，会产生额外的非欧姆电压，从而影响测试结果的准确性。为了消除接触电阻的影响，通常采用测量不同电流下样品的电压信号获得 V-I 曲线，该曲线的斜率为样品的真实电阻（与电导互为倒数）。值得注意的是，选用的电流不宜过大，避免引起电阻发热。

（3）单探针扩展电阻法

单探针扩展电阻法是测量微区电阻率的方法。这种方法可以测量体积仅有 $1\times10^{-10}\ cm^3$ 样品的微区电阻率，其分辨率可达到 1 μm。该法对探针材料有着较高的要求，材料需具备硬度大和耐磨等特性。用于单探针扩展电阻法测量的半导体样品的表面需要经过严格的抛光处理，以获得平整如镜的光亮表面。测量过程中，待测样品背面需要制作出欧姆接触的效果。为了获得待测样品的电阻率，还需制定校准曲线。此处不做介绍，可参看相关资料 [15]。单探针扩展电阻法可以测量断面电阻率的不均匀性，特别是针对微区电阻率，这对制作大规模或者超大规模集成电路的单晶材料来说尤为重要。在实际生产中，利用四探针法测量的"均匀"材料，其微区电阻率有可能存在很大的不均匀性。

（4）范德堡法

为了减少样品的非规则尺寸给电导率测量带来的误差，在热电领域也常用范德堡法来测量电导率。该法是 1958 年由范德堡提出的一种接触点位于待测样品边缘的用于测试电导率和霍尔系数的测量方法。这种方法的适用条件为：样品厚度均匀、样品表面是单连的（无任何独立孔洞）、接触点位于待测样品边界、接触点尽可能小。范德堡法测量电导率的原理如图 1-18 所示，有一任意形状、厚度均匀（厚度为 t，各处厚度差别在 0.005 mm 以内，甚至更小）[20]的薄片式样品，沿四周做 4 个接触点 A、B、C、D，尽量满足 AB 连线垂直于 CD 连线。

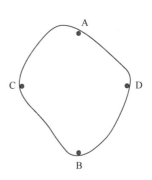

图 1-18　范德堡法测量电导率所用的任意形状的薄片式样品

通过这项测量技术，在任意相邻的两接触点通以电流，测量另外两接触点间的电压变化。当在 AC 间通以电流 I_{AC}，测出 DB 间的电势差 V_{DB}，则有：

$$R_1 = \frac{V_{DB}}{I_{AC}} \tag{1-26}$$

同理，若在 AD 间通以电流 I_{AD}，测出 CB 间的电势差 V_{CB}，则有：

$$R_2 = \frac{V_{CB}}{I_{AD}} \tag{1-27}$$

待测样品的电导率 σ 与上述参数的关系为：

$$\sigma = \frac{\ln 2}{\pi t} \cdot \frac{2}{(R_1 + R_2) f\left(\frac{R_1}{R_2}\right)} \tag{1-28}$$

上式中的 $f\left(\frac{R_1}{R_2}\right)$ 为一修正函数，可从相关资料中查出，代入式（1-28）便可求出待测样品的电导率。

当取 $I_{AC} = I_{AD} = I$ 时，式（1-28）可转化为：

$$\sigma = \frac{I}{2.266t} \cdot \frac{1}{(V_{DB} + V_{CB}) f\left(\frac{V_{DB}}{V_{CB}}\right)} \tag{1-29}$$

当待测样品为图 1-19 所示的圆形或方形结构样品时，式（1-28）可简化为：

$$\sigma = \frac{\ln 2}{\pi t} \cdot \frac{1}{R_1} \tag{1-30}$$

  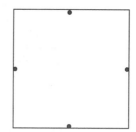

图 1-19　典型对称的圆形和方形结构

范德堡法建立在理想边缘接触的基础之上，而在实际的测量过程中，接触点通常具有一定的尺寸且很难刚好落在样品的周边。因此，非理想边缘接触会给测试带来一定的影响。研究表明[21]，针对方形样品，接触点布置在四顶点处比布置在侧边中心处引入的误差更小，但如果接触尺寸小于侧边长度的10%，两种接触方式引入的误差都可以忽略不计。

（5）离子阻挡法

对于传统的热电材料的总电导率，我们主要考虑其载流子电导率，对其总电导率的测量通常采用上述方法即可。然而，针对铜基类液态热电材料，其总电导率由载流子电导率和离子电导率组成。这类材料的载流子电导率通常比离子电导率高，如 Cu_2S 的载流子电导率[22] 为 $400 \sim 1000\ S \cdot m^{-1}$，明显高于其离子电导率，离子电导率约为 200 S·m^{-1}（628 K）[23]。同一材料中两种电导率数值存在显著的差异，加大了精确测量该类热电材料的电导率的难度。

离子电导率用来描述物质中离子传导趋势。测量离子电导率的方法为电化学阻抗谱法[24, 25]，这个方法需要将待测样品浸泡在含铜离子的电解液中，用交流阻抗法进行测量，显然并不适合铜基类液态热电材料。因此，有研究人员[26]提出一种"电子阻挡法"，用来测量离子 - 电子混合导体的离子电导率，即在待测样品两端添加离子电极，让离子自由通过，并且可以阻挡电子通过。这种方法的缺点在于需要利用特殊材料制成离子电极和离子探针，并且部分离子电极的使用温度有限，无法涵盖热电材料的服役温区。因此，该方法在用于测量铜基类液态热电材料的离子电导率时，受到了极大限制。现阶段研究人员[27]研制出的"离子阻挡法"有效解决了上述问题。这种测量方法是通过测量通电流后离子浓度极化的过程，记录离子浓度极化的建立和衰减过程，进而推算出热电材料的离子电导率。离子阻挡法的测试原理如图 1-20 所示[27]，当给待测样品通入电流时，内部离子会由初期的高度无序混乱状态转变为沿电流方向的有序长程运动。随通入电流时间的增加，样品内部可迁移的离子将不断往电势较低处移动，经一段时间积累可形成具有浓度梯度的离子分布。一旦离子浓度梯度建立，离子将向高电势处回流，直至形成动态平衡。当撤去外电场（关闭电流）时，驱动电子做出定向运动和向低电势处迁移的离子所形成的电压也会随之消失，而因离子浓度梯度作用导致的离子回流所形成的电压并不会立刻消失，并会随离子浓度梯度的减弱呈指数递减，此部分电压为可检测的残留电压。

图 1-20（b）所示为离子阻挡法测量离子电导率时典型的电压变化曲线，整个过程可分为通电流过程和断电流过程。理想情况下，这两个过程应该看作可逆过程。研究人员[28, 29]考虑了仪器的测量精度和一些不可避免的测量误差，利用两个过程的平均值计算材料的离子电导率：

$$\sigma_{iA} = \frac{2Jd}{V_{i1} + V_{i2}} \cdot \frac{V_{r1} + V_{r2}}{V_{s1} + V_{s2}} \qquad (1\text{-}31)$$

其中，V_i 代表待测样品的初始电压，V_s 代表测量过程的平衡电压，V_r 代表断电后的残留电压，J 代表电流密度，d 为热电偶之间的距离，下标中的 1 代表通电流过程，2 代表断电流过程，具体推导过程请参考相关资料[28, 29]。

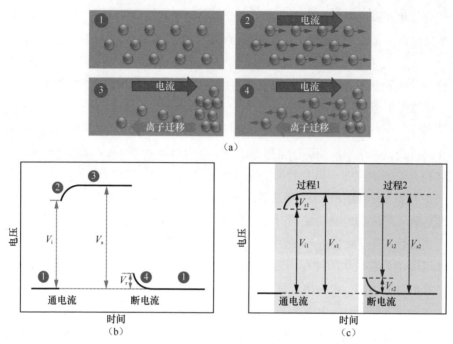

（a）

（b）

（c）

图 1-20　离子阻挡法测试原理

（a）通、断电流过程中铜离子迁移示意；（b）通、断电流过程中样品电压变化曲线；（c）过程 1
表示通电流过程的电压变化曲线，过程 2 表示断电流过程的电压变化曲线 [27]

　　根据离子阻挡法的测试原理可知，测试仪器需要能持续通入直流电流，
且能实时记录样品上的电压、电流和温度的变化。同时，对样品腔也有着极高
的要求，例如保证极高的密闭性，且能在真空或惰性气氛的高温下运行。研
究人员 [29] 甄选商用热膨胀仪进行改装，整个离子电导率测试的电路模型如
图 1-21 所示。待测样品通过氧化铝棒被固定于两个镍电极之间，直流电流由

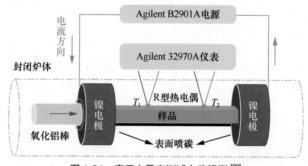

图 1-21　离子电导率测试电路模型 [29]

左端镍电极流入，流经样品后从右端镍电极流出。同时，该镍电极作为电子电极可起到阻挡离子通过的作用。为了防止样品与镍电极发生反应，需要在镍电极表面喷覆一层均匀的碳粉，并定期检查、喷涂。电极、样品以及热电偶均置于热膨胀仪密闭炉体内。

（6）非电学测量法

除了上述提到的接触式半导体电阻测量技术，非接触式半导体电阻测量技术在半导体材料的发展历程中也同样发挥着重要作用。这种技术大致可以分为两类，一类是电学测量，另一类是非电学测量。以电学测量技术中的涡流测量技术为例，该项技术原本是基于一个平行共振腔回路，当导电材料靠近线圈时会产生吸收能力，使得这个回路的品质因数减小。随后人们将回路改为固定在铁氧体芯上的一对线圈，在线圈的缝隙中放入待测半导体晶片。待测晶片借助高磁导率的铁芯耦合到电路，振荡的磁场便在半导体中建立起涡流。该方法不仅适用于测量均匀掺杂的晶片的电阻（导），也可用于高阻衬底上的高电导层的测量。其他半导体电阻（导）测量技术在本章不做介绍，可参看相关物理书籍[21]。

1.3.2.2　泽贝克系数

（1）两点间接接触法

与电导率相似，泽贝克系数也是半导体材料重要的本征物理参数之一。根据泽贝克系数的定义，待测样品的泽贝克系数应为样品上两点之间所产生的电势差与温差的比值。泽贝克系数测量的原理示意如图 1-22 所示，即测量样品两端的温差 ΔT 以及电势差 ΔV。

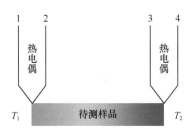

图 1-22　泽贝克系数测量的原理示意（其中 1、2 和 3、4 分别为两对热电偶）

根据式（1-2）可知，当温差固定时，材料的泽贝克系数越大，由该温差产生的电动势也就越大。泽贝克系数的测量方法主要有两种：微分法和积分法。微分法是基于待测样品上下两端的加热片和散热片，一端置于恒定温度下，另一端进行加热，从而在样品的两端建立温度梯度。如图 1-23 所示，利用 2 个热电偶测量样品两点的温度 T_1 和 T_2。在某一温度 T_0 [$T_0 =$（$T_1 + T_2$）$/2$] 的基础上施加一系列微小温度梯度 ΔT，并同时获取 T_1 和 T_2 处的电势差与温差数据。

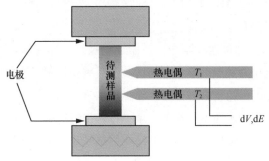

图 1-23　常见商用设备测量泽贝克系数的原理

　　一般来说，当 ΔT 足够小时，ΔV-ΔT 曲线的斜率即为该材料在测试温度 T_0 下的相对泽贝克系数 S_{sr}。这也是测量半导体材料泽贝克系数最常用的方法。从图 1-24 可以看出，当 ΔT 为 0 时，ΔV 并不为 0，存在一定的电压漂移。值得注意的是 [30]，当 ΔT 大于 10 K 时，测试偏差会相应增大，影响测量的精度；当 ΔT 小于 1 K 时，过小的温差产生的电动势信号会很小，因此也会导致较大的相对测量误差。研究表明，以 $Nb_{0.85}CoSb$ 材料的泽贝克系数的测量过程为例，当温差 ΔT 取 1.2 K 时，ΔV-ΔT 曲线为锯齿形；将温差调整至 3.2 K 时，ΔV-ΔT 曲线近似光滑的曲线。由此可见，在测量泽贝克系数的过程中，温差 ΔT 的选择至关重要，既要满足温差尽可能小，又要保证能得到一个足够大、易于被检出的电势差。

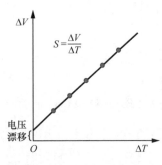

图 1-24　测量泽贝克系数的微分法

　　泽贝克系数的实际测量方法包含静态法和动态法。静态法只测一次温差和电势差，测量误差较大。因此，实际测量过程中通常采用动态法，即在样品平均温度保持不变的前提下，采取多次测量取平均值的方式，既可以减小出现较大误差的概率，又可以提高测量精度。

　　影响泽贝克系数测量的因素还包括热电偶与待测样品的接触方式和热电偶的类型。在泽贝克系数测量中，3 种典型的热电偶放置方式分别为两点间接接触法、径向直接接触法和轴向直接接触法，其结构示意图如图 1-25 所示 [20, 31] 。热电偶的接触点位置不仅会影响测量精度，而且决定测量装置的适用范围。

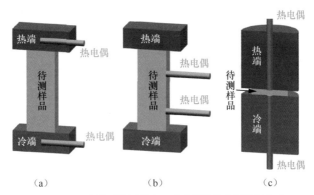

（a）　　　　　　　　（b）　　　　　　　　（c）

图 1-25　泽贝克系数测量中 3 种典型的热电偶放置方式

（a）两点间接接触法；（b）径向直接接触法；（c）轴向直接接触法 [20]

如图 1-25（a）所示，在两点间接接触法中，热电偶测温端焊接于样品台表面或内部，与待测样品间只是间接接触，所测温差通常大于待测样品两端的实际温差。因此这种测量方法还需考虑样品端面与导热元件之间的界面接触所带来的误差影响（例如因界面接触电阻引起的电势差、温差等）。为了尽量减少这种测量方法引起的误差，可以选择焊接或垫用高导热的金属材料（例如钨），并且使热电偶的位置尽可能接近待测样品。两点间接接触法虽然不适用于材料的筛选和质量控制过程的测试，但该方法在测试过程中可以快速更换待测样品，适合测试大批量样品，易于实现自动化测量多组数据。显然，两点间接接触法更适用于对其他方面要求高于精度要求的测试，例如泽贝克系数扫描系统中需要开展快速多次的测量。

（2）径向直接接触法

图 1-25（b）所示的径向直接接触法是商用测量设备中常见的测量方法。这种测量方法是通过施加压力让一对平行的热电偶直接与待测样品的同一侧接触。从热电偶与待测样品的位置关系可以看出，若在热电偶水平方向上施加过大的压力会使得样品在测试过程中发生偏移，在高温环境下甚至会发生弯曲变形，因此人们在测试过程中更倾向于选择较小的压力让热电偶与待测样品接触。结合前面的知识点不难理解，过小的接触压力会使得热阻和电阻增大，从

而带来较大的测量误差。需要强调的是，在径向直接接触法中，热电偶种类的选择对测量误差有着明显影响。首先，因热电偶是与待测样品直接接触，因此需要确保选择的热电偶材料在高温下不会与样品发生化学反应。热电偶一旦与样品或挥发物反应，生成新的化合物，不仅会影响热电偶测量信号的稳定性，而且势必会影响样品的真实温度和泽贝克系数。其次，在保证热电偶与样品具有良好热接触的同时，也要尽量减少样品上的热量通过热电偶与周边环境发生热传导。为了减小额外热传导的影响，人们通常会选择直径较小、热导率较低的热电偶。常见的热电偶材料有铜、铂和镍铬合金等。从导热性来看，镍铬-镍硅热电偶比铜-康铜热电偶具有更低的热导率。对于室温（本书有些地方写作 300 K）及更低温度的测量，可以选用铜-康铜热电偶测量；对于室温以上温区，常用镍铬-镍硅热电偶或铂-铂铑热电偶。在实际测量过程中，样品的绝对泽贝克系数 S 需要从测量获得的相对泽贝克系数 S_{sr} 中去除导线和热电偶对泽贝克系数的额外贡献 S_{ref}。室温时，铜的绝对泽贝克系数为 1.8 $\mu V \cdot K^{-1}$，镍铬合金的绝对泽贝克系数为 21.5 $\mu V \cdot K^{-1}$，铂的绝对泽贝克系数为 −4.92 $\mu V \cdot K^{-1}$。导线的泽贝克系数则可以通过测量汤姆孙系数获得。因此，需要从测试结果中扣除这些热电偶和导线的贡献，从而得到样品自身的绝对泽贝克系数。但这种方法也存在弊端，在常见的商用测量设备中，我们可以看到热电偶会被高导热的白色氧化铝管包裹，只在与待测样品接触部分露出一小截。这部分高导热的氧化铝管从炉腔加热处一直延伸至炉腔外的室外区，会产生不可忽视的热扩散 [17, 19]。因此热电偶所测温度小于样品的实际温度，这会导致测得的泽贝克系数偏大。

（3）轴向直接接触法

综合两点间接接触法和径向直接接触法的优点，研究人员 [31] 提出了一种轴向直接接触法［见图 1-25（c）］，将两个热电偶分别嵌入与样品端面毗邻的热端导热元件、冷端导热元件中，同时让热电偶的端面与样品直接接触。用这种方式布局的热电偶可以以更大接触压力与样品连接，从而实现减小接触电阻和热阻，而且热电偶镶嵌在元件中间，也减小了氧化铝管引起热传导的可能，从而减小了泽贝克系数的测量误差。

泽贝克系数的测量过程中，测量环境也会影响测量结果的准确性和稳定性。通常会选择在密闭加热腔中填充高纯氦气。在真空环境下，多次测量的结果波动较大，重复性较差，而氦气因具有更大的热容和热导率，因此样品在氦气环境下的测量更加稳定，具有更好的重复性。影响泽贝克系数测量的其他因素，这里不再介绍，感兴趣的读者可以阅读相关文献。

1.3.2.3　载流子迁移率

霍尔效应是半导体中的载流子在电场和磁场共同作用下产生的效应，研究霍尔效应对于热电材料非常重要。利用霍尔效应来测量霍尔系数是研究热电材料电输运性能的重要方法，其原理如图 1-26 所示。

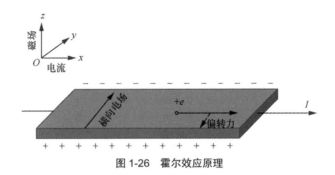

图 1-26　霍尔效应原理

半导体材料放置于 xy 平面内，电流沿 x 方向，磁场沿 z 方向。假设半导体材料中空穴为多子，它们将沿电流方向运动，同时受到磁场的洛伦兹力的作用，洛伦兹力沿 $-y$ 方向。这种横向运动将导致材料内部沿 y 方向会形成电荷积累，进而产生一个反抗洛伦兹力的沿 y 方向的电场 E_y。在理想的稳定情况下，横向电场力和洛伦兹力相抵消，在 y 方向上无净电荷流动。在 y 方向上，材料两端形成的电压称为霍尔电压，可表示为：

$$V_H = R_H \frac{IB}{t} \tag{1-32}$$

其中，I 为 x 方向的电流，B 为磁感应强度，t 为材料在 z 方向的厚度，R_H 为霍尔系数。对最简单的单一载流子系统来说，霍尔系数与载流子浓度 n 及载流子迁移率 μ_H 的关系为：

$$n = \frac{r_H}{R_H e} \tag{1-33}$$

$$\mu_H = R_H \sigma \tag{1-34}$$

从式（1-33）可知，载流子浓度与霍尔系数成反比，因此半导体材料的霍尔效应比金属材料更为显著。r_H 为霍尔因子，其数值大小与温度有关。根据理论计算，在晶格散射起主导作用的较高温度下，r_H 约为 1.17；在电离杂质散射起主导作用的较低温度下，r_H 约为 1.93；在载流子浓度很高的高度简并情况下，r_H 约为 1。结合上述公式可知，只要测出霍尔系数和电导率，便可推算出载流子浓度和载流子迁移率。

一般来说，霍尔系数的测量方法大致可分为 3 种：直流法、交流法和直流调制测量。直流法适用于大多数半导体材料，但热电材料除外。因为热电材料霍尔电压低，温差效应显著。在测量过程中，可以采取增大电流的办法来提高霍尔电压。但这样也存在一定的弊端，增大电流会导致热电材料两端产生较大的温差，破坏了霍尔测量中要求的等温条件，从而降低测量结果的精度。交流法测量的优点是可以利用锁相技术精准探测微弱信号，该法适合霍尔电压小的热电材料。直流调制测量则是介于直流和交流之间的一种测试方法，既有直流法的简单，又充分利用了交流法的优点。

进行霍尔系数测量的样品有 3 种基本几何构型：平行六面体样品、桥式样品、薄片式样品。图 1-27（a）所示的平行六面体样品，其总长度为 1.0 ～ 1.5 cm，长宽比尽量要大于 5，不能小于 4[15]。对于该类样品，接触面要完全盖住样品的两个端面，并且其他的接触点必须通过电极直接焊接在样品上，接触面宽度要小于 0.02 cm，要求较为苛刻，一般不采用这种几何构型。桥式样品有向外伸

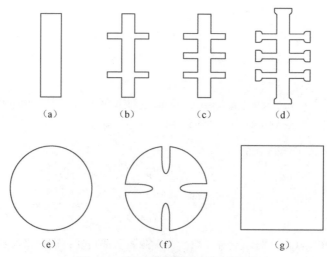

图 1-27　霍尔系数测量样品的几种构型

（a）平行六面体样品构型；（b）～（d）桥式样品构型；（e）～（g）薄片式样品构型

展的外形特征，如图 1-27（b）～图 1-27（d）所示，含 6 脚、8 脚的桥式样品，其尺寸需严格按照标准 ASTM F26-2008（2016）来确定 [32]。扩展的侧面伸臂有利于制作电极接触，而此类构型样品两端的扩展部分不在样品总长度里面。如图 1-27（e）～图 1-27（g）所示，薄片式样品理论上可采取任意形状，但尽量要求对称。对薄片式样品而言，接触点要尽可能小，尺寸不得大于总边长的 0.01 倍，并且接触点要尽可能接近边缘处。研究表明，对于边长是 L，接触点尺寸为 δ 的方形样品，当 $\delta/L < 0.1$ 时，霍尔系数测量误差一般小于 10%[33]。

样品的厚度对霍尔系数测量也有一定的影响。从式（1-32）可以看出，适当减小被测样品的厚度，可以使霍尔电压增大，有利于提高测量精度；但随着厚度减小，样品厚度的测量误差也会随之增大，也会降低测量精度。研究表明，样品最理想的厚度 t_{opt} 满足以下关系式 [34]：

$$t_{opt} = \left(\Delta t / \Delta V_H \right)^{1/2} \left(R_H BI \right) \qquad (1\text{-}35)$$

其中，Δt 和 ΔV_H 分别表示样品厚度和霍尔电压的测量误差。

必须指出的是，做好接触点的电接触是为了达到良好的欧姆接触，这是保证测量精度的前提。为了充分检验接触点的欧姆性质，在安装好样品后，可任意组合两个接触点，利用电流表检查电阻以判断接触情况。

在霍尔系数的测量过程中，通常伴随着热电、热磁的几个副效应，这使得测量的电势差并不等于真实的霍尔电压，而是霍尔电压与这一系列副效应叠加后的电势差。例如，当样品水平方向有电流通过时，佩尔捷效应会使得样品两接触点间存在温差。当样品中存在温差时，不可避免会引起热磁效应。下面对 3 种热磁效应做简单的介绍。第一个是爱廷豪森效应，即在样品 x 方向通电流，在 z 方向施加磁场，因电子并不是严格等速运动，导致电子在 y 方向上一端比另一端积累更多的能量，从而产生温差。第二个是里纪 - 勒杜克效应，当样品 x 方向上有热流通过时，在 z 方向的磁场作用下，y 方向上产生温差，与爱廷豪森效应类似，温差大小与磁场有关。通过改变磁场方向可以消除该效应。第三个是能斯特效应，当热流通过样品时，在 x 方向上存在温度梯度。沿温度梯度方向有扩展倾向的电子在 z 方向磁场的作用下会在 y 方向建立电势差，其值与磁感应强度大小、温度梯度成正比。该效应也可通过改变磁场方向加以消除。在实际测量中，为消除以上几种副效应的影响，需要通过多次改变电流和磁场的方向，获得一系列数据后对电压取平均值，这样便能获得较为精准的霍尔电压测量结果。

1.3.2.4 热导率

前面我们重点阐述了热电性能中电输运性能相关参数的测量，接下来讨论热电材料热输运性能相关参数的测量。热导率可以表征材料导热能力的大小，是评价热电材料性能的重要指标之一，但由于热交换会以热辐射、热传导和热对流等多种形式存在，因此实现热绝缘的难度远远大于电绝缘。由此可见，精准测量热导率的关键在于控制好待测样品与外界之间的热交换问题。目前，关于热导率测量的主要方法有稳态法和非稳态法两种。

（1）稳态法

稳态法是热导率测量中最早使用的方法，具有样品制备方便、适用温度范围较广等优点。在此基础上，衍生出基于热流计法、护热板法和圆管法等的商用测试产品。如图 1-28 所示，稳态法直接测量主要是将待测样品置于控温元件之间，在一端施加稳定的热源，当样品中的温度分布稳定以后，直接通过测量样品上不同位置处的温差及样品中流过的热流密度来确定材料热导率。

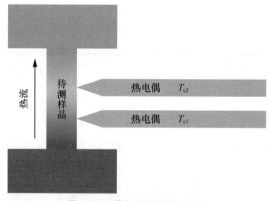

图 1-28　稳态法直接测量示意

尽管这种方法的计算简单，但测量时间过长，对中间环节的要求也是相当苛刻。只有在理想的稳态系统中，热量才只会在待测样品内部进行传导，与外界之间无其他形式的热交换。傅里叶定律指出，在各向同性的均质中，单位时间内通过一定横截面积的热量，与垂直于该横截面方向上的温度变化率和横截面面积成正比，热量传递的方向与温度升高的方向相反，用热流密度 J_T 表示为：

$$J_\mathrm{T} = -\kappa \frac{\mathrm{d}T}{\mathrm{d}x} \tag{1-36}$$

其中，κ 为样品的热导率，dT/dx 为样品温度梯度。

从原理上看，热导率测量类似于泽贝克系数的测量，只要测定各种几何参数以及获取相应位置上的热量和温度，即可确定热导率。然而在实际的测量过程中，热辐射、热对流等引起的热损失和界面间存在的热阻均会引入误差，降低测量结果的精度。要想提高热导率测量的精度，必须设法减少上述两个因素的影响。人们常通过抽真空、将热电偶嵌入样品中等多种方法，以减少上述误差。

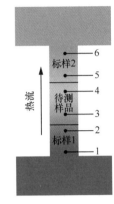

图 1-29　稳态法比较测量示意
（1、2、3、4、5 和 6 均为热电偶）

针对这一问题，在稳态法直接测量的基础上衍生出了稳态法比较测量，如图 1-29 所示。与直接测量不同的是，在比较测量中待测样品的上下两端不与控温元件直接接触，而是置于两个热导率已知的标样之间，通过测量两个标样中的热流密度，间接计算出待测样品内的热流密度。这样一来，控温元件本身的热损耗将不会影响测量结果。

采用具有相同横截面积的标样和待测样品，利用热传导方程可推导出待测样品的热导率：

$$\kappa = \frac{1}{2} \cdot \frac{l_s}{\Delta T_s} \left(\frac{\Delta T_1}{l_1} + \frac{\Delta T_2}{l_2} \right) \kappa_r \qquad (1\text{-}37)$$

其中，ΔT_s、ΔT_1 和 ΔT_2 分别是待测样品、标样 1 和标样 2 上的热电偶所测得的两点间的温差，κ_r 是标样热导率，l_s、l_1 和 l_2 是这 3 个样品上的两个热电偶之间的距离。从式（1-37）可以看出，比较测量只涉及 3 个样品的温差及热电偶间距，并不涉及热流密度。该法取两个标样的热流密度的平均值，可以在一定程度上减少测量误差。但稳态法测量中的绝热边界条件难以实现。在稳态法比较测量的测试过程中，待测样品和标样之间存在的热阻是不可忽略的。根据斯特藩 - 玻耳兹曼定律可推断，温度越高，样品表面由于热辐射损失的热量越大，此时需要对辐射热进行估算并修正测量结果。研究表明，当待测样品与环境温差（ΔT）较小时，样品因热辐射损失的热量可以近似表示为：

$$Q_{rad} = \varepsilon A \Delta T T_s^3 \qquad (1\text{-}38)$$

其中，Q_{rad} 为通过热辐射散出的热量，ε 为辐射系数，A 为表面积，T_s 为样品所处的环境温度。由此可见，可通过减小样品与环境之间的温差进而减少因热辐射造成的热损失。人们通常在标样和待测样品周围充满绝热材料，以减少空气热传导和热对流；也可在热源的背面、侧面增加多个补偿热源，尽量保证各横截面等温度。通常，比较测量中标样的热导率应和待测样品的热导率具有相同的数量级，避免待测样品与标样的温度梯度过大，过大的差距会加大匹配温差的难度，降低测量精度。这一要求使得比较测量在高温范围因缺乏理想的标样而受到限制。此外，利用稳态法开展测试，一般要将测试系统置于高真空环境下（$1\times10^{-5}\sim1\times10^{-4}$ Torr），以减少因热对流和热传导引起的热损失，尽可能使待测样品内保持稳定的一维热流场。

整体而言，稳态法虽然测量简单，但是测量时系统达到稳态需要较长的时间，且热损失是影响稳态法精准测量热导率的关键因素。而非稳态法正是针对稳态法存在的一系列问题而不断发展起来的一种测量方法。非稳态法虽然计算公式复杂，但测量时间短，对测量环境要求低，因此在现代热导率测试领域扮演着越来越重要的角色。非稳态法利用的是非稳态导热微分方程，测量的是温度随时间的变化关系，从而求得材料的热扩散系数。根据式（1-39），通过测定热扩散系数 λ，结合热容 C、密度 ρ 的已知值，便可求出热导率。

$$\kappa=\lambda C\rho \tag{1-39}$$

（2）周期热流法（非稳态法）

根据施加热源方式的不同，非稳态法主要分为周期热流法和瞬态热流法两大类。典型的周期热流法是给待测样品施加经过调制且呈一定周期性变化的热量，样品内任一点的温度都呈现相同的周期性变化，通过测量样品内某两点温度的振幅比和相位差来确定热扩散系数。在此基础上，根据热流的方向还可细分为纵向热流法和径向热流法。以使用广泛的纵向热流法为例，假定待测样品为一根半无限长的圆柱，管壁周围处于绝热环境，初始温度为 θ_0 且温度均匀分布。

在圆柱样品的一端施加正弦温度波，边界条件之一为：

$$\theta_{(0,\tau)}=\theta_{\max}\sin\omega\tau \tag{1-40}$$

其中，$\theta_{(0,\tau)}$ 为端口处（$x=0$）在 τ 时的相对温度，$\theta_{\max}$ 为端口处温度变化量的最大值，ω 为角速度，τ 为时间。圆柱在无穷远端的温度维持在 θ_∞。因此该模型的定解为：

$$\theta_{(x,\tau)} = \theta_{\max} \mathrm{e}^{-x\sqrt{\frac{\omega}{2a}}} \cos\left(\omega\tau - x\sqrt{\frac{\omega}{2a}}\right) \tag{1-41}$$

$$K = \frac{\omega l^2}{2\Phi \ln K} \tag{1-42}$$

其中，a 为圆柱半径，l 为测量的两点间距离，K 为因衰减所产生的两点振幅比，Φ 为相位差。后面两个参数可以通过图 1-30 所示的测量装置确定。

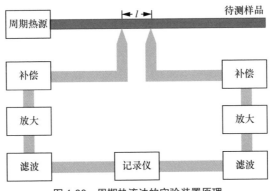

图 1-30　周期热流法的实验装置原理

周期热流法的前提条件是加热波为正弦波，倘若不是正弦波，必须借助傅里叶分析。由于高次谐波比基波衰减得快，只要温度测量点离加热处有一段距离，那么测得的温度变化曲线也能十分接近正弦波。将两对热电偶置于图 1-30 所示的位置，测出这两点的温度变化。热电偶的电势变化呈波动状，需要用一个直流毫伏电势抵消其直流分量，也就是把样品温度信号中相当于环境温度的稳定部分抵消掉，只剩下正弦波动的分量，并对其进行放大和记录。经放大、滤波等环节后信号分别进入记录仪，获得如图 1-31 所示的椭圆形曲线，结合式（1-43）和式（1-44），求出式（1-42）中的振幅比和相位差，

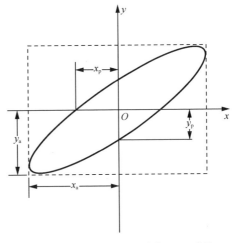

图 1-31　周期热流法的温度信号记录曲线

进而确定样品的热导率。

$$\varPhi = \arcsin\frac{x_p}{x_a} = \arcsin\frac{y_p}{y_a} \qquad (1\text{-}43)$$

$$K = \frac{x_a}{y_a} \qquad (1\text{-}44)$$

尽管在高温时，样品中不可避免存在横向热辐射，但上述方法仍然有效。这种方法较适合于高温热导率的测量，要求待测样品的长度在 10 cm以上。当样品长度较短时，这种方法将不再适用，而需要用非稳态法中的瞬态热流法进行测量。激光脉冲法因具有测量速度快、精度高、可测量小尺寸样品等一系列优点，现已成为瞬态热流法中应用最为广泛的一种测量技术。

（3）激光脉冲法（非稳态法）

激光脉冲法指的是，当激光束照射到待测样品的一个表面时，入射激光将会被样品表面吸收，引起样品表面温度升高，热量以一维热传导方式向样品另一表面传播，使得该表面上的温度随时间的增加而升高，直至平衡。根据激光脉冲法的特点，其测试过程必须符合以下几点要求：①一维热流；②样品均匀，具有各向同性；③样品在测试前后无损失；④样品的热端表面应均匀受光辐射；⑤光辐射的时间应远小于热量在样品内部传播的时间。基本原理详见参考资料 [34-37]。

激光脉冲法的实验装置比其他非稳态法实验装置更加复杂、庞大。图 1-32所示为激光脉冲法测量热导率的实验装置原理，装置由 3 个主要部分组成：激光脉冲系统、高温炉系统和光电接收系统。激光器通常水平放置，发射出的激光脉冲经反射镜反射后偏转 90°，垂直入射到处于炉体内的待测样品表面。样品周围的炉腔配有加热装置，能在不同温度下测量样品。整个光路连续性借助上、下窗口实现。样品冷端表面辐射的信号会被探测器收集，并被记录仪记录。在实际测量过程中，只需要记录受激光脉冲照射后的待测样品冷端表面温度随时间的变化关系即可。通常会获得图 1-33 所示的检测器信号与时间的关系曲线。

激光脉冲法对于样品的尺寸有一定的要求：①样品的上下表面平行且光滑；热扩散系数误差与厚度误差的平方成正比关系，因此确保精确测量待测样品厚度是获得高精准热扩散系数的前提；需对大部分样品进行表面涂覆，通常将石墨喷涂在待测样品表面以形成薄层；②综合考虑脉冲宽度、脉冲持续时间、热辐射损失等因素时，不同类型的样品有着不同的合理厚度，一般来说，高导热样品需要制备得厚一些，低导热样品可以制备得薄一些。

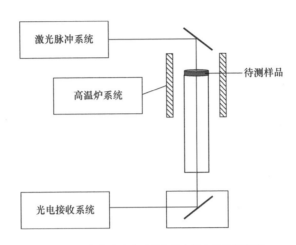

图 1-32　激光脉冲法测量热导率的实验装置原理

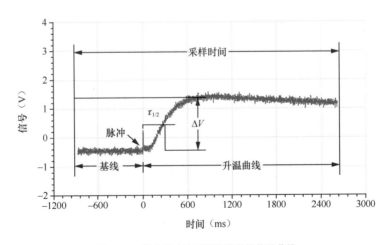

图 1-33　激光脉冲法测量热导率的信号曲线

除此之外，脉冲分布的均匀性等也对测试的精度有影响。因此在测量过程中，人们需要密切关注测试结果，根据具体情况对测量参数进行合适的调整。可调整的参数包括电压、脉冲宽度、主增益等。调整的目标在于实现信号高度合理和采样时间合理，同时，对于传热较快的样品，脉冲信号与传热信号不应有明显重叠。

这种测量方法通常是先测量热扩散系数 λ，再结合材料密度 ρ 和热容 C，间接计算出材料的热导率 κ：

$$\kappa = \lambda \rho C \tag{1-45}$$

其中，这里所用的密度 ρ 是表观密度（又称体积密度）。在大部分材料体系中，当测量温度不太高、密度变化不太大的情况下也近似认为表观密度不变。有些特殊情况需考虑表观密度随温度的变化，便可使用材料的热膨胀系数表进行修正。热容 C 可使用杜隆 - 珀替公式获得，也可借助差示扫描量热法（Differential Scanning Calorimetry，DSC）进行测量。

总体来看，激光脉冲法所要求的样品尺寸小，具有测试温区和量程广、测试精度高、样品制备简单等优点。重要的是，激光脉冲法不仅能测量普通固体样品的导热性能，借助辅助装置还可以测量薄膜、多层复合材料、各向异性材料等多种材料的热扩散系数，本章不做具体介绍，读者可参考相关物理测量专著。

材料热电性能的表征参数 ZT 是一个综合泽贝克系数、电导率、热导率等多种参数的无量纲参数。根据前面的介绍，这些参数的测量均存在一定的误差。研究表明 [30]，电导率测量的误差范围为 $-3\% \sim 3\%$，泽贝克系数测量的误差范围为 $-4\% \sim 4\%$，密度测量的误差范围为 $-1\% \sim 1\%$，热扩散系数测量的误差范围为 $-3\% \sim 3\%$，高温热容测量的误差范围为 $-5\% \sim 5\%$。综合上述各参数测量误差，通过计算获得的 ZT 值的误差范围为 $-15\% \sim 15\%$，甚至更高。并且，目前还没有成熟的技术可同时测量上述几种参数，而且材料的热电性质与材料的均匀性、结构性和稳定性密切相关。在制备出高性能的热电材料的同时，也应努力提升测试准确性和便捷性。

1.4 BiCuSeO 热电材料

1.4.1 常见热电材料

泽贝克效应于 1821 年被发现，后来，佩尔捷效应和汤姆孙效应先后被发现。最初关于热电材料的研究主要集中在金属材料中，这段时间热电材料的发展十分缓慢，主要源于金属材料很难实现优异的热电优值。直到 20 世纪 50 年代，随着半导体材料的发展和能带理论的成熟，半导体热电材料的性能获得大幅提升，涌现出了一大批经典的热电材料，如 Bi_2Te_3、$PbTe$ 和 $SiGe$ 等。尽管它们的热电优值已突破 1.0，但其热电转换效率也只有 4% ～ 5%。20 世纪 90 年代，美国科学家提出了理想的热电材料设计理念，即"声子玻璃 - 电子晶体"[38]。在此概念的启发下，研究人员发现了大批具有笼状结构的新型高性能热电材料[39]，ZT 值可以显著提升至 1.3 ～ 1.7，理论热电转换效率提升至 11% ～ 15%。随着一些热电输运新效应和新机制的提出和发展，许多新的高性能热电材料体系被相继发现，ZT 值也已提升至 1.8 ～ 2.8[40]，相应的理论热电转换效率预计将达到 15% ～ 20%。图 1-34 总结了典型热电材料的热电优值的两百年发展史与代表体系。

　　热电材料按照其适用温度范围可以大致分为 3 类：低温区（＜ 500 K）热电材料、中温区（500 ～ 1000 K）热电材料和高温区（＞ 1000 K）热电材料。低温区热电材料以传统的 Bi_2Te_3 基材料为主，包括低温区最大 ZT 值高达 1.4 的纳米 Bi_2Te_3 基热电材料[41]。除了传统的 Bi_2Te_3 基热电材料，美国、日本、中国的研究人员还开发了一系列可与 Bi_2Te_3 基热电材料相媲美的 Mg 基室温热电材料[42, 43]，其 ZT 值在低温区能达到 1.0 ～ 1.4。高温区热电材料除了传统的 SiGe 合金外，各国研究人员也相继开发出了一系列具有代表性的化合物，比如中国科学院上海硅酸盐研究所开发的 Cu 基类液态热电材料在 1000 K 附近的最大 ZT 值能达到 2.1[22, 44]，浙江大学报道了 1100 K 下 ZT 值可以达到 1.1 的半霍伊斯勒合金[45, 46]；美国报道的 $La_{3-x}Te_4$ 和 $Pr_{3-x}Te_4$ 化合物在 1275 K 和 1200 K 的最大 ZT 值分别能达到 1.1[47] 和 1.7[48]。与低温和高温区热电材料相比，由于中温区热源非常丰富，研究人员投入了大量精力来研究开发中温区热电材料。中温区热电材料的代表有 $CoSb_3$ 基方钴矿、$Mg_2Si_{1-x}Sn_x$、BiCuSeO、Sn(Se/S)、GeTe 和 PbTe 基化合物等[49-53]。中国科学院上海硅酸盐研究所、上海大学、华盛顿大学和武汉理工大学的研究人员报道的多重元素填充的方钴矿的最大 ZT 值可达 1.7[39]。武汉理工大学开发的 $Mg_2Si_{1-x}Sn_x$ 在 700 K 下的最大 ZT 值可达 1.3[54]。

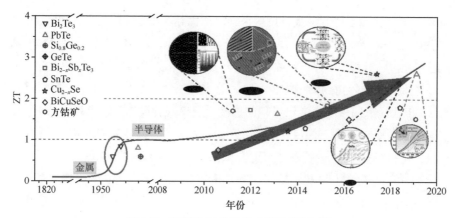

图 1-34　典型热电材料与热电优值的变化 [13]

1.4.2　BiCuSeO 的发展历史

　　BiCuSeO 作为一种热电材料，其研究历史颇为有趣。最早的研究痕迹可以追溯到 1980 年，帕拉齐等人 [55] 研究了一种离子导体 LaAgSO，它是 BiCuSeO 的一种结构类似物。本征 LaAgSO 具有层状的 ZrCuSiAs 晶体结构，在 LaAgSO 晶体结构中，具有导电特性的 AgS 层和具有电荷储存功能的 LaO 层相互分离。随后，在 20 世纪 90 年代，由于 LaAgSO 与传统的超导化合物铜酸盐、氧硫化物等具有相似的层状晶体结构，因此其作为一种潜在的高温超导体被广泛研究 [56-58]。与此同时，具有相同化学式的一类化合物——RMChO（R = Bi、Ce 到 Dy；M = Cu、Ag；Ch = S、Se、Te）相继合成，并将这种化合物简称为"1111"化合物。然而在这些"1111"化合物中并没有发现超导电性，因此，关于在"1111"化合物中寻找超导体的研究热情陷入沉寂。但值得庆幸的是，几年后，除了超导电性外，人们对"1111"氧硫族化合物又产生了研究兴趣，合成了许多新型"1111"化合物 [59, 60]，这是源于随着光电材料的不断发展，相邻学科蓬勃兴起 [61]，光电研究人员设想它们可能在光电方面有很好的应用前景。时间到了 2006 年，一个研究发现使得"1111"化合物在超导领域的研究迎来了转机。事件起因是细野秀雄等在 LaFePO[62]（有时写作 LaOFeP）和 LaNiPO[63] 中发现了超导电性，但由于 LaFePO 和 LaNiPO 的超导临界温度 T_c 非常低，这一发现并没有引起太大的关注。但是到了 2008 年，细野秀雄等发现了临界温度约为 26 K 的 F 掺杂的 LaFeAsO 超导体 [64]，图 1-35 所示为

LaFeAsO 的晶体结构和超导临界温度。此次报道引起了广泛关注，研究人员开始了对铁基超导体材料的研究，迅速将铁基超导体的临界温度由 43 K [65] 提升到 56 K。

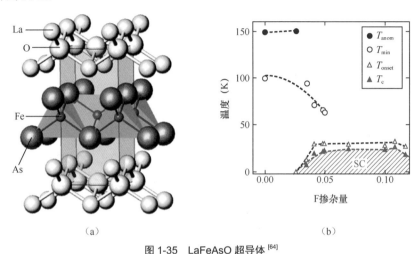

（a）　　　　　　　　　　　　　　（b）

图 1-35　LaFeAsO 超导体 [64]

（a）晶体结构；（b）临界温度与元素 F 掺杂量（摩尔分数）的关系

在铁基磷族化合物中发现的超导电性再一次激发了研究人员在具有类似结构的材料中寻找超导电性的热情，在这种研究背景下 BiCuSeO 又再一次回到了研究人员的视野。BiCuSeO 最早作为一种潜在的超导材料被研究，研究人员进行了"用 Sr 取代 Bi，用 Fe 取代 Cu，用 Te 取代 Se，用 F 取代 O"等各种尝试后，仍然没有在样品中观察到超导电性 [66]。在那个铁基磷族化合物流行的时代，德拉戈埃等人早在 2008 年就开始了对"1111"化合物的研究，在临界温度约为 26 K 的 F 掺杂的 LaFeAsO 超导体被发现仅 3个月后，他们发现 LaFeAsO 在 100 K 左右呈现较大的泽贝克系数峰值和功率因子，德拉戈埃敏锐地察觉到这类"1111"氧硫族化合物在低温范围内的热电制冷应用领域可能具有广阔的前景。果然不出所料，此想法在随后的研究中得到了验证，赵等人 [67] 首先报道了 BiCuSeO 在热电领域的应用前景，并发现仅通过常规的元素掺杂（Sr）来调节载流子浓度，便可大大提高 BiCuSeO 的热电性能。这个报道说明了 BiCuSeO 作为热电材料具有更大的发展优势和潜力。这篇报道迅速点燃了人们对 BiCuSeO 的研究兴趣，大量关于 BiCuSeO 的相关文章被相继报道，并且在近几年一直保持强劲势头 [68-76]。图 1-36（a）所示为自 2016 年以来，关于 BiCuSeO 热电材料的论文发表数，累计超过 160 篇。图 1-36（b）所示为几种典型的热电材料的 ZT 值随温度的变化趋势，由图可知，BiCuSeO 在高温的热电性能是极具竞争优势的。

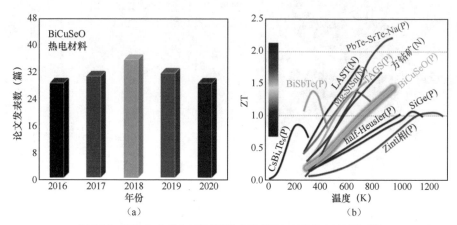

图 1-36　BiCuSeO 热电材料的研究热度以及与其他热电材料的对比

（a）自 2016 年以来关于 BiCuSeO 热电材料的论文发表情况；（b）几种典型的热电材料的 ZT 值随温度的变化趋势[77-87]

1.5　本章小结

限制热电材料应用的不只较低的热电转换效率，还有环境及成本方面的因素。传统商用的热电材料大量使用了重金属基合金（对环境有害），或者稀土元素及其他昂贵的元素（成本高昂）。不仅如此，很多高性能热电材料热稳定性较差，无法满足在高温环境下长时间工作的需求，因此，寻找由无毒、储量丰富、轻质、廉价元素组成的新型热电材料是当前热电材料研究的重要方向。本书研究的 BiCuSeO 化合物是一种无污染、成本低、抗氧化性和热稳定性都强的新型热电材料，从第 2 章开始将围绕其晶体结构、本征热电性能以及目前国际前沿的热电性能调控手段、热电器件的构筑等方面进行详细阐述。

1.6　参考文献

[1]　　BELL L E. Cooling, heating, generating power, and recovering waste heat with

thermoelectric systems [J]. Science, 2008, 321(5895): 1457-1461.

[2]　HEREMANS J P, DRESSELHAUS M S, BELL L E, et al. When thermoelectrics reached the nanoscale [J]. Nature Nanotechnology, 2013, 8(7): 471-473.

[3]　ZHANG X, ZHAO L D. Thermoelectric materials: Energy conversion between heat and electricity [J]. Journal of Materiomics, 2015, 22(2): 92-105.

[4]　HERRING C. Theory of the thermoelectric power of semiconductors [J]. Physical Review, 1954, 96(5): 1163-1187.

[5]　GOLDSMID H J, DOUGLAS R W. The use of semiconductors in thermoelectric refrigeration [J]. British Journal of Applied Physics, 1954, 5(11): 386-390.

[6]　PRICE P J. Theory of transport effects in semiconductors: Thermoelectricity [J]. Physical Review, 1956, 104(5): 1223-1239.

[7]　GOLDSMID H J. Thermoelectric applications of semiconductors [J]. Journal of Electronics and Control, 1955, 1(2): 218-222.

[8]　ZHANG Q H, HUANG X Y, BAI S Q, et al. Thermoelectric devices for power generation: recent progress and future challenges [J]. Advanced Engineering Materials, 2016, 18(2): 194-213.

[9]　LALONDE A D, PEI Y Z, WANG H, et al. Lead telluride alloy thermoelectrics [J]. Materials Today, 2011, 14(11): 526-532.

[10]　WITZE A. Nuclear power: desperately seeking plutonium [J]. Nature, 2014, 515(7528): 484-486.

[11]　YANG J, STABLER F R. Automotive applications of thermoelectric materials [J]. Journal of Electronic Materials, 2009, 38(7): 1245-1251.

[12]　赵立东 , 张德培 , 赵勇 . 热电能源材料研究进展 [J]. 西华大学学报 (自然科学版), 2015, 34(1): 1-13.

[13]　SHI X L, ZOU J, CHEN Z G. Advanced thermoelectric design: from materials and structures to devices [J]. Chemical Reviews, 2020, 120(15): 7399-7515.

[14]　GOLDSMID H J. Electronic Refrigeration [M]. London:Pion,1986.

[15]　孙以材 . 半导体测试技术 [M]. 北京 : 冶金工业出版社 , 1984.

[16]　VALDES L B. Resistivity measurements on germanium for transistors [J]. Proceedings of the IRE, 1954, 42(2): 420-427.

[17]　BORUP K A, DE BOOR J, WANG H, et al. Measuring thermoelectric transport

properties of materials [J]. Energy & Environmental Science, 2015, 8(2): 423-435.

[18]　RYDEN D J. Techniques for the measurement of the semiconductor properties of thermoelectric materials [EB/OL].（1973-05-01）[2022-09-12].

[19]　陈立东, 刘睿恒, 史迅. 热电材料与器件 [M]. 北京 : 科学出版社 , 2018.

[20]　BORUP K A, TOBERER E S, ZOLTAN L D, et al. Measurement of the electrical resistivity and Hall coefficient at high temperatures [J]. Review of Scientific Instruments, 2012, 83(12): 123902.

[21]　施罗德. 半导体材料与器件表征技术 [M]. 大连 : 大连理工大学出版社 , 2008.

[22]　HE Y, DAY T, ZHANG T, et al. High thermoelectric performance in non-toxic earth-abundant copper sulfide [J]. Advanced Materials, 2014, 26(23): 3974-3978.

[23]　BALAPANOV M K, GAFUROV I G, MUKHAMED' YANOV U K, et al. Ionic conductivity and chemical diffusion in superionic $LixCu_{2-x}S$ $(0 \leqslant x \leqslant 0.25)$ [J]. Physica Status Solidi, 2004, 241(1): 114-119.

[24]　ZHANG S S, XU K, JOW T R. Electrochemical impedance study on the low temperature of Li-ion batteries [J]. Electrochimica Acta, 2004, 49(7): 1057-1061.

[25]　ZHANG S S, XU K, JOW T R. EIS study on the formation of solid electrolyte interface in Li-ion battery [J]. Electrochimica Acta, 2006, 51(8): 1636-1640.

[26]　YOKOTA I. On the electrical conductivity of cuprous sulfide: a diffusion theory [J]. Journal of the Physical Society of Japan, 1953, 8(5):595-602.

[27]　LIU Y Y,QIU P F, CHEN H Y,et al. Measuring ionic conductivity in mixed electron-ionic conductors based on the ion-blocking method [J]. Journal of Inorganic Materials, 2017, 32(12): 1337-1344.

[28]　朱雅琴. 铜基热电材料中铜迁移表征方法的研究及应用 [D]. 上海：中国科学院大学 , 2016.

[29]　刘勇英. 外加电场作用下铜基类液态热电材料稳定性的研究 [D]. 上海：中国科学院大学，2017.

[30]　WEI T R, GUAN M, YU J, et al. How to measure thermoelectric properties reliably [J]. Joule, 2018, 2(11): 2183-2188.

[31]　IWANAGA S, TOBERER E S, LALONDE A, et al. A high temperature apparatus for measurement of the Seebeck coefficient [J]. Review of Scientific Instruments, 2011, 82(6): 063905.

[32] SOPKA K R. The Discovery of the Hall Effect: Edwin Hall' s Hitherto Unpublished Account [M]. Boston:Springer, 1980.

[33] CHWANG R, SMITH B J, CROWELL C R. Contact size effects on the van der pauw method for resistivity and hall coefficient measurement [J]. Solid-State Electronics, 1974, 17(12): 1217-1227.

[34] COLIN M H. The Hall effect in metals and alloys [M]. New York: Plenum, 1972.

[35] 陈则韶, 葛新石, 顾毓沁. 量热技术和热物性测定 [M]. 合肥: 中国科学技术大学出版社, 1990.

[36] TAYLOR R E, CLARK L M. Finite pulse time effects in flash diffusivity method [J]. High Temperatures-High Pressures, 1974, 6(1): 65-72.

[37] CAPE J A, LEHMAN G W. Temperature and finite pulse‐time effects in the flash method for measuring thermal diffusivity [J]. Journal of Applied Physics, 1963, 34(7): 1909-1913.

[38] ROWE D M. New materials and performance limits for thermoelectric cooling [J]. Thermoelectrics Handbook, 1995.

[39] SHI X, YANG J, SALVADOR J, et al. Multiple-filled skutterudites: high thermoelectric figure of merit through separately optimizing electrical and thermal transports [J]. Journal of the American Chemical Society, 2011, 133:7837-7846.

[40] HE W, WANG D, WU H, et al. High thermoelectric performance in low-cost $SnS_{0.91}Se_{0.09}$ crystals [J]. Science, 2019, 365(6460): 1418-1424.

[41] POUDEL B, HAO Q, MA Y, et al. High-thermoelectric performance of nanostructured bismuth antimony telluride bulk alloys [J]. Science, 2008, 320(5876): 634-638.

[42] ZHAO H, SUI J, TANG Z, et al. High thermoelectric performance of MgAgSb-based materials [J]. Nano Energy, 2014, 7:97-103.

[43] LIU Z, MAO J, SUI J, et al. High thermoelectric performance of α-MgAgSb for power generation [J]. Energy & Environmental Science, 2018, 11(1): 23-44.

[44] NUNNA R, QIU P, YIN M, et al. Ultrahigh thermoelectric performance in Cu_2Se-based hybrid materials with highly dispersed molecular CNTs [J]. Energy & Environmental Science, 2017, 10(9): 1928-1935.

[45] FU C, BAI S, LIU Y, et al. Realizing high figure of merit in heavy-band p-type

half-Heusler thermoelectric materials [J]. Nature Communications, 2015, 6:8144.

[46] LIU Z, WANG Y, MAO J, et al. Lithium doping to enhance thermoelectric performance of MgAgSb with weak electron–phonon coupling [J]. Advanced Energy Materials, 2016, 6(7): 1502269.

[47] MAY A F, FLEURIAL J P, SNYDER G J. Thermoelectric performance of lanthanum telluride produced via mechanical alloying [J]. Physical Review B, 2008, 78(12): 125205.

[48] CHEIKH D, HOGAN B E, VO T, et al. Praseodymium telluride: A high-temperature, high-ZT thermoelectric material [J]. Joule, 2018, 2(4): 698-709.

[49] SHI X L, ZOU J, CHEN Z G. Advanced thermoelectric design: from materials and structures to devices [J]. Chemical Reviews, 2020, 120(15): 7399-7515.

[50] XIAO Y, WANG D Y, QIN B C, et al. Approaching topological insulating states leads to high thermoelectric performance in n-Type PbTe [J]. Journal of the American Chemical Society, 2018, 140(40): 13097-13102.

[51] HONG M, ZOU J, CHEN Z G. Thermoelectric GeTe with diverse degrees of freedom having secured superhigh performance [J]. Advanced Materials, 2019, 31(14): 1807071.

[52] ZHANG X, QIU Y, REN D, et al. Electrical and thermal transport properties of n-type $Bi_6Cu_2Se_4O_6$ ($2BiCuSeO + 2Bi_2O_2Se$) [J]. Annalen der Physik, 2020, 532: 1900340.

[53] PEI Y L, WU H J, WU D, et al. High thermoelectric performance realized in a BiCuSeO system by improving carrier mobility through 3D modulation doping [J]. Journal of the American Chemical Society, 2014, 136(39): 13902-13908.

[54] LIU W, TAN X, YIN K, et al. Convergence of conduction bands as a means of enhancing thermoelectric performance of n-type $Mg_2Si_{1-x}Sn_x$ solid solutions [J]. Physical Review Letters, 2012, 108(16): 166601.

[55] PALAZZI M, CARCALY C, FLAHAUT J. Un nouveau conducteur ionique (LaO) AgS [J]. Journal of Solid State Chemistry, 1980, 35(2): 150-155.

[56] SEKIZAWA K, TAKANO Y, MORI K, et al. Magnetic and transport properties of layered oxysulfides $(La_{1-x}Ca_xO)Cu_{1-y}Ni_yS$ ($y = 0$ and $y = x$) [J]. Czechoslovak Journal of Physics, 1996, 46(4): 1943-1944.

[57] OHTANI T, HIROSE M, SATO T, et al. Synthesis and some physical properties of a new series of layered selenides (LnO) CuSe (Ln = lanthanides) [J]. Japanese Journal of Applied Physics, 1993, 32(S3): 316.

[58] TAKANO Y, OGAWA C, MIYAHARA Y, et al. Single crystal growth of (LaO) CuS [J]. Journal of Alloys and Compounds, 1997, 249(1-2): 221-223.

[59] HIRAMATSU H, UEDA K, OHTA H, et al. Excitonic blue luminescence from p-LaCuOSe/n-InGaZn$_5$O$_8$ light-emitting diode at room temperature [J]. Applied Physics Letters, 2005, 87(21): 211107.

[60] INOUE S I, UEDA K, HOSONO H, et al. Electronic structure of the transparent p-type semiconductor (LaO) CuS [J]. Physical Review B, 2001, 64(24): 245211.

[61] UEDA K, INOUE S, HIROSE S, et al. Transparent p-type semiconductor: LaCuOS layered oxysulfide [J]. Applied Physics Letters, 2000, 77(17): 2701-2703.

[62] KAMIHARA Y, HIRAMATSU H, HIRANO M, et al. Iron-based layered superconductor: LaOFeP [J]. Journal of the American Chemical Society, 2006, 128(31): 10012-10013.

[63] WATANABE T, YANAGI H, KAMIYA T, et al. Nickel-based oxyphosphide superconductor with a layered crystal structure, LaNiOP [J]. Inorganic Chemistry, 2007, 46(19): 7719-7721.

[64] KAMIHARA Y, WATANABE T, HIRANO M, et al. Iron-based layered superconductor LaO$_{1-x}$F$_x$FeAs (x = 0.05-0.12) with T_c = 26 K [J]. Journal of the American Chemical Society, 2008, 130(11): 3296-3297.

[65] TAKAHASHI H, IGAWA K, ARII K, et al. Superconductivity at 43 K in an iron-based layered compound LaO$_{1-x}$F$_x$FeAs [J]. Nature, 2008, 453(7193): 376-378.

[66] BARRETEAU C, BERARDAN D, AMZALLAG E, et al. Structural and electronic transport properties in Sr-doped BiCuSeO [J]. Chemistry of Materials, 2012, 24(16): 3168-3178.

[67] ZHAO L D, BERARDAN D, PEI Y L, et al. Bi$_{1-x}$Sr$_x$CuSeO oxyselenides as promising thermoelectric materials [J]. Applied Physics Letters, 2010, 97(9): 092118.

[68] LI J, SUI J, PEI Y, et al. A high thermoelectric figure of merit ZT > 1 in Ba heavily doped BiCuSeO oxyselenides [J]. Energy & Environmental Science, 2012, 5(9):

8543-8547.

[69] LIU Z P, WANG J G, QIU Y Q, et al. Inferring a protein interaction map of Mycobacterium tuberculosis based on sequences and interologs [J]. Bmc Bioinformatics, 2012, 13(Suppl 7):S6.

[70] LI F, WEI T R, KANG F Y, et al. Enhanced thermoelectric performance of Ca-doped BiCuSeO in a wide temperature range [J]. Journal of Materials Chemistry A, 2013, 1(38): 11942-11949.

[71] PAN L, BÉRARDAN D, ZHAO L, et al. Influence of Pb doping on the electrical transport properties of BiCuSeO [J]. Applied Physics Letters, 2013, 102(2): 023902.

[72] PEI Y L, HE J Q, LI J F, et al. High thermoelectric performance of oxyselenides: Intrinsically low thermal conductivity of Ca-doped BiCuSeO [J]. NPG Asia Materials, 2013, 5:e47.

[73] SUI J H, LI J, HE J Q, et al. Texturation boosts the thermoelectric performance of BiCuSeO oxyselenides [J]. Energy & Environmental Science, 2013, 6(10): 2916-2920.

[74] PEI Y L, WU H J, WU D, et al. High thermoelectric performance realized in a BiCuSeO system by improving carrier mobility through 3D modulation doping [J]. Journal of the American Chemical Society, 2014, 136(39): 13902-13908.

[75] HU L, WU H, ZHU T, et al. Tuning multiscale microstructures to enhance thermoelectric performance of n-Type Bismuth-Telluride-Based solid solutions [J]. Advanced Energy Materials, 2015, 5(17): 1500411.

[76] LIU Y, ZHAO L D, ZHU Y C, et al. Synergistically optimizing electrical and thermal transport properties of BiCuSeO via a dual-doping approach [J]. Advanced Energy Materials, 2016, 6(9): 1502423.

[77] CHUNG D Y, HOGAN T, BRAZIS P, et al. $CsBi_4Te_6$: A high-performance thermoelectric material for low-temperature applications [J]. Science, 2000, 287(5455): 1024-1027.

[78] POUDEL B, HAO Q, MA Y, et al. High-thermoelectric performance of nanostructured bismuth antimony telluride bulk alloys [J]. Science, 2008, 320(5876): 634-638.

[79] HSU K F, LOO S, GUO F, et al. Cubic AgPb$_m$SbTe$_{2+m}$: bulk thermoelectric materials with high figure of merit [J]. Science, 2004, 303(5659): 818-821.

[80] LIU W, TAN X, YIN K, et al. Convergence of conduction bands as a means of enhancing thermoelectric performance of n-Type Mg$_2$Si$_{1-x}$Sn$_x$ solid solutions [J]. Physical Review Letters, 2012, 108(16): 166601.

[81] BISWAS K, HE J, BLUM I D, et al. High-performance bulk thermoelectrics with all-scale hierarchical architectures [J]. Nature, 2012, 489(7416): 414-418.

[82] LEVIN E M, BUD'KO S L, SCHMIDT-ROHR K. Enhancement of thermopower of TAGS-85 high-performance thermoelectric material by doping with the rare earth Dy [J]. Advanced Functional Materials, 2012, 22(13): 2766-2774.

[83] SHI X, YANG J, SALVADOR J R, et al. Multiple-filled skutterudites: high thermoelectric figure of merit through separately optimizing electrical and thermal transports [J]. Journal of the American Chemical Society, 2011, 133(20): 7837-7846.

[84] SUI J H, LI J, HE J Q, et al. Texturation boosts the thermoelectric performance of BiCuSeO oxyselenides [J]. Energy & Environmental Science, 2013, 6(10): 2916-2920.

[85] YAN X, LIU W S, WANG H, et al. Stronger phonon scattering by larger differences in atomic mass and size in p-type half-Heuslers Hf$_{1-x}$Ti$_x$CoSb$_{0.8}$Sn$_{0.2}$ [J]. Energy & Environmental Science, 2012, 5(6): 7543-7548.

[86] JOSHI G, LEE H, LAN Y C, et al. Enhanced thermoelectric figure-of-merit in nanostructured p-type silicon germanium bulk alloys [J]. Nano Letters, 2008, 8(12): 4670-4674.

[87] BROWN S R, KAUZLARICH S M, GASCOIN F, et al. Yb$_{14}$MnSb$_{11}$: New high efficiency thermoelectric material for power generation [J]. Chemistry of Materials, 2006, 18(7): 1873-1877.

第 2 章　BiCuSeO 热电材料概述

2.1　引言

　　热电材料在实际工作中需要有良好的稳定性。相对合金材料而言，氧化物在中高温条件下具有良好的化学及热稳定性，是一类具有发展潜力的热电材料。氧化物热电材料由于本身具有抗氧化和热稳定性，因此在中高温的服役环境中极具优势。其中，BiCuSeO 是一种由无毒、轻质、廉价和储量丰富的元素所组成的氧化物，作为一种极具发展前景的热电材料，一直备受关注并得到广泛研究，除我国外，美国、英国、法国、日本、印度和韩国等国均对该体系展开了研究。截至本书成稿之日，BiCuSeO 体系的 ZT 值从 0.5 显著提高至约1.4，这表明 BiCuSeO 是可靠的候选材料。为了让读者更加了解 BiCuSeO 热电材料，理解其材料特性和本质，帮助读者更好理解本书后面几章的内容，本章主要梳理了 BiCuSeO 作为热电材料的发展历史，描述了其独特的晶体结构、电子结构和本征热电性能以及背后的物理化学机理，分析了 BiCuSeO 作为热电材料的优势和发展潜力。

2.2　BiCuSeO 的晶体结构

　　要深入认识一个材料的本征特性，首先需要分析其晶体结构。大量的研究使得人们逐渐对 BiCuSeO 有了更加深入的了解（表 2-1 所示为详细的晶体结构及相关参数信息）。BiCuSeO 以层状 ZrCuSiAs 结构结晶[1]。图 2-1 所示为 BiCuSeO 的晶体结构示意，由图 2-1（a）可以看出 BiCuSeO 与 LnCuChO（Ln 为镧系元素）结构一样，具有二维层状结构，其晶体结构是由类萤石的 $[Bi_2O_2]^{2+}$ 层和反萤石的 $[Cu_2Se_2]^{2-}$ 层沿 c 轴堆积而成的，其中 $[Bi_2O_2]^{2+}$ 层为载流子储层，由略微扭曲的 Bi_4O 四面体组成［见图 2-1（b）和图 2-1（c）］，$[Cu_2Se_2]^{2-}$ 层负责载流子的输运。

表2-1　室温下BiCuSeO的晶体学参数、热电性能和弹性性能[1]

参数	具体数值
相对分子质量	367.4858
晶系	四方晶系
空间群	$P4/nmm$
晶胞参数	$a = 3.921 \text{ Å}$，$\alpha = 90°$ $b = 3.921 \text{ Å}$，$\beta = 90°$ $c = 8.913 \text{ Å}$，$\gamma = 90°$
晶胞体积	137.06 Å^3
单位晶胞分子数	2
理论密度（$g \cdot cm^{-3}$）	8.9
载流子浓度（cm^{-3}）	1×10^{18}
载流子迁移率（$cm^2 \cdot V^{-1} \cdot s^{-1}$）	22
有效质量	$0.18m_e$（轻价带） $1.1m_e$（重价带）
泽贝克系数（$\mu V \cdot K^{-1}$）	349
电导率（$S \cdot cm^{-1}$）	1.12
晶格热导率（$W \cdot m^{-1} \cdot K^{-1}$）	0.55
纵向声速（$m \cdot s^{-1}$）	3290
横向声速（$m \cdot s^{-1}$）	1900
平均声速（$m \cdot s^{-1}$）	2107
弹性模量（GPa）	76.5
德拜温度（K）	243
泊松比	0.25
格林艾森常数	1.5

图 2-1（c）表明 BiCuSeO 有两种 Bi-O-Bi 键角：106.95°和 114.65°。Bi 的配位环境也可以看作一个扭曲的方反棱镜，一个方反棱镜有 4 个 O，另一个方反棱镜有 4 个 Se。再往细微结构分析，Bi-Se 键长约为 3.2 Å，比 Bi-O 键（2.33 Å）要长，这也表明 BiCuSeO 具有分层的特征。$[Cu_2Se_2]^{2-}$ 层由略微扭曲的 $CuSe_4$ 四面体组成且 Se-Se 边共享，如图 2-1（d）所示。Se-Cu-Se 键角有两种，较小的键角为 102.6°～106.95°，较大的为 113.1°～114.65°。在 $[Bi_2O_2]^{2+}$ 层中，由于 Se 原子的位置与 Bi 原子的位置相同，Cu 原子的位置与 O 原子的位置相同，所以 $[Cu_2Se_2]^{2-}$ 层可以被认作 $[Bi_2O_2]^{2+}$ 层的反向版本。

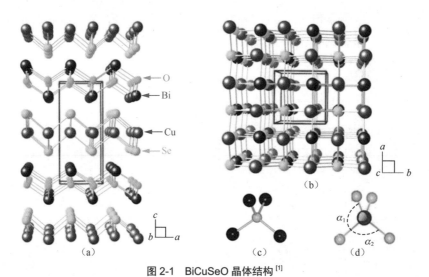

图 2-1 BiCuSeO 晶体结构 [1]

（a）BiCuSeO 沿着 b 方向的晶体结构；（b）BiCuSeO 沿着 c 方向的晶体结构；（c）Bi_4O 四面体；
（d）$CuSe_4$ 四面体

借助透射电子显微镜（Transmission Electron Microscope，TEM）研究了 BiCuSeO 的层状结构 [2]，在 c 轴方向能清晰地看到层状结构，即导电的 $[Cu_2Se_2]^{2-}$ 层与绝缘的 $[Bi_2O_2]^{2+}$ 层沿 c 轴交替堆叠。图 2-2 所示为 BiCuSeO 的高分辨 TEM 图。由该图可知，沿 [001] 方向（c 轴）的晶格呈现均匀的对比度，其傅里叶变换图像亦没有斑点分裂，如图 2-2（d）所示。如图 2-2（f）和图 2-2（h）所示，从傅里叶变换图像可以观察到特征衍射斑点的分裂。

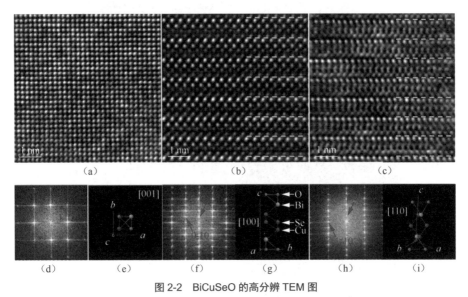

图 2-2　BiCuSeO 的高分辨 TEM 图

（a）、（b）和（c）分别是沿 [001]、[100] 和 [110] 方向的晶格信息；（d）、（f）和（h）分别是（a）、（b）和（c）的傅里叶变换图像；（e）、（g）和（i）分别是 BiCuSeO 沿 [001]、[100] 和 [110] 方向的晶体结构

低分辨 TEM 图显示 BiCuSeO 的片层颗粒平均宽度分别为 0.5 mm 和 4 mm，如图 2-3（a）所示。中观尺度上的片层颗粒实际上是由 BiCuSeO 层状晶格的定向叠加产生的。正是由于此层状微观结构，各向异性输运特性可以被单向强化。电镜结果还揭示了片层颗粒之间的各种相对取向，分别是共格、半共格和非共格。图 2-3（b）显示了两个 [001] 方向晶粒之间的共格边界。两个 [001] 方向的晶粒之间还显示了 70° 偏转的半共格边界，如图 2-3（c）所示。图 2-3（d）所示为两晶粒间边界的高分辨 TEM 图像，其具有尖锐明亮的界面，其中上层晶粒沿 [100] 方向，下层晶粒沿 [110] 方向。基于图 2-3（d）的点阵图像，建立了图 2-3（e）所示的原子模型，模型清楚地显示了不匹配的界面，这点从图 2-3（d）和图 2-3（e）的傅里叶变换图像［见图 2-3（f）和图 2-3（g）］显示出的斑点分布也可以看出。图 2-3（f）中有 c 方向的分裂点，图 2-3（g）中没有，说明这两个晶粒的应变是部分松弛的。

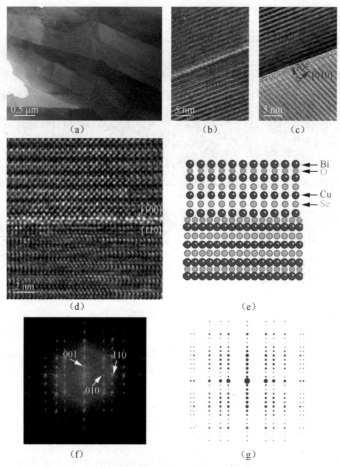

图 2-3 本征 BiCuSeO 的微观结构

（a）低分辨 TEM 图；（b）和（c）显示两个典型的取向；（d）晶格图像显示 BiCuSeO 样品的两种晶粒间有良好的共格边界；（e）[100]（上部分）和 [110]（下部分）方向的原子模型示意；（f）和（g）分别对应（d）和（e）的傅里叶变换图像

2.3 BiCuSeO 的本征热电性能

本征 BiCuSeO 是一种 P 型半导体，其中的空穴由 Cu 或 Bi 空位产生，并在 $[Cu_2O_2]^{2-}$ 层中参与电输运。本征 BiCuSeO 具有正的泽贝克系数，并且其数值较大，室温下约为 350 $\mu V \cdot K^{-1}$。由于 BiCuSeO 具有层状结构，其表现出沿面内、面外方向的各向异性的热电性能，沿面内方向的电输运和热输运性能均优于沿面外方向的，织构实验[3]结果表明 BiCuSeO 的泽贝克系数呈现出各向同性。BiCuSeO 是一种具有间接带隙的多带半导体[4, 5]，禁带宽度约为 0.8 eV。BiCuSeO 的导带底部主要由 Bi 的 6p 轨道组成，其价带顶附近由成键杂化的 Cu 3d-Se 4p 轨道、非键态的 Cu 3d 轨道（相对价带顶 -1 eV 到 -3 eV）和反键态的 Cu 3d-Se 4p（接近价带顶）轨道共同组成。值得注意的是，在费米能级附近（0 eV 到 -0.5 eV）的 Cu 和 Se 对态密度的贡献几乎相等，且共同主导了电输运过程。

研究发现不掺杂的 BiCuSeO 的电导率并不高，但是较大的泽贝克系数使得 BiCuSeO 具有适中的功率因子。虽然 BiCuSeO 的功率因子不高，但是本征 ZT 值在 923 K 下可以达到 0.45，这主要源自较低的热导率，BiCuSeO 的室温热导率约为 0.55 W·m^{-1}·K^{-1}，随着温度的升高，其在 923 K 下热导率降低到 0.40 W·m^{-1}·K^{-1} 左右。实验测得 BiCuSeO 化合物的格林艾森常数 γ 约为 1.5，反映了 BiCuSeO 化合物具有非谐振效应。与 PbTe 类似，虽然 1.5 的格林艾森常数不是很大，但从 BiCuSeO 具有一定导电性的基础上判断，这一化合物的低热导率主要源于 Bi 的外层孤对电子和其各向异性的特点导致了声子输运的非平衡性。因此，由于具有较大的泽贝克系数、低热导率和相对较低的电导率，优化后的 P 型 BiCuSeO 的热电性能得到了进一步提升，其中 Pb 和 Ca 同时掺杂的 BiCuSeO 热电材料的 ZT 值已经可以达到 1.5[6]，这样的 ZT 值在氧化物热电材料中是极其少见的，体现了 P 型 BiCuSeO 作为热电材料的应用潜力。下面将详细介绍 BiCuSeO 的能带结构、态密度有效质量、本征输运特性和本征低热导率，便于读者理解其本征热电性能，为后面介绍优化其热电性能的策略做铺垫。

首先介绍 BiCuSeO 的能带结构。图 2-4 所示为本征 BiCuSeO 的态密度和能带结构。该图反映的主要信息与平松等人[7]的研究相吻合。根据带隙测量结果，块体和粉末的带隙约为 0.8 eV，薄膜的带隙约为 1.0 eV。在 BiCuChO 中，随着 Ch 从 S 到 Se 再到 Te，带隙从约 1.07 eV 减小至 0.8 eV，再减小至 0.4 eV。与 LaCuSeO（3.01 eV）相比，BiCuSeO 的带隙更窄，这主要是由于 LaCuSeO 中不存在低能的 Bi 6p 轨道[8]。Bi 6p 态位于价带底部（相对价带顶 -10 eV 至 -12 eV），并且 O 2p 态也是如此（相对价带顶 -5 eV 至 -7 eV）。

如前文所述，BiCuSeO 是一种多带半导体。如图 2-4（b）所示，处于价带顶部的空穴带位于 Γ-M 线上。在 Γ-X 线和 Z 点上可以观察到其他空穴带，它们位于费米能级以下约 -0.15 eV，在高空穴载流子浓度或高温下参与电输运。有意思的是，观察晶体结构的二维特征，发现空穴带最大值位于 Z 点。
然而，它与前面提到的态密度是一致的。虽然 BiCuSeO 的电输运行为是各向
异性的，但由于 Bi 6p 对态密度有效质量的贡献，因此有效质量具有中等各向
异性。BiCuSeO 结构的层状特征导致了其具有预期的类似超晶格的强各向异
性[9]。然而，态密度的计算和输运测量结果都表明，BiCuSeO 的电输运性质
更接近"经典 3D 材料"，与超晶格中呈现二维阶梯状的态密度有效质量相比，
BiCuSeO 具有近似抛物线的色散关系。

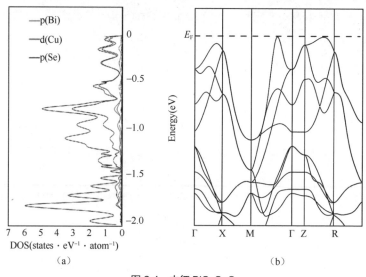

图 2-4　本征 BiCuSeO

（a）态密度；（b）能带结构

　　然后，介绍 BiCuSeO 的态密度有效质量。本征 BiCuSeO 的泽贝克系数很
大，300 K 时为 349 μV·K^{-1}，923 K 时达到 425 μV·K^{-1}。最初认为较大的泽
贝克系数与其层状晶体结构有关。交替排布的 $[Bi_2O_2]^{2+}$ 绝缘层和 $[Cu_2Se_2]^{2-}$
导电层是二维天然超晶格。事实上，$[Bi_2O_2]^{2+}/[Cu_2Se_2]^{2-}/[Bi_2O_2]^{2+}$ 的自然层
状结构与 $SrTiO_3/SrTi_{0.8}Nb_{0.2}O_3/SrTiO_3$ 的人造多层结构中的二维电子气（Two-
Dimensional Electron Gas，2DEG）非常相似，后者也表现出非常大的泽贝克
系数，300 K 下绝对值约 850 μV·K$^{-1[9]}$。尽管 BiCuSeO 具有复杂的非抛物
型多带结构，用单抛物线模型仍然可以粗略估计出其态密度有效质量，约为
0.6 m_e，但这个态密度有效质量是多带的混合有效质量，至少有两个价带对电

输运有贡献。

　　李等人[10]首次确定了 BiCuSeO 的两个价带中单个价带的有效质量。利用 Pisarenko 关系估计了重价带的有效质量（约 1.1 m_e）：

$$S = \frac{8\pi^2 k_B^2 T}{3eh^2} m_d^* \left(\frac{\pi}{3p}\right)^{2/3} \qquad (2\text{-}1)$$

　　其中，S 为泽贝克系数，k_B 为玻耳兹曼常数，T 为绝对温度，e 为电子电荷，h 为普朗克常数，m_d^* 为费米能级的有效质量，p 为空穴载流子浓度。图 2-5（a）显示了 K 掺杂 BiCuSeO 的泽贝克系数，有效质量可以根据图 2-5（a）插图中的斜率来估计。在未掺杂的 BiCuSeO 中，泽贝克系数随温度的变化曲线比 K 掺杂的 BiCuSeO 的更加陡峭，这表明未掺杂的 BiCuSeO 的有效质量较大，估算出的有效质量约为 1.1 m_e。估算后的 K 掺杂 BiCuSeO 的态密度有效质量如图 2-5（b）所示，K 掺杂使费米能级深入第二个价带。态密度有效质量随 K 原子掺杂量（掺杂量用摩尔分数表示）的增加而增加，证明了轻价带的非抛物线特征。非抛物线型的第二价带的态密度有效质量与载流子浓度有关：

$$\left(m_d^*\right)^2 = \left(m_{d0}^*\right)^2 + 4\frac{m_{d0}^*}{E_1}\left[\left(\frac{3}{8\pi}\right)^{2/3}\frac{h^2}{2}\right]p^{2/3} \qquad (2\text{-}2)$$

　　其中，m_{d0}^* 是价带顶的态密度有效质量，E_1 是常数。轻价带在价带顶处的态密度有效质量为 0.18 m_e。从图 2-5（c）可以看出，BiCuSeO 的功率因子与有效质量和载流子浓度密切相关。在 K 和 Na 掺杂的 BiCuSeO 中观察到类似的功率因子增强现象[10, 11]。

　　接着讨论 BiCuSeO 的本征输运特性。薄膜和块体氧硫族化合物的性质被研究报道。通过脉冲激光沉积（Pulsed Laser Deposition，PLD）和固相外延（Solid Phase Epitaxy，SPE）等技术制备了薄膜材料，并对其光电性能进行了研究。块体材料通常采用两步常规方法制备：粉末合成与致密成形。单相粉末可以通过水热法、固相反应法或机械合金化等方法合成。紧接着，通过冷压烧结、热压烧结或放电等离子烧结将单相粉末烧结成块体。值得注意的是，有几个课题组的研究表明，致密成形的方法也会影响热电性能，这可能源于密度差异或晶粒择优取向。本节只讨论用固相反应法制备的 BiCuSeO 的热电性能。

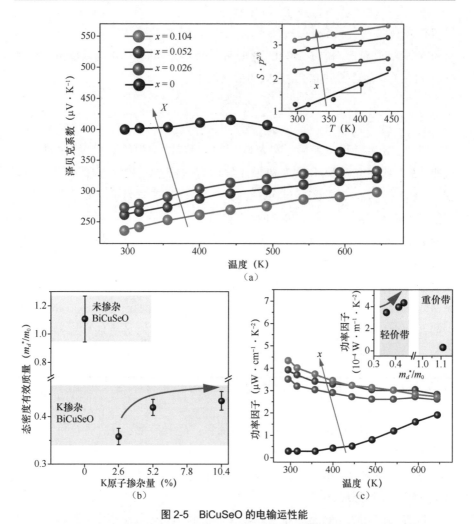

图 2-5　BiCuSeO 的电输运性能

（a）Bi$_{1-x}$K$_x$CuSeO 化合物的泽贝克系数随温度变化的曲线，其中插图是 $S \cdot p^{2/3}$ 与温度的关系；
（b）态密度有效质量与 BiCuSeO 化合物中 K 原子掺杂量的关系；（c）Bi$_{1-x}$K$_x$CuSeO 化合物的功率
因子随温度的变化，插图是室温下功率因子与态密度有效质量的关系（m_0 代表自由电子质量）

　　如图 2-6（a）所示，BiCuSeO 的电导率随着温度的升高而增大，呈现半导体输运行为。在测量的整个温度范围内，电导率远低于最先进的热电材料的电导率，室温下大约为 1.12 S·cm^{-1}。低电导率与低载流子浓度（1×10^{18} cm^{-3}）以及载流子迁移率（22 cm$^2 \cdot$ V$^{-1} \cdot$ s^{-1}）有关。从图 2-6（b）可以看出，BiCuSeO 在室温下的泽贝克系数约为 350 μV·K^{-1}，并随温度升高而不断升高，在 923 K 下达到 425 μV·K^{-1}。如图 2-6（c）所示，低电导率和大泽贝克系数的结合导致其具有中等功率因子，923 K 时约 2.5 μW·cm^{-1}·K^{-2}。如图 2-6（d）所示，热容 C 随温度的升高呈上升趋势。如图 2-6（e）所示，总热导率在室温时较低，随着温度的升高不断降低。由于电子热导率较低，总热导率数值主要由其晶格热导率决定。室温下的晶格热导率接近 0.60 W·m^{-1}·K^{-1}，并且在 923 K 下，降至 0.40 W·m^{-1}·K^{-1}，这比大多数热电材料的晶格热导率要低得多，后文将专门讨论。相对较低的功率因子可以被极低的热导率补偿，从而在 923 K 时得到一个适中的无量纲热电优值，如图 2-6（f）所示，最大 ZT 值约为 0.5。这表明 BiCuSeO 是一种潜在的可以应用于中温区的热电材料。

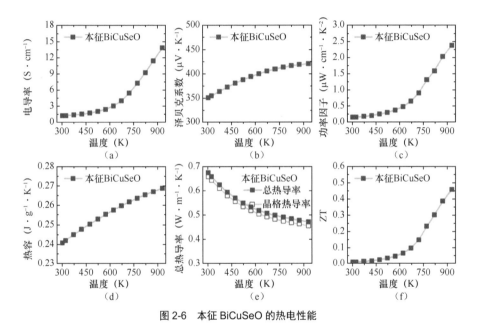

图 2-6　本征 BiCuSeO 的热电性能

（a）电导率；（b）泽贝克系数；（c）功率因子；（d）热容；（e）总热导率和晶格热导率；（f）ZT 值

　　最后讨论 BiCuSeO 的本征低热导率。BiCuSeO 在 923 K 时的功率因子为 2.5 μW·cm^{-1}·K^{-2}，ZT 值可达 0.5 左右。本征 BiCuSeO 具有不错的热电性能，主要源于其低的晶格热导率。室温下 BiCuSeO 的晶格热导率约为 0.60 W·m^{-1}·K^{-1}，在 923 K 下，其数值降至 0.40 W·m^{-1}·K^{-1}。为了阐明其具有低热导率的原因，分析了 BiCuSeO 化合物的弹性性能。BiCuSeO 的弹性模量（E）可由纵向声速（v_l）和横向声速（v_s）推导得出。弹性模量与材料中单个原子键的刚度有关。原子间的结合键变弱通常会导致较低的刚度和较低的弹性模量。弹性模量较低的材料被认为具有"软"键，这将导致声子的输运变慢，从而导致晶格热导率较低。如图 2-7 所示，与其他氧化物相比，BiCuSeO 具有较低的声速、弹性模量和室温晶格热导率[12, 13]。BiCuSeO 中对应的 3 个参数分别为 2107 m · s^{-1}、76.5 GPa、0.55 W · m^{-1} · K^{-1}，Ba$_2$YbAlO$_5$ 对应的参数分别为 2901 m · s^{-1}、109.4 GPa、1.4 W · m^{-1} · K^{-1}，以及 Gd$_2$Zr$_2$O$_7$ 中的 3832 m · s^{-1}、234.3 GPa、2.2 W · m^{-1} · K^{-1}[2]。

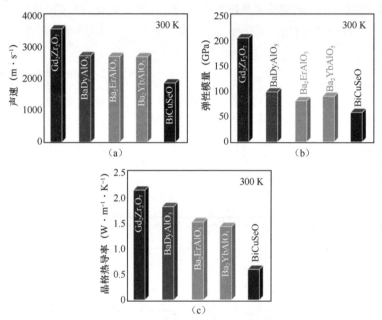

图 2-7　BiCuSeO 与典型氧化物材料的比较

（a）声速；（b）弹性模量；（c）室温晶格热导率

除了弹性模量，格林艾森常数（γ）也与热导率有关。格林艾森常数是有温度依赖性的非谐性参数。BiCuSeO 的格林艾森常数的计算公式如下：

$$\gamma = \frac{3}{2}\left(\frac{1+\upsilon_p}{2-3\upsilon_p}\right) \tag{2-3}$$

其中，泊松比 υ_p 可以由纵向声速 v_l 和横向声速 v_s 计算得到：

$$\upsilon_p = \frac{1-2\left(v_s/v_l\right)^2}{2-2\left(v_s/v_l\right)^2} \tag{2-4}$$

BiCuSeO 的格林艾森常数为 1.5，这表明晶格振动具有高非谐性，是低导热材料的标志。该格林艾森常数与受到广泛关注的传统热电材料 PbTe 的（1.45）相当，甚至略高。莫雷利等人[14]报道过，AgSbTe$_2$ 的本征低热导率源于其有一个非常高的格林艾森常数（2.05）。高的格林艾森常数与化学键的非谐性有关，可能源于 Sb 的杂化轨道中存在的孤对电子。这个孤对电子在 Sb 原子周围产生额外的电子云，从而产生非线性排斥力，表现为化学键的非谐性。在第 V 主族中，应该可以在 Bi 基化合物中观察到同样的低晶格热导率。此外，Bi 的孤对电子可能会导致电子密度分布更加不对称，从而导致更强的晶格非简谐振动。在 BiCuSeO 体系中，低的热导率和较高的格林艾森常数（1.5）与三价 Bi 有关。除了弹性模量和格林艾森常数外，其他可能的导致低热导率的原因也被提出，包括声子散射、重元素的存在导致声子群速度降低等。所有这些特征可以简短地概括为克拉克[15]所提出的选择低导热材料的标准：重原子与"软"成键。

2.4　本章小结

BiCuSeO 具有抗氧化性、热稳定性，价格低廉、储量丰富、无毒无铅，同时具有较高泽贝克系数和极低热导率，这使得它自 2010 年一经报道便成为热门热电材料，具有较大发展潜力。在本章中，我们对 BiCuSeO 化合物本征晶体结构、微观结构、电子结构、物理化学性能及热电性能进行了梳理总结。可以得出结论，BiCuSeO 本身的低导热性意味着提高热电性能最有效的方法是提高电输运性能。在过去的 10 年里，诸多有效的调控策略成功地运用于 BiCuSeO，例如通过掺杂优化载流子浓度、能带调控、织构化增加载流子迁移率以及将这些优化电输运性能的调控策略结合在一起以实现协同优化，从而进一步提升 BiCuSeO 材料的热电性能。在接下来的章节中，将进一步介绍这 10 年间为优化 BiCuSeO 化合物的热电性能所采取的调控策略及相关研究和发现。

2.5　参考文献

[1]　ZHAO L D, HE J, BERARDAN D, et al. BiCuSeO oxyselenides: new promising thermoelectric materials [J]. Energy & Environmental Science, 2014, 7(9): 2900-

2924.

[2]   PEI Y L, HE J Q, LI J F, et al. High thermoelectric performance of oxyselenides: intrinsically low thermal conductivity of Ca-doped BiCuSeO [J]. NPG Asia Materials, 2013, 5:e47.

[3]   SUI J H, LI J, HE J Q, et al. Texturation boosts the thermoelectric performance of BiCuSeO oxyselenides [J]. Energy & Environmental Science, 2013, 6(10): 2916-2920.

[4]   ZHAO L D, BERARDAN D, PEI Y L, et al. $Bi_{1-x}Sr_xCuSeO$ oxyselenides as promising thermoelectric materials [J]. Applied Physics Letters, 2010, 97(9): 092118.

[5]   BARRETEAU C, BERARDAN D, AMZALLAG E, et al. Structural and electronic transport properties in Sr-doped BiCuSeO [J]. Chemistry of Materials, 2012, 24(16): 3168-3178.

[6]   LIU Y, ZHAO L D, ZHU Y C, et al. Synergistically optimizing electrical and thermal transport properties of BiCuSeO via a dual-doping approach [J]. Advanced Energy Materials, 2016, 6(9): 1502423.

[7]   HIRAMATSU H, YANAGI H, KAMIYA T, et al. Crystal structures, optoelectronic properties, and electronic structures of layered oxychalcogenides MCuOCh (M = Bi, La; Ch = S, Se, Te): Effects of electronic configurations of M^{3+} ions [J]. Chemistry of Materials, 2008, 20(1): 326-334.

[8]   BARRETEAU C, BERARDAN D, AMZALLAG E, et al. Structural and electronic transport properties in Sr-doped BiCuSeO [J]. Chemistry of Materials, 2012, 24(16): 3168-3178.

[9]   OHTA H, KIM S, MUNE Y, et al. Giant thermoelectric Seebeck coefficient of two-dimensional electron gas in $SrTiO_3$ [J]. Nature Materials, 2007, 6(2): 129-134.

[10]   LEE D S, AN T H, JEONG M, et al. Density of state effective mass and related charge transport properties in K-doped BiCuOSe [J]. Applied Physics Letters, 2013, 103(23): 232110.

[11]   LI J, SUI J, PEI Y, et al. The roles of Na doping in BiCuSeO oxyselenides as a thermoelectric material [J]. Journal of Materials Chemistry A, 2014, 2(14): 4903-4906.

[12] WAN C L, QU Z, HE Y, et al. Ultralow thermal conductivity in highly anion-defective aluminates [J]. Physical Review Letters, 2008, 101 (8): 085901.

[13] WAN C L, PAN W, XU Q, et al. Effect of point defects on the thermal transport properties of $(La_xGd_{1-x})_2Zr_2O_7$: Experiment and theoretical model [J]. Physical Review B, 2006, 74: 144109.

[14] MORELLI D T, JOVOVIC V, HEREMANS J P. Intrinsically minimal thermal conductivity in cubic I-V-VI2 semiconductors [J]. Physical Review Letters, 2008, 101(3): 035901.

[15] CLARKE D R. Materials selection guidelines for low thermal conductivity thermal barrier coatings [J]. Surface & Coatings Technology, 2003, 163:67-74.

第 3 章　BiCuSeO 热电材料的制备方法

3.1　引言

回顾过去的 200 多年，不难发现热电材料正广泛而深刻地影响着我们的生活，而且这种影响必将持续深化。热电材料的合成与制备是影响热电材料性能的关键因素，关乎热电材料在各大领域的应用与使用。BiCuSeO 作为一种含氧类热电材料，本身具备抗氧化性和稳定性等优点。这些优点为 BiCuSeO 的合成与制备也提供了更加便捷的天然条件。目前关于 BiCuSeO 的合成与制备，有固相反应法、机械合金化法、自蔓延高温合成法、微波加热合成法、脉冲激光沉积法、高压合成法和溶剂法等多种合成方法，热压烧结和放电等离子烧结等烧结技术，同时也有织构化优化法和调制掺杂法等多种可以优化性能的制备方法。材料的合成与制备主要是从材料科学的角度，综合分析、考虑材料研究与材料合成制备相关的内容，研究材料制备方法、材料结构和性能。本章首先介绍固相反应法、机械合金化法、自蔓延高温合成法、脉冲激光沉积法等合成方法，再介绍热压烧结、放电等离子烧结等烧结技术，最后介绍织构化优化法和调制掺杂法等优化方法。每节的论述包括该制备方法的基本原理、影响制备方法的因素及材料的微结构与性能，中间也会结合 BiCuSeO 合成与制备的实例，帮助读者进一步了解 BiCuSeO 的制备、结构和性能的相互关系。

3.2　固相反应法

固相反应（Solid State Reaction，SSR）法并不是一个全新的领域，早期对于该反应的认识主要是由泰曼等人 [1] 建立的。泰曼认为，固相反应的起始温度要远低于反应物的熔融温度或者整个反应系统的低共熔温度。随着科学技术不断进步，人们发现许多固相反应的实际反应速率比泰曼理论计算的结果要快。因此，金斯特林格等人 [2] 又提出在固相反应中气相和液相也起着十分重要的作用，将固相反应这一概念修正为：从结晶质反应物开始反应到获得结晶物质产物的这一过程，不仅包含固相，而且中间可以出现气相和液相，此外，气相和液相对固相反应的进程起着重要作用。目前，固相反应的定义为，固相物质参与的化学反应，包含固 - 固反应、固 - 气反应和固 - 液反应。

固相反应过程主要包括扩散和在相界面上发生的化学反应这两个阶段。在室温下，大部分原子基本都固定在其晶格格点附近，整体状态相对比较稳定。当外界环境中的温度升高至较高温度或者反应物处于较高浓度梯度下，这些原本"稳定"的原子往往会通过扩散的方式进行移动。热电材料在高温下的微结构变化及化学反应一般都是通过扩散进行。扩散与温度、固相中各缺陷种类、浓度及运动形式都有着密切关系。针对各种扩散机制，扩散系数有着不同的表达式，各类扩散系数 D 的普遍形式为：

$$D = D_0 \exp\left(-\frac{Q}{RT}\right) \tag{3-1}$$

其中，D_0 为表观扩散系数，其大小与晶体结构密切相关；Q 为扩散时所需要的激活能，是缺陷形成能和迁移能之和；R 是气体常数，通常取 $8.314\ J \cdot mol^{-1} \cdot K^{-1}$；$T$ 为温度。不难发现，扩散系数与温度有着密切的关系，因此，在固相反应合成热电材料的过程中，温度的选择至关重要。

在探讨反应温度对扩散系数影响的过程中，基于式（3-1）的讨论前提是假定扩散系数与杂质浓度无关，同时忽略杂质扩散的影响。但实验发现扩散系数与杂质浓度是有关的，尤其在热电材料中，通过引入掺杂元素来提升热电性能是一种常见的优化手段，因此，讨论掺杂元素对于扩散的影响也很重要。热电材料作为一种半导体材料，其缺陷浓度一般包含由温度所决定的本征缺陷浓度和由杂质（掺杂元素）浓度所决定的非本征缺陷浓度两个部分。当温度升高到一定值时，由温度所决定的本征缺陷浓度很大，而杂质缺陷浓度的影响可以忽略不计，此温度下的扩散系数称为本征扩散系数；当温度低到一定值时，由温度所决定的本征缺陷浓度会大幅降低，远小于杂质缺陷浓度，此温度下的扩散系数称为非本征扩散系数。按照式（3-1）所表示的扩散系数与温度的关系，在公式两边取自然对数，可以获得如下关系式：

$$\ln D = -\frac{Q}{RT} + \ln D_0 \tag{3-2}$$

固相反应主要是相界面上的化学反应。不同的反应体系包含的具体化学反应千差万别。以 $CoSb_3$ 基热电材料的固相反应为例：将固相的 Co 和 Sb 混合在一起，原料之间最开始仅仅是点接触，如图 3-1 所示，前期阶段两相晶格中的质点是互相分离的。通过外界环境的加热，颗粒之间的接触由点接触开始变为面接触。实际上，熔点较低的固相在较低温度下可能已具有较大的活性，低熔点离子或原子积极扩散，包围了高熔点固相。当外界环境温度持续升高，会有部分 Co 和 Sb 形成化合物，如 $CoSb$、$CoSb_2$ 等。随着温度的升高和时间的延长，固相反应进行完全。

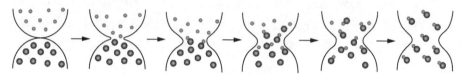

图 3-1　固相反应过程示意

固相反应的速率和机理通常会受到反应物自身的化学组成与结构以及外界环境的温度、压力等因素的影响。不难理解，凡是能活化晶格、促进物质内外输运的因素都会对固相反应产生一定的影响。

（1）反应物的化学组成与结构。从热力学的角度分析，在一定温度、压力条件下，反应可能进行的方向是自由能减少（$\Delta G < 0$）的方向，并且 ΔG 的绝对值越大，说明反应的热力学推力也越大，反应越容易自发地朝着这个方向进行。从反应物结构的角度分析，反应物中各质点间的化学键性质必将影响反应速率。根据反应物各质点间的化学键在空间的分布情况，可将反应物分为一维、二维和三维固体。由于一维或二维结构中链间或层间距离较大，原子间的相互作用变弱，这导致其他反应物容易嵌入或插入链间、层间，有利于发生化学反应，因而这种低维固体的反应活性相对较高。显然，三维固体的结构更为致密，其他反应物难以嵌入或插入并引发反应，导致三维固体的化学反应活性相对于一维或者二维固体明显要弱。此外，反应物中各种缺陷的种类与浓度也不同程度地影响反应速率。一般来说，物质在其相变点时，质点的流动性显著增大，晶格更加松弛，缺陷增多，因此反应活性和扩散性明显增强。故而在生产实践中，人们常根据多晶转变、热分解和脱水反应等反应的起始条件来选择反应原料和设计反应工艺条件，以期通过增强晶格活化效应提升材料合成速率[3]。

（2）反应物的颗粒度及其分布。在其他条件不变的情况下，反应物的颗粒度对反应速率有重要的影响。反应物的颗粒度大小对颗粒之间的接触面积、表面积以及产物层厚度都有直接影响。对于相同质量的反应物，减小其颗粒度，反应物的表面积增大，接触面积也相应增大，这样就增大了反应的表面积，使得产物层厚度 x 减小。一般来说，产物层厚度减小，意味着反应速率会增大。值得一提的是，在有些固相反应中，当颗粒度发生变化时，反应机理可能会发生变化，控制反应速率的主要环节也会发生变化。

（3）反应温度、压力与气氛。温度是影响固相反应速率的重要外部条件之一。一般来说，反应过程中的反应速率与温度呈现以下关系：

$$K = A\exp\left(-\frac{Q}{RT}\right) \tag{3-3}$$

其中，K 为反应速率常数，A 为反应常数，这两个参数通常随具体控制反应过程的基元反应的不同而有所区别；Q 为反应活化能，R 为气体常数，T 为温度。值得注意的是，无论是扩散控制还是化学反应控制的固相反应，温度的升高都会引起扩散系数或反应速率常数提高。由于扩散活化能通常比反应活化能小，因此温度的变化对化学反应的影响远大于对扩散的影响。温度升高，反应物中各质点热振动动能增大、扩散能力得到显著增强，因此，一般认为温度升高有利于反应进行。

压力对固相反应也起着至关重要的作用。对于全固相反应而言，压力的增加可显著改善粉末颗粒之间的接触状态，如减小颗粒间的距离，扩大颗粒间的接触面积，这些措施均可提高固相反应速率。但如果在反应过程中有气相、液相参与，此时若想单纯依靠提高压力来加快反应速率，有时并不理想，甚至会事与愿违。

此外，气氛也是影响固相反应的重要因素。它可以通过改变固体吸附特性，来影响表面反应活性。比如在一些非化学计量化合物 ZnO、CuO 中，气氛可以直接影响晶体表面缺陷的浓度、扩散机制及扩散速度。

随着材料合成技术的不断发展，固相反应法已成为热电材料的主流合成方法之一，常见的熔融 - 水淬 - 退火工艺过程如图 3-2 所示。

在热电材料的制备过程中，人们通常会依据化学计量比称取不同种类的原料并将其混合，然后将混合物放入石英管中进行真空封管[4-7]，最后置于熔融炉内进行长时间的熔融。熔融温度一般选取体系中难熔元素的熔点附近温度或分步反应温度，不同热电材料体系的熔融温度差异较大，如方钴矿体系的熔融温度一般为 1100 ℃左右[8]，而 BiCuSeO 体系的熔融温度仅为 800 ℃左右[9]。随后根据具体热电体系选择冷却方式，可以随炉冷却也可以水淬冷凝，以获得成分较为均匀的熔融铸锭。在后续的过程中，退火过程有助于借助扩散反应获得更为均匀的物相，而进一步的烧结工艺则有助于获得致密的块体材料。这些过程都与固相反应有着密切关系。

有文献报道，研究人员[10]采用固相反应制备多晶 BiCuSeO。样品的制备流程如图 3-3 所示，主要分为以下 3 个步骤。第 1 步，按照化学计量比称量好原料粉末，放入研钵中手动混合直至粉末颜色均匀。这部分涉及的原料主要包括 Bi 粉（纯度 99.99%）、Cu 粉（纯度 99.95%）、Se 粉（纯度 99.999%）、Bi_2O_3 粉（纯度 99.999%）。第 2 步，将混合均匀的粉末用压片机进行压片并封装进入抽真空的石英试管，然后将封入样品的石英试管置入马弗炉进行控温烧结（热处理工艺为：3 小时升温至 750 ℃，并保温 24 小时，然后随炉冷却）。此处进行的压片操作是为了让粉末之间接触更紧密，从而使参加固相反应的粉末反应更加充分。第 3 步，取出石英管中的压片，再次利用研钵研磨样品，令样品过筛网。将过筛后的粉末装入特定形状的石墨模具中，进行放电等离子烧结（Spark Plasma Sintering，SPS），SPS 的目的是将粉末状的样品变成致密的块体，关于 SPS，后文会有详细的讲解。

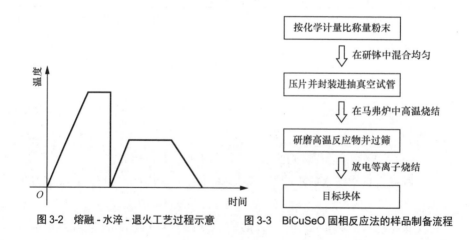

图 3-2　熔融 - 水淬 - 退火工艺过程示意　　图 3-3　BiCuSeO 固相反应法的样品制备流程

固相反应法的优点是普适性强、所需成本低、操作简单，因此固相反应法是实验室现行进行成分优化设计时的常用方法。其缺点是能耗高、制备周期长，通常需要 1 ～ 2 次成型，会增大杂质引入的可能性，降低样品的纯度，同时重复性和可靠性也难以保证。

3.3 机械合金化法

在材料合成与制备中，机械合金化（Mechanical Alloying，MA）法已逐渐成为重要的高效合成方法之一。它的主要原理是在高能球磨机中，金属或合金粉末颗粒与磨球之间长时间激烈地冲击、碰撞，粉末颗粒反复经历微锻、断裂、团聚和反团聚等过程，从而获得合金化粉末[11]。上述过程中的微锻，是指延性颗粒会反复地被磨球冲击，以致压缩变形。通常脆性颗粒没有微锻过程。球磨进行一段时间以后，单个颗粒的变形已达到一定程度，当颗粒再次被磨球冲击时，会产生裂纹及扩展，最终使颗粒断裂，颗粒中的缺陷及裂纹都会促进颗粒断裂。团聚指的是表面较粗糙（或呈海绵状）的颗粒通过机械连接或自粘结所产生的聚合，这种自粘结属于颗粒间的分子相互作用，具有范德瓦尔斯力的特性。而反团聚指的是破碎这种团聚而不是破碎粉末颗粒。当反团聚的球磨力与颗粒间的自粘结力达到平衡时，这种平衡团聚颗粒的粒度就是球磨的极限粒度。

通常，可以将球磨粉末分成 3 类体系：延性 / 延性粉末体系、延性 / 脆性粉末体系和脆性 / 脆性粉末体系。针对研究最为广泛的延性 / 延性粉末体系，人们通常将其机械合金化过程划分为 5 个阶段。第一阶段是磨球与粉末颗粒碰撞产生微锻，此时延性粉末将变成片状或碎块状，少量粉末颗粒（一般为 1 ～ 2个颗粒厚度）被冷焊到磨球表面。这个焊合层不仅能阻碍磨球表面过度磨损，而且可减少污染。由于微锻和断裂过程是交替进行的，所以粉末的颗粒度也会随着球磨时间的延长不断减小。图 3-4 所示为磨球 - 粉末 - 磨球碰撞过程的示意。接下来进行第二阶段的大面积冷焊，此时片状粉末被焊合在一起形成层状的复合组织。伴随着断裂和冷焊的交替进行，复合颗粒发生加工硬化，其硬度和脆性均增加，颗粒尺寸会进一步细化，层间距不断减小，颗粒呈卷曲状。第三阶段开始合金化。合金化是在诸多因素共同作用下进行的，例如球磨产生的热效应，塑性变形产生的晶体缺陷所引起的易扩散路径等。第四阶段，随着球磨过程继续进行，层状复合颗粒的层间距会进一步减小，甚至连光学显微镜也无法辨识。第五阶段，完全互溶的组分之间在原子尺度上能实现合金化，也就形成了金属粉末的机械合金化。一些具有面心立方结构的金属体系一般属于延性 / 延性体系，如 Cu/Ag、Cu/Ni、Al/Ni 等。

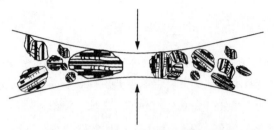

图 3-4　磨球 - 粉末 - 磨球碰撞过程的示意

　　在研究机械合金化技术的初期，人们误以为脆性 / 脆性粉末体系是不可能发生机械合金化的。但实验表明，某些脆性组分在球磨过程中也会发生机械合金化，如热电材料中的 Si/Ge 体系 [12]。研究人员在球磨 Si 和 Ge 两种脆性粉末时，发现随着球磨时间的变化，处于球磨中的 Si 和 Ge 的晶格常数会逐渐接近，最终达到同一数值，这就充分说明了球磨脆性的 Si 和 Ge 也能形成固溶体，如图 3-5 所示。脆性组分间发生机械合金化的难度在于，组分间的扩散距离长，或者扩散路径少。但脆性组分在球磨过程中，某些组分间也能发生扩散输运。局部温度升高、表面变形等原因会使得脆性组分发生塑性变形，这种变形对扩散输运过程是十分有意义的。也有研究表明在球磨一些脆性材料时，具有低粗糙度甚至锐边的颗粒可能会嵌入其他粉末中，并引起塑性流变——冷焊，从而使得机械合金化能够顺利进行。

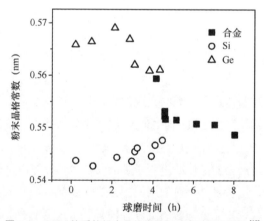

图 3-5　Si/Ge 体系的粉末晶格常数与球磨时间的关系 [12]

　　研究人员对机械合金化过程中所发生的碰撞、运动学、能量输运以及温升等问题进行了深入的研究，并提出了 Benjamin 模型 [13]、Brun 模型 [14]、

Abdellaoui 模型[15]、温升模型[16] 等诸多模型。本章不对这些模型进行系统介绍。

影响机械合金化的工艺参数一般包括球磨机转速、球磨时间、球磨介质、球料比和工艺控制剂等。人们普遍认为球磨机转速越高，其对粉末施加的能量越高。事实上，球磨机转速的选择取决于球磨机的临界转速和生成物的需求。例如滚动球磨机存在临界转速，一旦选取超过临界转速的球磨机转速，会导致磨球紧贴在球磨壁上转动，此时磨球和反应物没有相对作用，球磨效果大大降低。人们常用到的行星球磨机，其中的反应物和磨球既绕自转轴以某一角速度自转，又绕平行于自转轴的固定轴线以另一角速度公转。公转可以产生数倍，甚至数十倍于重力加速度的向心加速度。此时，磨球在强大的离心力作用下所产生的研磨效果会显著提升。

球磨机转速（Ball Milling Speed，BMS）对机械合金化的影响还表现为，高的转速会使得球磨罐的温度升高，这对于需要扩散来提高粉末均匀程度或粉末合金化的生成物是有利的。但是，在某些情况下，高温会导致一些亚稳相的形成或者过饱和固溶体的脱溶。此外，高温还会导致粉末污染，在纳米晶形成过程中使平均晶粒尺寸增加。球磨时间（Ball Milling Time，BMT）也是一个重要的工艺参数，但它是与球磨机转速、球料比以及球磨温度密切相关的一个参数。选择球磨时间时必须充分考虑上述因素以及具体的粉末体系。值得注意的是，当球磨时间超过实际所需的时间时，产物被污染的可能性会增加，所以球磨时间的选取不能一概而论，需要根据具体情况选择合适的球磨时间。

图 3-6 给出了不同球磨时间对 BiCuSeO 微观结构和热电性能的影响[17]。如图 3-6（a）和图 3-6（b）所示，在经历 1500 min 的球磨后，反应产物 BiCuSeO 的晶粒尺寸从 10 ～ 20 μm 显著降低至 1 ～ 2 μm。球磨产物的晶格热导率随温度升高呈明显下降趋势，主要是由于球磨工艺细化了晶粒尺寸，进而增强了声子的晶界散射。人们通常认为，减小晶粒尺寸会增强载流子散射。随着球磨时间的延长，该体系的载流子迁移率不断下降，但载流子浓度呈上升趋势。载流子浓度的增加与体系缺陷浓度的变化密切相关。综上所述，通过机械合金化获得的 BiCuSeO 产物导电性增强，热导率降低，该体系在 773 K 时获得了 0.7 的高 ZT 值。

 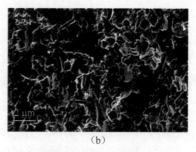

（a）　　　　　　　　　　　　　　　　　（b）

图 3-6　不同球磨时间下，BiCuSeO 体系的微观结构与热电性能

（a）未经球磨处理的样品的扫描电子显微镜（Scanning Electron Microscope，SEM）断口形貌分析；

（b）球磨 1500 min 后样品的 SEM 断口形貌分析

　　磨球的常见种类有调制钢、不锈钢、工具钢、铬钢、轴承钢和 WC-Co 硬质合金等。人们在利用机械合金化法制备材料时，一般会首选同一材质的球磨罐和磨球，避免交叉污染影响产物的合成。因此在某些材料的制备过程中，会使用铜、钛、铌、氧化锆、氧化硅和 Cu-Be 合金等特殊材质作为磨球材质。磨球的尺寸对球磨效率也有影响。一般认为，高密度、大尺寸的磨球对机械合金化有利，因为这些磨球往往具有更高的冲击能量。也有实验表明，小尺寸磨球、低的球磨能量和低球料比的球磨条件更有利于非晶相和亚稳相的形成。球料比（Ball to Powder Ratio，BPR）也是机械合金化过程中的一个重要工艺参数。一般小容量的球磨机的球料比为 10∶1。球料比对合成产物所需的球磨时间有着显著的影响。因为在高球料比的情况下，磨球个数增加，单位时间内碰撞次数也会增加，从而产生更多能量转移给反应物颗粒。但过大的球料比会导致球磨分散效率降低，不利于粉体的分散。

　　根据前文的描述，可知在球磨过程中，粉末颗粒会产生一定的变形，颗粒间也会发生冷焊，从而影响进一步破碎和机械合金化的进行。为了更好地控制冷焊，人们通常会考虑加入适当的工艺控制剂助力机械合金化的进程。工艺控制剂既可以是固体，也可以是液体或气体，一般多为有机化合物。常见的工艺控制剂有硬脂酸、乙烷、甲醇和乙醇，其用量一般为粉末总质量的1%～5%。工艺控制剂的引入，在某种程度上可以缓解球磨过程中的结块现象，有助于提高球磨效率或者获得更细的粉末。在进行机械合金化操作时，一般会将球磨筒抽真空或者充入惰性气体。综上所述，机械合金化是一项非常复杂的工艺，因此必须结合具体情况具体分析。

在热电材料的制备中，人们常常会采用机械合金化这种方法[18-20]。研究人员[20] 系统地研究了 BiCuSeO 的机械合金化机理，为了避免 Bi₂O₃ 第二相的生成，选择 Bi、Se 和 CuO 粉末作为初始原料进行合成。图 3-7 给出了相同的反应物在不同球磨时间下所发生的物相变化。

实验表明，在机械合金化过程中，将球磨工艺条件设定为 500 r·min⁻¹、球磨 7 h 即可获得单相 BiCuSeO。整个合金化过程可以分解为两个中间反应过程，首先是 Bi 和 Se 合成 BiSe。当 Bi 和 Se 消耗完以后，BiSe 与 CuO 反应生成 BiCuSeO。通过机械合金化获得的粉末再经过放电等离子烧结，最终制备出高致密度的块体 BiCuSeO，其 ZT 值在 773 K 时达到 0.7。这一结果也证明了机械合金化是大批量合成 BiCuSeO 的有效方法之一。

与固相反应法相比，机械合金化法可在室温下进行，具有简单、省时、方便一次性大量合成等特点，制备出的样品的晶粒较细且尺寸均匀，有利于降低热导率。这种制备方法的缺点是制备过程中很容易产生杂相，同时也很难保证实验的可重复性。

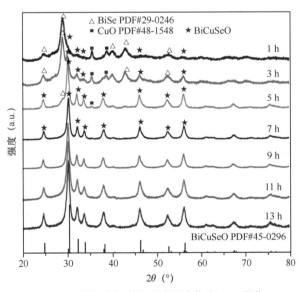

图 3-7　不同球磨时间下获得的产物的 XRD 图谱

3.4 自蔓延高温合成法

自蔓延高温合成（Self-propagating High Temperature Synthesis，SHS）法于1967 年被首次提出，又称为燃烧合成。这种合成方法本质是一种高放热的化学反应，即利用原料发生反应时释放出的大量热量达到自加热和自传导的目的。

自蔓延高温单质合成是最原始的自蔓延高温合成粉末材料的方法，其反应原理为：

$$xA + yB \rightarrow A_xB_y + Q \qquad (3-4)$$

其中，A 为金属单质，B 为非金属单质，A_xB_y 为产物，Q 为合成反应放出的热量。

在自蔓延高温合成的燃烧过程中，从无化学反应到稳定的自维持强烈放热反应的过渡过程被称为着火过程。SHS 发展至今主要有以下 3 种着火方法：一是化学自燃，这类着火通常不需要外界加热，而是在常温下依靠自身的化学反应发生；二是热自燃，即将反应燃料和氧化物混合均匀并加热到某一温度时，发生燃烧反应；三是点火，用电弧、激光、火焰、钨丝等高温热源局部加热混合物，引发着火燃烧，再蔓延至整个反应体系。在利用点火这种着火方式时，一般会将反应的原料混合后压块，在块体的某一端点火引燃反应，并形成一个以一定速度蔓延的燃烧波。当燃烧波向前推进时，原料会逐步反应转换为产物。图 3-8 为该过程的示意。

在自蔓延高温合成反应过程中，当反应原料被点燃以后，燃烧波会以稳定方式进行传播，但其蔓延速度非常快。此时，会形成图 3-9 所示的燃烧温度 T_c、转化率 η 和热释放率 Φ 在空间中的分布。燃烧波的前沿区域是热影响区，当该区域内的温度从初始温度 T_0 上升至点火温度 T_1 时，转化率 η 和热释放率 Φ 开始由 0 逐渐上升，并进入燃烧区。在燃烧区实现由反应原料到反应产物的转化。当温度达到绝热温度 T_2 时，转化率 η 也达到 1，即原料实现全部转化，进入产物区。通过计算绝热温度可以大致了解反应体系在自蔓延高温合成过程中所处的可能状态。

BiCuSeO 是目前仅有的块体性能可以和传统热电材料相媲美的氧化物，这也激励研究人员寻找新型合成方法以减少合成时间和所需能量。据文献报道，研究人员 [21] 采用自蔓延高温合成法结合放电等离子烧结工艺，制备了多晶 BiCuSeO。样品的制备流程主要分为以下 3 个步骤。第 1 步，按照化学计量比称量原料粉末，这部分涉及的原料主要包括 Bi 粉（纯度 99.99%）、Cu 粉（纯度 99.99%）、Se 粉（纯度 99.99%）、Bi_2O_3 粉（纯度 99.99%）、PbO 粉（纯度 99.9%）。第 2 步，将混合均匀的粉末冷压成型至直径为 20 mm 左右的压片（压强为 3 ~ 4 MPa）。第 3 步，将压片放入氧化铝坩埚，并置于酒精灯外焰下引发 SHS 反应，反应过程中会释放出大量热量。通过对比 BiCuSeO 压片在经历 SHS 反应前后的形貌，如图 3-10 所示，可以发现，压片在发生 SHS 反应后会发生一定程度的热变形，并且表面也呈现出燃烧波前进纹路，尺寸略有膨胀。

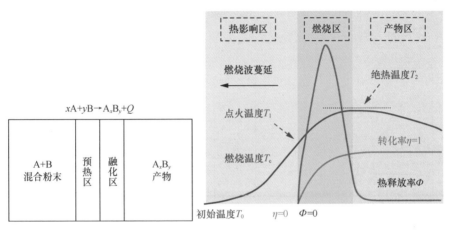

图 3-8　SHS 反应示意

图 3-9　燃烧温度 T_c、转化率 η 和热释放率 Φ 在空间中的分布

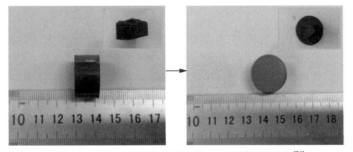

图 3-10　BiCuSeO 压片在经历 SHS 反应前后的形貌 [21]

　　研究 SHS 反应中的热力学参数，需要借助差示扫描量热仪和热重分析仪（Thermogravimetric Analyzer，TGA）等设备开展实验。通过对比按照 10 K·min^{-1}、30 K·min^{-1}、50 K·min^{-1} 和 75 K·min^{-1} 速率升温的样品的 DSC 曲线，研究人员发现，当升温速率为 75 K·min^{-1} 时（见图 3-11），放热

峰会出现宽化，其初始温度也降至 540.3 K。即使在更高的温度下，也没有再出现吸放热峰。因此在 SHS 反应中，设置临界升温速率为 75 K·min⁻¹，点火温度为 540.3 K。随后利用 TGA，实时观测 SHS 反应过程，样品在 323～973 K 保持稳定，并没有出现明显的失重现象及相变过程。实验数据表明，尽管反应过程只持续数十秒，但主要反应已经反应完全。

图 3-12 所示为 SHS 反应后粉体及粉体经放电等离子烧结后块体的 XRD 图谱。实验结果表明，两种产物的特征峰与 BiCuSeO 标准峰基本吻合。由此可见，通过 SHS 反应已成功合成 BiCuSeO 纯相粉体，而后期的放电等离子烧结工艺主要起到致密化、促结晶的作用。

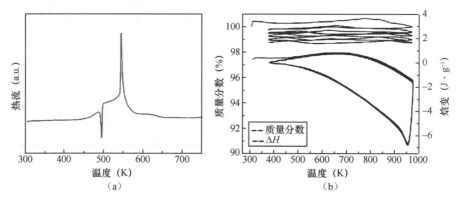

图 3-11 SHS 反应后粉体的热力学测试曲线

（a）粉体在升温速率为 75 K·min⁻¹ 时的 DSC 曲线；（b）粉体的循环热分析及热重曲线[21]

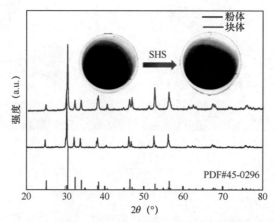

图 3-12 SHS 反应后粉体及粉体经放电等离子烧结后块体的 XRD 图谱[21]

此外，研究人员利用自制的 SHS 反应装置（见图 3-13），结合放电等离子烧结技术，已获得致密度高达 99% 的 BiCuSeO 块体材料。首先将 Bi_2O_3 粉（纯度 99.999%）、Bi 粉（纯度 99.999%）、Cu 粉（纯度 99.99%）及 Se 粉（纯度 99.999%）按化学计量比 1∶1∶3∶3 称量。然后，将上述原料在研钵中充分混合均匀，再将原料混合物装入钢制模具，利用压片机压成直径为 20 mm 的坯体（20 MPa 下持续 10 min）。顺着坯体中轴线钻小孔至中心，再将坯体装入 SHS 反应装置中，将热电偶插入坯体中心，同时将炭纸紧贴坯体上表面。最后，对不锈钢腔体抽真空后，用直流电源供电（电流为 80 A、电压为 15 V），炭纸被加热，借助其与坯体间较大的接触电阻产生的热效应，引燃坯体。

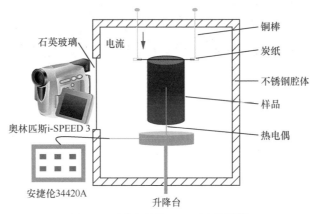

图 3-13　自行设计的 SHS 反应装置 [22]

图 3-14 所示为高速摄像机所记录的 SHS 反应过程的不同阶段状态，可以清晰地看到反应在 8 s 内完成。结合插入坯体中心的热电偶探测到的样品温度随时间的变化曲线，如图 3-15（a）所示，样品最高温度仅为 723 K。整个 SHS 反应过程可以细分为：局部点火—燃烧波蔓延（反应进行）—产物冷却。

如图 3-15（b），通过对 SHS 反应产物进行 XRD 物相表征，发现产物的特征峰与 BiCuSeO 标准卡片一一对应，这表明 SHS 反应产物为单相 BiCuSeO。与此同时，研究人员对其反应过程中的热力学反应机理进行了详细的研究，发现制备 BiCuSeO 的整个 SHS 反应可以分解为 4 个反应过程。具体包含 2 个快速的二元 SHS 反应（$2Bi + 3Se = Bi_2Se_3$ 和 $2Cu + Se = Cu_2Se$）和

2 个相对慢速的固相输运反应（$Bi_2Se_3 + 2Bi_2O_3 \rightleftharpoons 3Bi_2O_2Se$ 和 $Bi_2O_2Se + Cu_2Se \rightleftharpoons 2BiCuSeO$），其中 Bi_2O_2Se 这一中间产物的形成速率制约了整体反应速率。

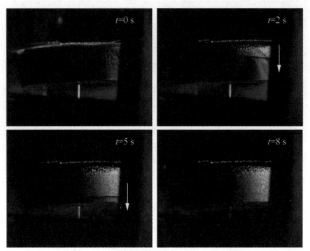

图 3-14　SHS 反应过程的不同阶段状态 [22]

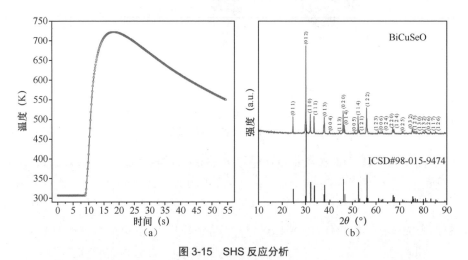

图 3-15　SHS 反应分析

（a）SHS 反应过程中样品温度随时间变化的曲线；（b）SHS 反应产物的 XRD 图谱 [22]

　　研究人员通过优化样品密度、控制反应气氛等，最终使用 SHS 法制备的本征 BiCuSeO 化合物在 873 K 时的 ZT 值达到了 0.66，掺杂 Pb 的 $Bi_{0.94}Pb_{0.06}CuSeO$ 块体材料在 923 K 时的 ZT 值达到了 1.2。

与前面两种合成方法相比，SHS 法具有节省时间、能源利用充分和产量高等优点，但由于反应坯体会经历相当大的温度梯度以及冷却速率过快，因此，反应产物中除化合物及固溶体外，还可能形成复杂相和亚稳相。

3.5　脉冲激光沉积法

脉冲激光沉积（Pulsed Laser Deposition，PLD）法是一种应用非常广泛的真空薄膜制备工艺。在沉积薄膜时，入射粒子的动能较高，甚至能达到几百电子伏特，因此其具有较高的表面迁移率，从而为制备出高质量的薄膜提供保障。脉冲激光沉积系统的组成如图 3-16 所示。

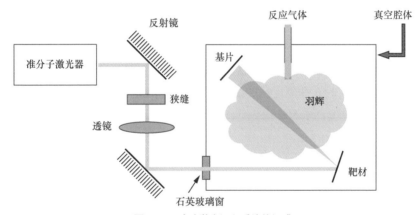

图 3-16　脉冲激光沉积系统的组成

在利用脉冲激光沉积法制备薄膜的过程中，影响薄膜结晶质量和成分的因素很多，包括激光能量密度、激光脉冲频率、反应腔气体成分、沉积时间、基片生长温度和靶距等。激光的能量密度和脉冲频率会影响沉积速率，沉积时间会影响薄膜的厚度。为了获得高质量、均匀的薄膜，要合理调节这些实验参数。值得一提的是，靶材的质量对薄膜的制备有着重要的影响。

脉冲激光沉积技术主要用在难熔材料、多层结构薄膜及外延单晶薄膜的制备上，也是国内外用来制备 BiCuSeO 二维薄膜的主要方法。研究人员 [23, 24] 以 BiCuSeO 热电材料为研究对象，利用脉冲激光沉积技术制备了沿 c 轴取向的 BiCuSeO 薄膜样品。实验室制备靶材所用的主要原料为 Bi 粉（纯度 99.99%）、Cu 粉（纯度 99.9%）、Se 粉（纯度 99.99%）、Bi_2O_3 粉（纯度 99.99%）、PbO

粉（纯度 99.999%）。靶材的制备主要采用球磨与固相反应相结合的方法，具体过程是：按照化学计量比称取原料；利用球磨机湿磨 6 h，使原料混合均匀；将混合均匀的粉末冷压成型至直径为 30 mm 左右的圆片；将圆片放入石英管进行真空封装；将石英管放入马弗炉，先以 1 K·min^{-1} 的升温速率由室温升温至 573 K，并保温 6 h，再以 1 K·min^{-1} 的升温速率持续升温至 973 K，并保温 12 h，最终随炉冷却至室温，获得一系列 BiCuSeO 基靶材。

薄膜的生长条件为[23]：采用 XeCl 准分子激光器单脉冲能量输出（波长 308 nm）的方式进行沉积，激光能量密度为 1.5 J·cm^{-2}，脉冲频率为 5 Hz；将上述经高温固相反应烧结而成的 BiCuSeO 基多晶靶作为靶材；选用 12 mm×4 mm 的商用非晶肖特玻璃作为基片，基片放入反应腔之前需经丙酮、酒精、去离子水分别超声清洗 10 min，基片与靶材之间的距离约为 50 mm；沉积过程中，反应腔内压强维持在 2×10^{-4} Pa 以下，并通入 0.1 Pa 的高纯氩；开启激光之前，需将基片温度升至 633 K；沉积 15 min 后，将薄膜样品在真空腔体内原位退火，随炉冷却至室温。

图 3-17 所示为在非晶肖特玻璃基片上制备的 BiCuSeO 薄膜的 XRD 图谱。从图谱上不难发现，所有峰均为（00l）方向的衍射峰，充分表明制备出的薄膜沿 c 轴织构生长。

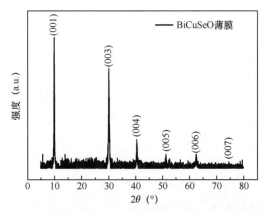

图 3-17　非晶肖特玻璃基片上制备的 BiCuSeO 薄膜的 XRD 图谱 [23]

图 3-18（a）所示为该薄膜的 SEM 图。尽管是薄膜材料，但是 BiCuSeO 薄膜的形貌与其块体样品的形貌十分相似，大部分晶粒呈方形。从 Bi、Cu、Se 这

3 种元素的分布图可以看出，这些元素在薄膜中分布十分均匀，薄膜组分均匀性很好。

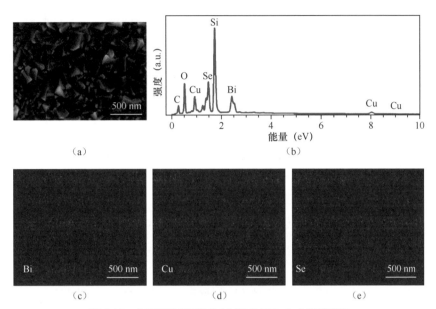

（a）　　　　　　　　　　　　　　（b）

（c）　　　　　　　　　（d）　　　　　　　　（e）

图 3-18　非晶肖特玻璃基片上制备的 BiCuSeO 薄膜表征

（a）SEM 图；（b）能谱；（c）～（e）分别是 Bi、Cu、Se 元素的分布 [23]

　　与此同时，研究人员也利用 TEM 对该薄膜的微观结构进行了细致的研究，如图 3-19 所示。从低分辨 TEM 图中，可以清晰地看到非晶肖特玻璃基片上的 BiCuSeO 薄膜厚度约为 65 nm，薄膜表面平整。在高分辨 TEM 图中，也可以看到晶粒之间存在大量非晶相。研究人员认为，非晶相的出现与实验过程中提供的激光能量不足有着密切关系。这些非晶相的存在必然也会大大影响 BiCuSeO 薄膜的热电输运性能。

　　利用脉冲激光沉积技术可以制备出和靶材成分一致的多元化合物薄膜，具有良好的保成分性。这项技术并不限制靶材种类，因此在组分上具有相当高的灵活性，适用范围广。由于激光的能量高，脉冲激光沉积技术具有沉积速率高、实验周期短等优点。另外，在沉积过程中产生的等离子体羽辉因具有较强的方向性，其对设备的污染很少，方便清洁。它的缺点是制备出的薄膜可能存在表面颗粒问题，也很难进行大面积薄膜的均匀沉积，此时需要借助靶材旋转或者激光分子束外延等新技术。

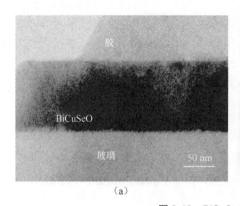
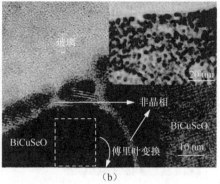

图 3-19　BiCuSeO 的显微结构图

（a）BiCuSeO 薄膜的低分辨 TEM 图；（b）薄膜晶界处的高分辨 TEM 图 [23]

3.6　热压烧结法

烧结指的是固体颗粒之间通过物质的传递，生成具有某种显微结构的致密烧结体的工艺过程。热电材料制备过程中常见的烧结工艺有热压烧结和放电等离子烧结。热压烧结是压力和温度同时作用使粉体致密化的过程。若将这个过程微观化，则可以认为热压烧结的基本规律就是微观原子（或缺陷）迁移的蠕变行为。在加压烧结过程中，粉末颗粒的变形是在压力和温度两个外界因素的共同作用下进行的。颗粒之间的传质可以通过位错滑移、扩散和蠕变等多种机制实现。与无压烧结中孔洞缓慢变化的特征有所不同，热压烧结的致密化过程大致分为以下两个阶段 [3]。

第一阶段首先是两个颗粒接触区的塑性屈服，扩大的接触区域为幂指数蠕变区，与此同时，原子或者空位等缺陷不可避免地会发生体积扩散和晶界扩散。在这个阶段，固相之间的孔洞连通到了第二阶段，这些孔洞会逐渐演变成为孤立的闭孔，主要分布于晶界处，也有少数残留在晶粒内成为微孔。一般情况下，伴随烧结压力的增加，样品内部的位错密度也会大幅度增加。

影响热压烧结的因素有烧结温度、烧结时间、烧结压力和反应物颗粒度等。烧结温度对于热压烧结的影响不难理解，即随着温度的升高，反应物颗粒的扩散系数会增大，会促进蒸发 - 凝聚、表面扩散以及颗粒重排等传质过程的进行，加速实现烧结致密化。以离子晶体为例，烧结温度越高，越容易打破离子间结合力，从而实现离子扩散。但是一味地提升烧结温度可能会促使二次结晶，从而使样品性能恶化。尤其在有液相生成的烧结过程中，过高的烧结温度会带来过多的液相量，使得样品黏度下降甚至变形。根据烧结机理，单纯的表面扩散只能改变孔洞形状并不会改变反应颗粒的中心距，因此无法实现致密化。当且仅当发生体积扩散时才会实现烧结致密化，图 3-20 所示为表面扩散、体积扩散与烧结温度的关系。其中，D_S 为表面扩散系数，D_V 为体积扩散系数。

从图 3-20 中不难发现，烧结的高温阶段以体积扩散为主，低温阶段以表面扩散为主。如果材料在低温阶段停留时间较长，表面扩散可能会导致孔洞形状改变，从而使样品性能恶化。

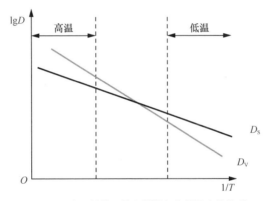

图 3-20　表面扩散、体积扩散与烧结温度的关系

此外，在烧结过程中加压有助于反应颗粒堆积更紧密，提高烧结速度。根据前面的理论，烧结后期残留的闭孔只能通过晶粒内部扩散来填充，这就是后期致密化难度较大的主要原因。外加的压力可以提供额外的推动力以补偿被闭孔抵消的表面张力，进一步推动烧结过程。反应物颗粒度的细化相当于缩短了反应质点间的扩散距离，增大了烧结的推动力，从而实现烧结过程加速。

与传统的无压烧结相比，热压烧结的优点如下。

（1）在热压烧结过程中，粉末颗粒处于热塑性状态，容易发生塑性流动，从而可在较低压力下实现致密化。

（2）热压烧结过程中同时进行加温和加压，从而使得粉末颗粒更容易发生扩散、流动等传质过程。

（3）热压烧结会降低烧结温度、缩短烧结时间，因此容易得到细小的晶粒组织，使得最终产物具有良好的机械性能、电学性能。

（4）热压烧结能够产生形状较复杂、尺寸精准的样品。

在热电材料的制备中，热压烧结是比较常见的[25-27]。研究人员[28]采用两步固相反应法合成不同成分的 BiCuSeO 化合物，原料经球磨、热压烧结处理后成型，从而获得致密的 BiCuSeO 块体材料。具体工艺流程如图 3-21 所示。

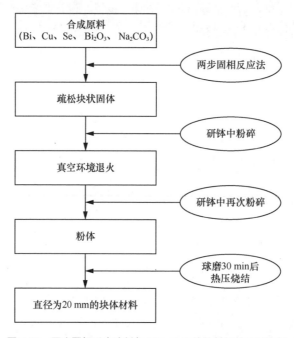

图 3-21　两步固相反应法制备 BiCuSeO 块体材料的工艺流程

热压烧结前将已球磨好的干燥粉末填入热压模具内，高温下的单一轴向压强选为 120 MPa，烧结温度为 873 K，保温保压 2 h，最终热压获得直径为 20 mm 的块体材料。图 3-22 所示为热压烧结后块体 Bi$_{1-x}$Na$_x$CuSeO（x = 0、0.02、0.04、0.06、0.08、0.10）的断口形貌图[29]。从该图可以看出，Na 掺杂样品的微观结构呈多晶态，内部晶粒并无明显的取向性。所有的热压烧结样品都比较致密，没有明显的烧结孔洞。

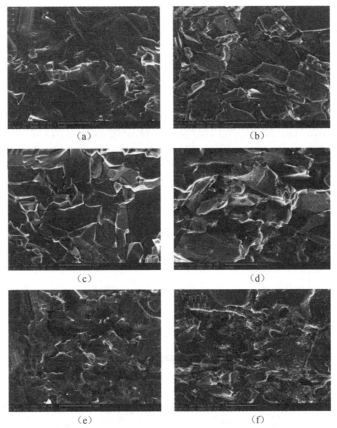

图 3-22　热压烧结后块体 $Bi_{1-x}Na_xCuSeO$ 的断口形貌图

（a）$x=0$；（b）$x=0.02$；（c）$x=0.04$；（d）$x=0.06$；（e）$x=0.08$；（f）$x=0.10$[29]

3.7　放电等离子烧结法

　　放电等离子烧结是近年来发展起来的一种快速烧结技术，很多热电材料体系都是利用该方法进行快速烧结以实现致密化。通过在粉末颗粒之间直接通入脉冲电流，利用瞬间、断续的放电能和外加压力对样品进行致密化烧结[3]。

　　等离子体是不同于固体、液体和气体的物质的第四种状态，是部分电子被剥夺的原子及原子团被电离后所产生的离子化气体，并表现出显著的集体行为。等离子体与固、液、气三态相比，无论是在组成还是在性质上都有本质的区别。一方面，气体一般都是不导电的，而等离子体是一种很好的导电体而且整体保持电中性。另一方面，气体分子间不存在静电磁力，而等离子体中的带电粒子之间存在库仑力，其运动主要受电磁力支配。值得注意的是，并非所有电离气体都是等离子体。只有当电离程度达到一定规模，带电粒子的密度足够大，其所产生的空间电荷足以限制自身运动时，整个体系才会从电离气体转变为等离子体。

研究人员[30]早期提出的放电等离子烧结的机理是，初期粉末颗粒局部区域存在电场诱导的正负极，在外加脉冲电流的作用下粉末颗粒间发生放电，激发了等离子体。通过放电产生的高能粒子不断轰击颗粒间的局部区域（接触部分），使得原料蒸发，不断进行物质输运并发生反应。

研究人员[31]通过设计实验，在实验过程中观察到了放电现象，在烧结硼化钛的过程中，在上下表面分别设置了 3 个压头，如图 3-23 所示。将脉冲电流在 1 min 之内升至 1200 A 并保持不变，在电流增加到 760 A 时，在上压头2 和 3 之间可观察到放电点，样品中心温度为 1027 ℃。当烧结持续到 60 s 时，观察到第二放电点，样品中心温度为 1256 ℃，但是模具表面中心处的烧结温度仅为 337 ℃。随着时间推移，第一放电点逐渐消失，第二放电点慢慢增强，这些都证明烧结过程中有放电等离子体的产生。

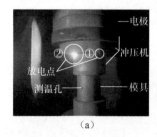

（a）　　　　　　　　　　（b）　　　　　　　　　　（c）

图 3-23　不同烧结阶段上压头之间产生的放电等离子体

（a）t=60 s，T=337 ℃；（b）t=120 s，T=586 ℃；（c）t=240 s，T=992 ℃（T 为模具中心温度）[31]

目前，关于放电等离子烧结过程涉及的机制尚未明确，这主要是由于烧结过程涉及热、电、应力等多个复杂场的多重效应[3]。一般认为放电等离子烧结过程中除了热压烧结产生的焦耳热、加压引起的塑性变形可促进烧结过程外，粉末颗粒之间还有直流脉冲电压导致的热效应。粉末颗粒间的放电，可能会在瞬间产生高达几千甚至上万摄氏度的局部高温。这些高温可使绝大多数材料的颗粒表面发生熔化甚至蒸发，使得粉末颗粒之间的接触区域形成颈部，此时热量再从发热中心向颗粒表面和四周扩散。

　　放电等离子烧结的中间过程十分复杂，而且与烧结选择的工艺参数密切相关。烧结温度、烧结（保温）时间、升温速率和烧结压力都是控制放电等离子烧结的重要工艺参数。烧结温度这个关键工艺参数的选择需要考虑待烧结样品的相变点、晶粒的生长速率以及样品密度要求。通常随着烧结温度的升高，样品的致密度也会呈上升趋势。烧结温度越高，粉末颗粒获得的能量越高，烧结过程中发生的物质输运也就越快，样品越容易致密化。但是温度并不是越高越好。温度越高，晶粒的生长速率就会越快，样品的力学性能就会受到影响。当然，温度过低，样品的致密度也会下降，甚至影响样品性能。

　　一般认为，延长保温时间会在一定程度上促进烧结，从而进一步完善样品的微观结构。随着保温时间延长，样品的致密度也会增加，但如果保温时间过长，晶粒在这个阶段会迅速长大，加剧二次重结晶作用，导致样品的性能下降。由于致密度和晶粒生长速率之间的矛盾，要选择一个合适的烧结时间。

　　升温速率对烧结样品的影响主要体现在晶粒生长速率上。升温速率越快，晶粒的生长速率越快，晶粒生长时间就会大大减少。这不仅可以有效抑制晶粒的长大，而且还能节约生产成本。通常将放电等离子烧结过程划分为 4 个阶段，从室温升至某一高温 T_1、从 T_1 升至烧结温度 T_2、在烧结温度 T_2 保持一段时间、断电流卸压。放电等离子烧结的升温速率非常高，最高升温速率高达 600 ℃·min^{-1}。首先是可控的快速升温，一般升温速率为 100～500 ℃·min^{-1}。然后是升温过程的缓冲阶段，主要避免前期的快速升温使得实际温度远超烧结温度 T_2，这个阶段需要缓慢达到烧结温度 T_2。接着在 T_2 保温 1～10 min（依据样品大小、种类而定）。最后是断电流，以不同速率卸压。

　　结合固相反应机理不难理解，烧结时施加的压力（强）越大，样品中粉末颗粒的堆积越紧密，接触面积越大，从而实现烧结加速。适当增大烧结压力（强）不仅有利于样品致密度的提升，而且能有效抑制晶粒的生长和降低烧结温度。一般情况下，烧结压强选择 30～50 MPa（不超过设备允许的最大值）。

　　综上所述，烧结温度、烧结时间、升温速率是影响烧结样品微观结构的关键因素。其中烧结温度和烧结时间的影响最为显著，升温速率次之，烧结压力对样品的影响更小。

　　在热电材料的制备中，放电等离子烧结的工艺一般为：将上一步操作得到的粉体材料放入石墨模具并平稳放入设备中，热电偶作为测温原件插入模具中部（与装料区位置平齐）。随后多次抽真空使腔体充满氩气保护气后开始烧结，烧结结束后立即停止保温并按照具体情况有序卸压。等冷却到室温后脱模，并用砂纸打磨块体。由于烧结过程中是单轴向加压，因此对于各向异性的热电材料，往往需要保证用于热输运性能测试的样品和电输运性能测试的样品的取向相同（平行于烧结压力方向或者垂直于烧结压力方向）。图 3-24 所示为烧结后获得的致密圆柱体样品，通过切割机切成指定方向的薄圆片和长方柱，以便开展下一步的性能测试工作[28]。

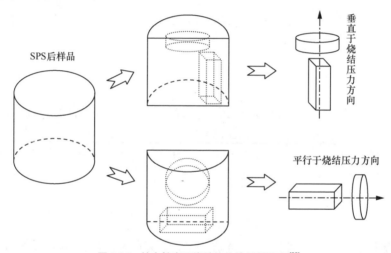

图 3-24　放电等离子烧结块体的切割示意[28]

研究人员[32]利用放电等离子烧结已制备出具有圆柱体外形的 BiCuSeO 热电材料。在这项工作中，他们采用的烧结工艺条件为：烧结压强 50 MPa，烧结温度 923 K，保温保压 8 min。图 3-25（a）和图 3-25（b）分别为加入过量的 Bi 单质和 Cu 单质后的样品的 XRD 图谱，从图中可以看出经放电等离子烧结工艺处理的样品，即使在加入过量 Bi 后，XRD 图谱与标准的 BiCuSeO 图谱仍相吻合，说明该工艺可以有效抑制 BiCuSeO 热电材料中第二相的产生。同样地，图 3-25（b）为加入过量 Cu 后的 XRD 图谱，可以看出 Cu 过量 5% 时，都不会在样品中产生第二相，充分说明该工艺可以作为合成 BiCuSeO 热电材料的手段之一。

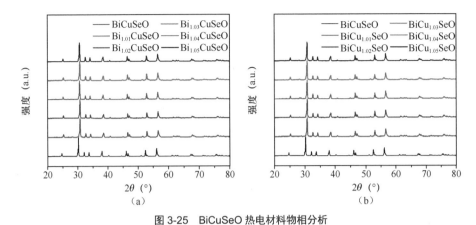

图 3-25　BiCuSeO 热电材料物相分析

（a）$Bi_{1+x}CuSeO$（$x=0.01$、0.02、0.03、0.04 和 0.05）的粉末 XRD 图谱；（b）$BiCu_{1+x}SeO$（$x=0.01$、0.02、0.03、0.04 和 0.05）的粉末 XRD 图谱

放电等离子烧结相比其他常规烧结工艺具有诸多优点：升温速率快、烧结时间短、烧结温度低、晶粒均匀、操作简单、制备单个样品能耗低且可重复性高。放电等离子烧结和机械合金化法、固相反应法可以联合使用，在热电材料的合成及制备技术中显示出了极大的优越性，对于实现高性能功能材料的制备有着重要的意义。

3.8　高压合成法

压强作为热力学 3 个独立参量之一，对物质的结构和性能有着非常重要的影响。高压作为一种典型的极端物理条件，能够有效地改变原子间距，导致电子轨道变形、电子轨道交叠增强和能带展宽，进而改变电子结构和原（分）子间的相互作用。高压合成就是利用外界环境提供的高压，使得不同物质间发生化合或使单一物质产生多种相变，从而获得常压下难以得到的新化合物或新材料。通常情况下，高压合成会同时叠加高温和高压两个条件。本节所指的高压合成均指 1 GPa 以上的合成。

根据高压的产生条件，高压合成法又可分为动态高温高压合成法和静态高温高压合成法。动态高温高压合成法主要是利用爆炸等方法产生强烈的冲击波，从而在物质中引发瞬间的高温高压。人们利用这种方法已合成人造金刚石和纤锌矿氮化硼微粉等。静态高温高压合成法指的是利用具有较大尺寸的高压腔体及两面顶、六面顶高压设备来产生高压，也是实验室和工业生产中常用的一种方法。近年来，人们开始尝试将这一项技术应用于热电材料的制备。例如，传统热电材料 Bi_2Te_3、PbTe 和 $CoSb_3$ 在高压下的掺杂及填充优化已取得较大进展 [33-36]，利用高压合成的 SnSe 和 Ba_8Si_{46} 化合物也具有较好的热电性能 [37-39]。

高压合成相较于常压合成，最明显的区别就是需要特殊的加压装置和特定的高压组装件。下面以国产设备 CS-IV-D 型六面顶压机为例，详细介绍高压合成中高压设备的工作原理。如图 3-26 所示，该型号六面顶压机采用 6 个硬质合金顶锤作为压砧，通过液压系统将压力作用于顶锤，使其向中间方向运动，挤压传压介质。通常情况下，操作人员会通过标定油压与样品压力的关系来调节油缸中的油压，以实现对待合成样品所受实际压力的控制。值得一提的是，选用合适的加热体、保温材料及传压介质，有助于实现更加稳定的环境压力和温度条件。

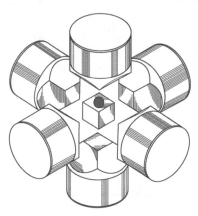

图 3-26　CS-IV-D 型六面顶压机结构

图 3-27 所示为高压腔体内常见的高压组装件。叶蜡石是一种层状含水铝硅酸盐矿物质，它的分子间易于发生滑动。而且叶蜡石还具有较低抗剪切强度和较好电热绝缘性，因此常被用作 10 GPa 以下的传压介质。当叶蜡石块两端通入电流以后，石墨作为加热体会持续发热，为样品合成提供高温环境。为了防止样品受到污染，通常会在石墨和样品之间用坩埚（如氮化硼坩埚等）隔开。若腔体温度高于 1530 K 时，还需考虑添加适当的绝热层（氧化镁或氧化锆等），以实现长时间保温。

在高压合成法中，压力和温度的准确性与稳定性是关键。对于合成压力的校准，一般是利用某些金属（如 Bi、Ba 和 Sn）在特定的压强点发生相变这一特性，测量出相变导致的金属电阻值的变化，从而获得油压与高压腔体内的压强之间的函数关系。高温环境主要是通过大电流流经加热体产生的热效应来提供的，一般采用石墨作为加热体。温度的调控是通过调节加热电压，从而改变流经加热体电流来实现的。腔内待合成样品的温度测量依赖于样品室中插入的热电偶。

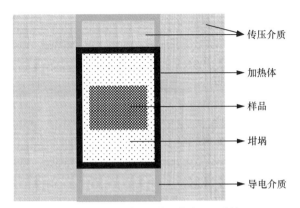

传压介质

加热体

样品

坩埚

导电介质

图 3-27　高压腔体内常见的高压组装件

根据文献报道[9, 40]，研究人员以 Bi_2O_3 粉（纯度 99.999%）、Bi 粒（纯度 99.999%）、Cu 粉（纯度 99.99%）和 Se 粒（纯度 99.999%）为原料，高压条件设置为 3 GPa，并在这一压强下保持 15 min；选择了两个温度——能使所有原料全部熔化的 1473 K 和仅低于 Bi、Se 熔点的 1053 K，两个样品分别在两个温度点保温 15 min。如图 3-28 所示，温度条件设为 1473 K 时的合成样品的衍射峰与 BiCuSeO 标准卡片相差甚远，其主要成分是 Bi 单质和 Cu-Se 化合物；而温度条件设为 1053 K 时合成样品的衍射峰与 BiCuSeO 标准卡片对应较好，从 XRD 图谱上未发现明显第二相。由此可见，高压合成法可以有效合成 BiCuSeO 热电材料。

随后，研究人员继续使用高压合成法对 BiCuSeO 热电材料进行掺杂优化。这项工作的制备过程是先将原料研磨混合，然后冷压成片，再进行高温高压合成。高压条件是 3 GPa，保压时间延长至 30 min；高温条件是 1053 K，保温时间也延长至 30 min。由于高温高压实验的降温速率较快，制备出的样品容易出现裂纹。为了避免裂纹对热电输运性能的影响，研究人员将高压合成后的化合物研磨成粉末，然后放电等离子烧结（60 MPa、923 K）10 min。$Bi_{0.95}Pb_{0.05}CuSeO$ 样品的断口微观形貌如图 3-29（a）和图 3-29（b）所示。表面抛光样品的 SEM 形貌如图 3-29（c）所示，样品的晶粒尺寸基本在 3 μm 以上，整体烧结比较致密，但是仍有少量孔洞。结合图 3-29（d）的基本元素分布图，Bi、Pb、Cu、Se 等元素在样品中的分布比较均匀。实验结果表明，高压合成法不仅能够制备 BiCuSeO 热电材料，而且 $Bi_{0.95}Pb_{0.05}CuSeO$ 样品的 ZT 值在 823 K 时达到了 0.86。

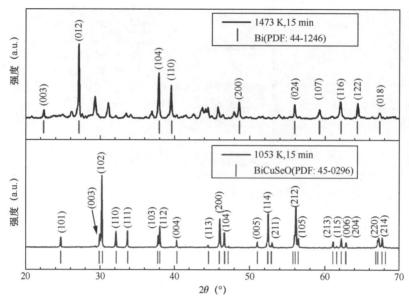

图 3-28　不同合成温度下制备出产物的 XRD 图谱

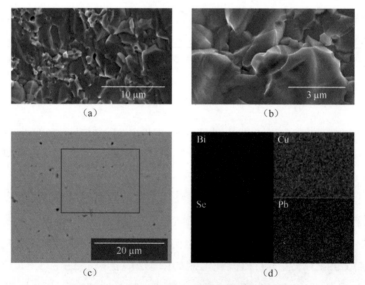

图 3-29　Bi$_{0.95}$Pb$_{0.05}$CuSeO 样品的微观形貌与组成

（a）断口低分辨 SEM 形貌；（b）断口高分辨 SEM 形貌；（c）表面抛光样品的 SEM 形貌；
（d）选定区域的基本元素分布[9, 40]

与传统的固相反应法和机械合金化法相比，高压合成法中的高压对反应动力学有着重要影响，不仅有利于化合物的形成，而且会大幅缩短反应时间。

同时高压还可提升元素在物相中的固溶度，使常压下难以实施的优化策略转为现实。但高压合成法对于设备具有一定的依赖性，将待合成样品装入高压腔体的组装过程比较复杂。

3.9 织构化优化法

单晶在不同晶体学方向上的力学、电学和光学等方面的性能可能会表现出比较明显的差异，人们通常把这种现象称为各向异性。多晶作为许多晶粒的集合体，若在宏观不同方向上表现出相同性能，则称为各向同性。这种各向同性的形成源自多晶内数目众多的晶粒无序分布，即晶粒在不同方向上取向概率相同。

对立方相的多晶热电材料来说，大部分晶粒都有着不同于相邻晶粒的结晶学取向，因此从整体上看，所有晶粒的取向是任意的。而在某些情况下，多晶的晶粒在不同程度上会沿一定取向进行规则排列，这种现象被称为织构或择优取向。对于各向异性显著的热电材料体系，特别是层状化合物，它的晶粒会沿特定取向规则排列。图 3-30 所示为 $CoSb_3$ 基热电材料（立方相）和 $Bi_6Cu_2Se_4O_6$ 基热电材料（三方相）的断口形貌图。微观层面上，后者的层状结构更明显，宏观上表现为热电输运性能具有高度的各向异性。

图 3-30 不同类型热电材料的断口形貌分析

（a）$CoSb_3$ 基热电材料；（b）$Bi_6Cu_2Se_4O_6$ 基热电材料

对于各向异性显著的热电材料体系，特别是层状化合物，其热电输运性能呈现高度各向异性。例如单晶 Bi_2Te_3 材料，在室温附近，其沿垂直于 c 轴方向的电导率和热导率分别是沿平行于 c 轴方向电导率和热导率的 3 ～ 4 倍和 2 倍。这样的各向异性使得单晶 Bi_2Te_3 材料的热电优值在这两个方向上存在高达 2 倍的差距[41]。

各向异性也会伴随多晶材料的制备过程出现。在材料的凝固、变形、结晶、烧结和热处理等制备过程中，材料内部的晶粒可能会在外场（力场、磁场、电场等）以及其他化学能的作用下形成特定的各向异性。对结构陶瓷的织构化来说，织构化氮化硅陶瓷是典型的例子，研究和采用较多的是热加工法、模板晶粒生长法、强磁场定向法这 3 种方法。对金属而言，通常经过深抽、压延、挤压等工艺，金属内部的晶粒会朝着指定方向规则排列。金属学理论认为，对合金进行一定程度的塑性变形加工，可以让材料内部产生一定程度的结构调整，伴随缺陷的增值、晶界的迁移重排、晶粒的破碎、变形织构的产生等多个过程。例如镁合金在压延后有效增强了材料内部的织构化，性能上呈现出明显的各向异性。

在热电材料领域，人们试图通过调控多晶材料的晶粒取向，制备出各向异性更加明显的多晶材料。这样一来，多晶材料在某一特定方向（一般指的是高载流子迁移的方向）可以获得更加优异的热电性能。研究人员通过先烧结后退火的工艺制备出织构化的 N 型 Bi_2Te_3 基材料，实验结果表明在相近载流子浓度下，强织构化样品比弱织构化样品具有更高的功率因子，材料的电输运性能得到提升[42]。研究人员[43] 以 $SrTiO_3(001)$ 为衬底，采用脉冲激光沉积技术制备出强织构化的 BiCuSeO 晶体薄膜，其功率因子在 673 K 时高达 1200 $\mu W \cdot m^{-1} \cdot K^{-2}$。在传统的金属学中，人们常通过多次热锻的方式使得材料内部的晶粒结构重排，研究人员在 Bi_2Te_3 基体系中也曾借鉴热锻方法[44]。

为了测得材料中的晶粒取向，可以使用 X 射线衍射、电子背散射衍射（Electron Backscattering Diffraction，EBSD）以及中子衍射等方法。X 射线衍射测定织构的理论基础是空间特定方向的衍射强度与该方向参加衍射的晶粒体积成正比，可以通过将衍射图谱与标准卡片从峰的个数、强度等方面进行对比来定性、定量地表征多晶样品的择优取向。通过 Lotgering 法可以计算晶粒的取向度因子 F，用该参数来表征样品指定面的织构化程度，计算方法如下：

$$F = \frac{p - p_0}{1 - p_0} \tag{3-5}$$

$$p_0 = \frac{I_0(001)}{\sum I_0(hkl)} \tag{3-6}$$

$$p = \frac{I(001)}{\sum I(hkl)} \tag{3-7}$$

其中，$I(001)$ 和 $I_0(001)$ 分别代表织构化样品和完全随机取向材料中 (001) 衍射峰的强度，$\sum I(hkl)$ 和 $\sum I_0(hkl)$ 是相应材料中所有衍射峰强度的积分之和。通常，取向度因子 F 的范围为 0～1。当 $F=1$ 时，样品为单晶材料，当 $F=0$ 时，样品为完全随机取向的多晶材料。

人们将呈现晶体在三维空间中取向分布的三维极射赤道平面投影，称为极图。极图可以清晰地表示织构化的强弱及漫散程度，常用的是极射赤道平面投影法。多晶材料的极图呈现一定的密度分布，以极图中背散射电子采集的单独点或者样品中晶粒随机取向分布的轮廓线的形式表现出来。为了便于分析，人们会在极图上画出等密度线，这些等密度线的间隔值不一定线性增加，等密度线的密集程度反映了这类织构的锋锐程度。极图又分正极图和反极图。正极图是将样品中各晶粒的指定晶面族和样品的外观坐标同时投影到某个外观特征面上的极射赤道平面投影图。正极图通常以被投影的晶面族来命名。反极图是样品中各晶粒对应的外观坐标在晶体学取向坐标系中的极射赤道平面投影分布图。

中子衍射与 X 射线衍射十分相似，不同之处在于，中子是与原子核相互作用，其作用于不同原子核上的散射强度不是随值单调变化的，此外，中子比 X 射线有更高的穿透性，可以获得更多精细的微观结构，其衍射结果可以反映样品整体的平均信息。

以 Bi_2Te_3 基热电材料为例，研究人员 [44] 分别通过三次退火和先烧结后退火两种工艺制备了织构化的 Bi_2Te_3 基热电材料。如图 3-31（a）所示，采用三次退火工艺制备的样品衍射峰可以与 Bi_2Te_3 的标准卡片一一对应。三次退火样品在两个不同方向上的衍射峰也较为接近，这说明材料的织构化程度较弱。与之形成鲜明对比的是用先烧结后退火工艺制备的样品。在图 3-31（b）中可以看到，该样品在垂直于烧结压力方向上的 (001) 峰强显著增强，表明材料内部的层状晶粒在烧结之后更倾向于沿垂直于烧结压力的方向排布。图 3-31（c）和图 3-31（d）是利用 EBSD 技术获得的两种材料的极图。通过对比，不难发现，利用三次退火工艺制备的样品的 (001) 晶面取向弥散〔见图 3-31（c）〕，而采用先烧结后退火工艺制备的样品的 (001) 晶面取向集中〔见图 3-31（d）〕，这一结果与上述的 XRD 结果匹配得非常好。根据 Lotgering 方法进一步计算了两种材料的取向度因子，采用三次退火工艺获得的样品的取向度因子为 0.11，而采用先烧结后退火工艺制备的材料的取向度因子为 0.34，表明后者可以有效增强材料的织构。图 3-31（e）和图 3-31（f）分别是利用三次退火工艺和先烧结后退火工艺制备的样品的 SEM 断口形貌图。从图上可以清楚地看到图 3-31（e）中弱织构化样品的晶粒较小，整体取向较为随机，而图 3-31（f）中强织构化样品的晶粒较大，层状结构更为明显，且晶粒倾向于沿一个方向排列。

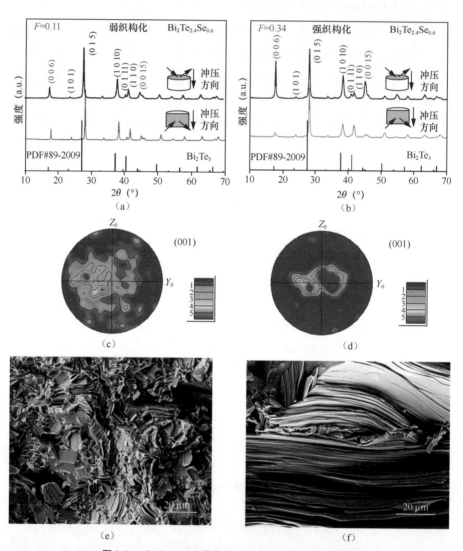

图 3-31　$Bi_2Te_{2.4}Se_{0.6}$ 样品的 XRD 图谱、极图和形貌图

采用三次退火工艺制备的样品的（a）XRD 图谱、（c）关于 (001) 晶面的极图和（e）SEM 断口形貌图；采用先烧结后退火工艺制备的样品的（b）XRD 图谱、（d）关于 (001) 晶面的极图和（f）SEM 断口形貌图[44]

3.10　调制掺杂法

在半导体器件中，由 P 型和 N 型两种半导体材料组成的 P-N 结是核心组成。当 P 型材料和 N 型材料是同种半导体材料时，P-N 结为同质结，例如硅、锗和砷化镓等。异质结的两侧为两种带隙不同的半导体。图 3-32 所示为两种带隙不同的半导体材料在未组成异质结之前的能带示意[45]。

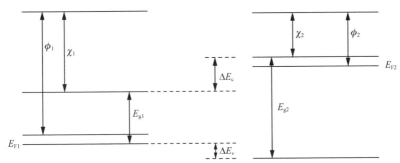

图 3-32　两种带隙不同的半导体材料在未组成异质结之前的能带示意

图 3-32 中最上面的横线代表真空能级，即电子逸出半导体进入真空所需具备的能量。功函数 ϕ 是电子由费米能级进入自由空间所需的能量。真空能级与导带底之间的距离为电子的亲和能 χ，亲和能取决于材料本身。图中的费米能级位置取决于掺杂量。由此可见，当两种带隙不同的半导体材料组成异质结时，导带底和价带顶在界面处是不连续的，其能量差分别为：

$$\Delta E_c = \chi_1 - \chi_2 \qquad (3\text{-}8)$$

$$\Delta E_v = \left(\chi_1 + E_{g1}\right) - \left(\chi_2 + E_{g2}\right) \qquad (3\text{-}9)$$

图 3-33 所示为上述两种带隙不同的半导体材料组成异质结后的能带示意。由于两种材料中费米能级的位置不同，组成异质结以后会自发发生电荷转移从而形成 P-N 结势垒，实现费米能级拉平。能带在界面处的不连续性，会导致势垒的一侧出现尖峰，另一侧出现峡谷。P-N 结的实际能带结构由两侧材料本身的性质决定。

近年来，异质结发展的一个重要方向就是调制掺杂的异质结构。研究人员利用分子束外延的方法交替生长出窄带隙的 GaAs 和宽带隙的 $Al_xGa_{1-x}As$ 薄层。在异质结构中，宽带隙 $Al_xGa_{1-x}As$ 薄层中的电子将向窄带隙 GaAs 中转移，从而使两种材料的费米能级能达到同一水平。如此一来，在宽带隙 $Al_xGa_{1-x}As$ 薄层一侧将形成电子耗尽层，在窄带隙 GaAs 一侧则会出现电子积累，图 3-34 所示为 GaAs 和 $Al_xGa_{1-x}As$ 形成的调制掺杂异质结构的能带示意。

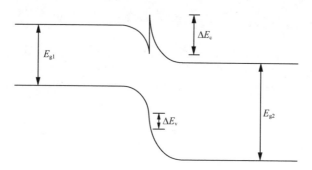

图 3-33　两种带隙不同的半导体材料组成异质结后的能带示意

　　窄带隙 GaAs 中的电子仿佛被陷在势阱中运动，在垂直界面的方向上电子的运动是量子化的，而在平行界面的方向上电子运动是自由的，可以构成一种二维电子气体系。调制掺杂异质结构让 GaAs 中有很高的电子载流子浓度，但不含电离施主杂质。也可以理解为，GaAs 中的电子与电离施主 $Al_xGa_{1-x}As$ 在空间上是分离的，除了界面附近的电离施主对 GaAs 中电子仍具有一定散射作用外，整体上该部分电子受电离杂质的库仑散射作用必将大幅削弱，从而提升了载流子迁移率。除了 GaAs 和 $Al_xGa_{1-x}As$ 这类典型的异质结构，还有通过分子束外延生长的 MgZnO/ZnO 异质结构。这类复合材料的载流子迁移率高达 180 000 $cm^2 \cdot V^{-1} \cdot s^{-1}$，是"完美无缺陷"ZnO 单晶的载流子迁移率的 9 倍。调制掺杂一直被广泛应用于二维电子气薄膜器件中，通常引入未掺杂层作为隔离层，通过离化作用削弱对其他层载流子的库仑散射作用，从而获得较高的载流子迁移率，进而提升电导率。

　　在热电材料的性能优化中，掺杂是一种常见的有效手段。尽管掺杂是通过增加载流子浓度来提高电导率的有效方法，但过多掺杂剂会加重载流子散射，不仅严重影响载流子迁移率，而且也限制了电输运性能的提高。调制掺杂是通过人为设计组成的"异质结构"，大幅削弱库仑散射作用对部分载流子的影响，从而实现载流子迁移率和载流子浓度的协同优化。

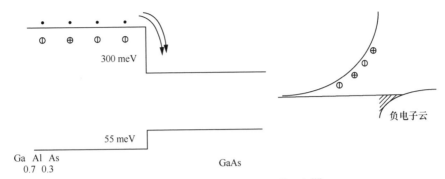

图 3-34　调制掺杂异质结构的能带示意[45]

如图 3-35 所示，调制掺杂可以通过复合未掺杂组分和重掺杂组分实现较高的载流子迁移率，主要原理是未掺杂相的载流子浓度低，费米能级位于禁带中间位置；重掺杂相的载流子浓度高，费米能级会深入导带（N 型）或价带（P 型）。当将两者按照一定比例混合时，由于存在费米能级位置梯度，载流子会自动从重掺杂相向未掺杂相输运，而未掺杂相由于电离散射中心较少而获得了较高的载流子迁移率，从而实现载流子迁移率与载流子浓度的协同优化，即在相同载流子浓度范围内可以获得较高的载流子迁移率。

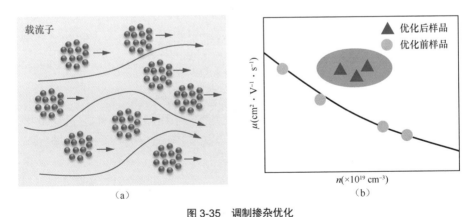

图 3-35　调制掺杂优化

（a）调制掺杂示意；（b）通过调制掺杂，在保持载流子浓度的基础上提高载流子迁移率

在热电领域中，调制掺杂策略已成功应用于 SiGe 基热电材料[46]和 BiAgSeS 基热电材料中[47]。研究人员先用机械合金化法分别制备出 $Si_{70}Ge_{30}P_3$

纳米颗粒（Nanoparticle, NP）和 $Si_{95}Ge_5$ 纳米合金粉末（高能球磨近 10 h）；然后按设计的调制掺杂组分比例 $(Si_{95}Ge_5)_{1-x}(Si_{70}Ge_{30}P_3)_x$，将两种粉末放入球磨机快速混合几分钟即可；最后将混合好的粉末装入直径为 12.7 mm 的石墨模具进行热压烧结，从而获得调制掺杂块状样品。图 3-36 展示了两类 SiGe 纳米复合样品的热电性能、$Si_{70}Ge_{30}P_3$ 纳米颗粒含量及 Ge 掺杂量之间的关系。

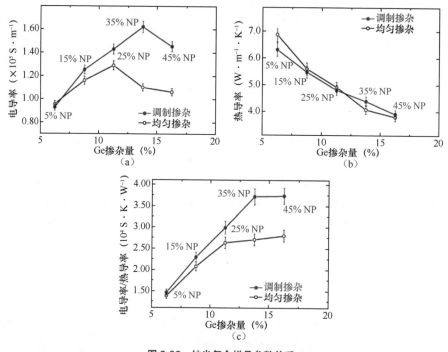

图 3-36　纳米复合样品参数关系

（a）电导率、$Si_{70}Ge_{30}P_3$ 纳米颗粒含量及 Ge 掺杂量之间的关系；（b）热导率、$Si_{70}Ge_{30}P_3$ 纳米颗粒含量及 Ge 掺杂量之间的关系；（c）电导率与热导率之比、$Si_{70}Ge_{30}P_3$ 纳米颗粒含量及 Ge 掺杂量之间的关系 [46]

可以看出，当添加的 $Si_{70}Ge_{30}P_3$ 纳米颗粒含量少于 35% 时，复合材料的电导率会随纳米第二相含量的增加而增加。电导率增加的主要原因是，引入更多纳米第二相意味着通过调制掺杂引入更多的载流子参与基体的电输运。然而，过多的纳米颗粒的加入会形成更多的界面和离子杂质散射中心，因此当添加 45% 的 $Si_{70}Ge_{30}P_3$ 纳米颗粒时，复合材料的电导率会有一定程度下降。尽管非调制掺杂的均匀掺杂样品也呈现出相似的趋势，但是其最高电导率小于调制掺杂样品的电导率。值得一提的是，当添加 35% 的 $Si_{70}Ge_{30}P_3$ 纳米颗粒时，复合材料的载流子迁移率在室温高达 36.42 $cm^2 \cdot V^{-1} \cdot s^{-1}$。相比之下，处于相同载流子浓度范围（$2.78 \times 10^{20}$ cm^{-3}）的非调制掺杂样品的载流子迁移率仅为 24.26 $cm^2 \cdot V^{-1} \cdot s^{-1}$。由于选取的纳米颗粒具有更低的热导率，因此经调制掺杂的复合材料的热导率随纳米第二相含量的增加而减小。室温时，含 45% $Si_{70}Ge_{30}P_3$ 纳米颗粒的复合材料的热导率低至 3 $W \cdot m^{-1} \cdot K^{-1}$。综合考虑调制掺杂对材料电导率和热导率的影响，图 3-36（c）展示了电导率和热导率的比值与纳米第二相含量的关系。随着纳米颗粒含量的增加，相比其他样品，调制掺杂样品的电导率和热导率的比值增加显著。这是因为调制掺杂样品有着相当高的电导率和与非调制掺杂样品几乎相同的热导率。实验结果表明，同样是组分为 $Si_{86.25}Ge_{13.75}P_{1.05}$ 的样品，通过调制掺杂合成的样品的载流子迁移率较其他样品高出 50%，且仍能保持较低的总热导率以及与其他非调制掺杂样品几乎相同的泽贝克系数，900 ℃时 ZT 值达到约 1.2（见图 3-37），较其他样品高出 30% ～ 40%。

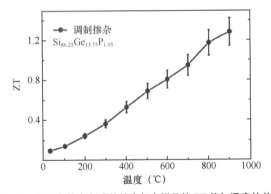

图 3-37　经调制掺杂制成的纳米复合样品的 ZT 值与温度的关系

在 N 型 BiAgSeS 基热电体系[47]中，研究人员将高纯原料 Bi、Ag、Se、S 和 $BiCl_3$ 按照化学计量比进行配比，再利用熔融法合成 $BiAgSeS_{1-x}Cl_x$（$x=0$、0.03、0.05）。具体步骤是将配比好的原料置于真空石英管内，在 12 h 内缓慢加热至 723 K，然后在 4 h 内加热至 1123 K，在此温度下保持 6 h 后进行水淬。将通过上述步骤获得的铸锭研磨成粉末，再以 250 $r \cdot min^{-1}$ 的速度球磨 8 h。最后将球磨后的粉体放入直径为 20 mm 的模具进行放电等离子烧结，烧结压力为 50 MPa，烧结温度为 823 K，烧结时间为 6 min，最终获得直径为 20 mm、高度为 7 mm 的致密圆柱体。调制掺杂样品的制备过程是按比例将本征 BiAgSeS 样品的粉体和 BiAgSeS$_{1-x}$Cl$_x$ 粉体在研钵中手动混合，随后放入模具进行放电等离子烧结，烧结条件同第一种方法一样。最后将烧结好的块体置于真空石英管内，在 823 K 退火炉中退火 7 天，从而让调制掺杂样品组分更加均匀。

图 3-38 所示为调制掺杂样品（由 BiAgSeS 基体与 BiAgSeS$_{0.95}$Cl$_{0.05}$ 按 7∶3 比例混合制备）、同组分均匀掺杂样品和基体 BiAgSeS 的 XRD 图谱。从图 3-38 可以看出 3 个样品的衍射峰相似，样品无明显杂质。

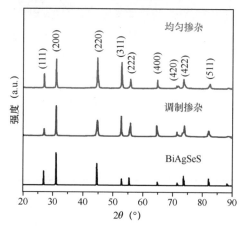

图 3-38　调制掺杂样品、同组分均匀掺杂样品和基体 BiAgSeS 的 XRD 图谱

图 3-39 将调制掺杂样品（MD_A、MD_B）与同组分的均匀掺杂样品的热电性能进行了详细对比。其中，MD_A 为 (BiAgSeS)$_{0.7}$(BiAgSeS$_{0.95}$Cl$_{0.05}$)$_{0.3}$，MD_B 为 (BiAgSeS)$_{0.5}$(BiAgSeS$_{0.95}$Cl$_{0.05}$)$_{0.5}$。尽管调制掺杂样品的泽贝克系数的绝对值略低于均匀掺杂样品的泽贝克系数的绝对值，但是调制掺杂样品的电导率，尤其是混合比例为 1∶1 的调制掺杂样品，其电导率几乎是均匀掺杂样品电导率的 2 倍。从图 3-39（c）中可以发现，调制掺杂样品在高温端的功率因子比均匀掺杂样品的功率因子提升了 78% ～ 89%。

在热输运方面，3 个样品的晶格热导率随温度的变化关系几乎相同，但由于调制掺杂样品的电导率是均匀掺杂样品的 2 倍，因此其总热导率要高于后者的总热导率。图 3-39（f）表明，调制掺杂样品的最大 ZT 值在 773 K 高达 1.23。

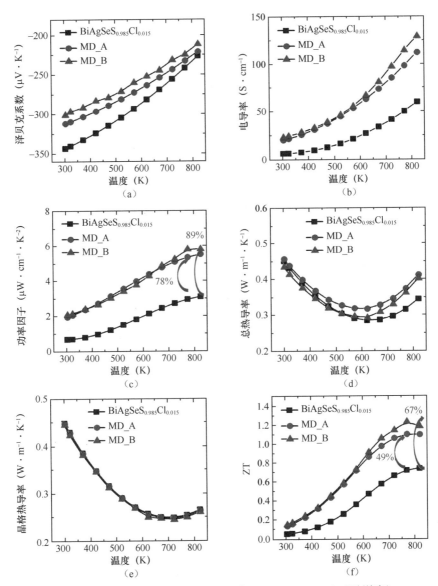

图 3-39　3 个样品的热电性能对比（MD 为 Modulation-Doped，调制掺杂）
（a）泽贝克系数与温度的关系；（b）电导率与温度的关系；（c）功率因子与温度的关系；（d）总热导率与温度的关系；（e）晶格热导率与温度的关系；（f）ZT 值与温度的关系

通过比较两类样品的热电性能，可以充分说明调制掺杂优于均匀掺杂。文献中多次提到，调制掺杂可在保持载流子浓度的前提下提升载流子迁移率。

在 BiAgSeS 基热电材料的调制掺杂过程中，载流子迁移率也得到了明显的提升，如图 3-40 所示。

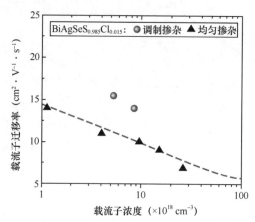

图 3-40　室温时两类样品的载流子迁移率与载流子浓度的关系

3.11　本章小结

在探索和设计新型高性能热电材料的同时，通过改进热电材料的制备方法等手段以优化传统热电材料的性能，也是热电研究领域的重要方向。本章列举的多种制备方法有各自的优缺点，比如固相反应法基本可以适用于现有的热电材料体系，但该法的制备过程能量消耗较大，制备周期较长。机械合金化法的制备过程简单，但长时间的高能球磨加大了材料在制备过程中被氧化的可能性，进而影响材料的热电性能。自蔓延高温合成法可缩短制备周期，但其制备过程存在复杂的物理化学反应过程。脉冲激光沉积法可以制备出和靶材成分一致的多元化合物薄膜，但该法局限于薄膜热电材料等。织构化优化法对于本征各向异性热电材料的热电性能的提升是十分有益的，尤其是对于载流子浓度的优化，效果十分显著。调制掺杂法在制备过程中需要不断摸索组分及配比，但可以实现载流子浓度和载流子迁移率的协同优化，因此也是人们不断探索的制备方法之一。对于不同的材料体系，需要结合该材料的晶体结构、化学键能以及具体的微结构设计，选择合适的制备方法，这是制备高性能的热电材料的关键步骤。

3.12　参考文献

[1]　周亚栋 . 无机材料物理化学 [M]. 武汉：武汉理工大学出版社 , 2004.

[2]　GINSTLING A M, BROUNSHTEIN B I. Concerning the Diffusion Kinetics of Reactions in Spherical Particles [J]. Journal of Applied Chemistry, 1950, 23: 1327–1338.

[3]　乔英杰 , 徐崇全 , 强亮生 . 材料合成与制备 [M]. 北京：国防工业出版社 , 2009.

[4]　ZHAO Q, WANG D Y, QIN B C, et al. Synergistically optimized electrical and thermal transport properties of polycrystalline SnSe via alloying SnS [J]. Journal of Solid State Chemistry, 2019, 273:85-91.

[5]　TANG Y L, QIU Y T, XI L L, et al. Phase diagram of In-Co-Sb system and thermoelectric properties of In-containing skutterudites [J]. Energy& Environment Science, 2014, 7(2): 812-819.

[6]　PANG H, QIU Y, WANG D, et al. Realizing n-type SnTe thermoelectrics with competitive performance through suppressing Sn vacancies [J]. Journal of the American Chemical Society, 2021, 143(23): 8538-8542.

[7]　JIN Y, HONG T, WANG D, et al. Band structure and microstructure modulations enable high quality factor to elevate thermoelectric performance in $Ge_{0.9}Sb_{0.1}Te$-x%$FeTe_2$ [J]. Materials Today Physics, 2021, 20:100444.

[8]　QIU Y T, XI L L, SHI X, et al. Charge-Compensated compound defects in Ga-containing thermoelectric skutterudites [J]. Advanced Functional Materials, 2013, 23(25): 3194-3203.

[9]　陈辰 . 笼状 $Ba_8Ga_{14}Ge_{32}$、$CoSb_3$ 和层状 BiCuSeO 热电材料的高压合成及性能研究 [D]. 秦皇岛：燕山大学 , 2017.

[10]　ZHANG X, QIU Y, REN D, et al. Electrical and thermal transport properties of n-type $Bi_6Cu_2Se_4O_6$ ($2BiCuSeO + 2Bi_2O_2Se$) [J]. Annalen der Physik, 2020, 532(11): 1900340.

[11]　陈振华 , 陈鼎 . 机械合金化与固液反应球磨 [M]. 北京：化学工业出版社 , 2006.

[12]　DAVIS R M, KOCH C C. Mechanical alloying of brittle components: Silicon and

germanium [J]. Scripta Metallurgica, 1987, 21(3): 305-310.

[13] BENJAMIN J S, VOLIN T E. The mechanism of mechanical alloying [J]. Metallurgical Transactions, 1974, 5(8): 1929-1934.

[14] LE BRUN P, FROYEN L, DELAEY L. The modelling of the mechanical alloying process in a planetary ball mill: comparison between theory and in-situ observations [J]. Materials Science and Engineering: A, 1993, 161(1): 75-82.

[15] ABDELLAOUI M, GAFFET E. The physics of mechanical alloying in a planetary ball mill: Mathematical treatment [J]. Acta Metallurgica et Materialia, 1995, 43(3): 1087-1098.

[16] SCHWARZ R B, KOCH C C. Formation of amorphous alloys by the mechanical alloying of crystalline powders of pure metals and powders of intermetallics [J]. Applied Physics Letters, 1986, 49(3): 146-148.

[17] ZHAO L D, HE J, BERARDAN D, et al. BiCuSeO oxyselenides: new promising thermoelectric materials [J]. Energy & Environmental Science, 2014, 7(9): 2900-2924.

[18] MAY A F, FLEURIAL J P, SNYDER G J. Thermoelectric performance of lanthanum telluride produced via mechanical alloying [J]. Physical Review B, 2008, 78(12): 125205.

[19] SHI X, YANG J, SALVADOR J, et al. Multiple-filled skutterudites: high thermoelectric figure of merit through separately optimizing electrical and thermal transports [J]. Journal of the American Chemical Society, 2011, 133:7837-7846.

[20] WU J, LI F, WEI T R, et al. Mechanical alloying and spark plasma sintering of BiCuSeO oxyselenide: synthesis process and thermoelectric properties [J]. Journal of the American Ceramic Society, 2016, 99(2): 507-514.

[21] REN G K, LAN J L, BUTT S, et al. Enhanced thermoelectric properties in Pb-doped BiCuSeO oxyselenides prepared by ultrafast synthesis [J]. RSC Advances, 2015, 5(85): 69878-69885.

[22] YANG D, SU X, YAN Y, et al. Manipulating the combustion wave during self-propagating synthesis for high thermoelectric performance of layered oxychalcogenide $Bi_{1-x}Pb_xCuSeO$ [J]. Chemistry of Materials, 2016, 28(13): 4628-4640.

[23] YUAN D, GUO S, HOU S, et al. Microstructure and thermoelectric transport properties of BiCuSeO thin films on amorphous glass substrates [J]. Dalton Transactions, 2018, 47(32): 11091-11096.

[24] YUAN D, GUO S, HOU S, et al. Enhanced thermoelectric performance of c-axis-oriented epitaxial Ba-doped BiCuSeO thin films [J]. Nanoscale Research Letters, 2018, 13(1): 382.

[25] FAN F J, YU B, WANG Y X, et al. Colloidal synthesis of $Cu_2CdSnSe_4$ nanocrystals and hot-pressing to enhance the thermoelectric figure-of-merit [J]. Journal of the American Chemical Society, 2011, 133(40): 15910-15913.

[26] JIANG Q, YAN H, KHALIQ J, et al. Large ZT enhancement in hot forged nanostructured p-type $Bi_{0.5}Sb_{1.5}Te_3$ bulk alloys [J]. Journal of Materials Chemistry A, 2014, 2(16): 5785-5790.

[27] 翟仁爽, 吴业浩, 朱铁军, 等. 高效碲化铋基热电材料中热变形诱导的多尺度微结构效应 [J]. 机械工程材料, 2017, 41(11): 1-12.

[28] 张笑轩. N 型氧硫族化合物热电材料研究 [D]. 北京：北京航空航天大学, 2020.

[29] 张明洋. BiCuSeO 热电材料的制备及性能研究 [D]. 武汉：华中科技大学, 2015.

[30] KIM H, KAWAHARA M, TOKITA M. Specimen temperature and sinterability of Ni powder by spark plasma sintering [J]. Journal of the Japan Society of Power and Powder Metallurgy, 2000, 47(8): 887-891.

[31] ZHANG Z H, LIU Z F, LU J F, et al. The sintering mechanism in spark plasma sintering – Proof of the occurrence of spark discharge [J]. Scripta Materialia, 2014, 81: 56-59.

[32] ZHANG X, FENG D, HE J, et al. Attempting to realize n-type BiCuSeO [J]. Journal of Solid State Chemistry, 2018, 258: 510-516.

[33] MANMAN Y, HONGYU Z, HONGTAO L, et al. Electrical transport and thermoelectric properties of $PbTe_{1-x}I_x$ synthesized by high pressure and high temperature [J]. Journal of Alloys and Compounds, 2017, 696: 161-165.

[34] LI X, KANG Y, CHEN C, et al. Thermoelectric properties of high pressure synthesized lithium and calcium double-filled $CoSb_3$ [J]. AIP Advances, 2017,

7(1): 015204.

[35] ZHANG Y W, JIA X P, DENG L, et al. Evolution of thermoelectric properties and anisotropic features of Bi_2Te_3 prepared by high pressure and high temperature [J]. Journal of Alloys and Compounds, 2015, 632: 514-519.

[36] ZHANG Q, LI X, KANG Y, et al. High pressure synthesis of Te-doped $CoSb_3$ with enhanced thermoelectric performance [J]. Journal of Materials Science: Materials in Electronics, 2015, 26(1): 385-391.

[37] YUEWEN Z, XIAOPENG J, HAIRUI S, et al. Effect of high pressure on thermoelectric performance and electronic structure of SnSe via HPHT [J]. Journal of Alloys and Compounds, 2016, 667: 123-129.

[38] SUN B, JIA X, HUO D, et al. Effect of high-temperature and high-pressure processing on the structure and thermoelectric properties of clathrate $Ba_8Ga_{16}Ge_{30}$ [J]. The Journal of Physical Chemistry C, 2016, 120(18): 10104-10110.

[39] SUN B，JIA X P, HUO D X, et al. Rapid synthesis and enhanced thermoelectric properties of $Ba_8Cu_6Ge_{8x}Si_{40-8x}$ (x = 0, 1, 2, 3) alloys prepared using high-temperature, high-pressure method [J]. Journal of Alloys and Compounds, 2016, 681: 374-378.

[40] 陈辰, 李江华, 张茜, 等. Pb 掺杂 BiCuSeO 热电材料的高压合成及性能研究 [C]// 第十八届中国高压科学学术会议缩编文集. 2016.

[41] CAILLAT T, CARLE M, PIERRAT P, et al. Thermoelectric properties of $(BixSb_{1-x})_2Te_3$ single crystal solid solutions grown by the T.H.M. method [J]. Journal of Physics and Chemistry of Solids, 1992, 53(8): 1121-1129.

[42] HAO F, QIU P, TANG Y, et al. High efficiency Bi_2Te_3-based materials and devices for thermoelectric power generation between 100 and 300℃ [J]. Energy & Environment Science, 2016, 9(10): 3120-3127.

[43] WU X L, WANG J L, ZHANG H R, et al. Epitaxial growth and thermoelectric properties of c-axis oriented $Bi_{1-x}Pb_xCuSeO$ single crystalline thin films [J]. Crystengcomm, 2015, 17(45): 8697-8702.

[44] 郝峰. 碲化铋基热电发电材料的制备与性能研究 [D]. 上海：中国科学院上海硅酸盐研究所，2017.

[45] 黄昆. 固体物理学 [M]. 北京：高等教育出版社, 2008.

[46] YU B, ZEBARJADI M, WANG H, et al. Enhancement of thermoelectric properties by modulation-doping in silicon germanium alloy nanocomposites [J]. Nano Letters, 2012, 12(4): 2077-2082.

[47] WU D, PEI Y, WANG Z, et al. Significantly enhanced thermoelectric performance in n-type heterogeneous BiAgSeS composites [J]. Advanced Functional Materials, 2014, 24(48): 7763-7771.

第 4 章　P 型 BiCuSeO 载流子浓度优化策略

4.1　引言

在第 2 章中，我们介绍了 BiCuSeO 化合物的本征热电性能，与目前优异的热电材料相比，BiCuSeO 具有中等泽贝克系数、低热导率和低电导率。相比电导率，BiCuSeO 的晶格热导率已经处于很低的水平了，当温度从 300 K 升至 923 K，晶格热导率范围为 0.40 ～ 0.60 W·m^{-1}·K^{-1}。由此可见，提高 BiCuSeO 化合物的热电性能的最佳方法是提升其电输运性能。室温下本征 BiCuSeO 化合物的载流子浓度约为 $1×10^{18}$ cm^{-3}，远低于最佳值 $1×10^{19}$ ～ $1×10^{20}$ cm^{-3}。BiCuSeO 化合物的正泽贝克系数表明空穴是多子。因此，可以采用几种方法来增加载流子浓度。由于 Cu 和 Se 轨道之间的强杂化效应，因此不能用"离子模型"来描述 BiCuSeO，但是仍然可以用这种简单模型来理解该化合物中的掺杂行为。在此模型中，为了保持 BiCuSeO 的电荷平衡，Bi 为 +3 价，Cu 为 +1 价，Se 和 O 均为 −2 价。因此，可以在 Bi 位选择价态小于 3 的元素作为 P 型掺杂剂，价态小于 1 的元素不能替代 Cu 位。对于 Se 和 O 位，带负电荷的元素价态必须大于 2，此处能提供的选择较少。因此，为了提高 BiCuSeO 的电输运性能，相关课题组对如何通过掺杂来优化 BiCuSeO 的载流子浓度进行了广泛研究，我们将这些研究和发现总结在本章。

4.2　按非化学计量比引入 Cu 空位

4.2.1　Cu 空位对 BiCuSeO 载流子浓度的影响规律

众所周知，用不同工艺合成的 BiCuSeO 中，都不可避免存在 Cu 空位。有研究报道表明 Cu 空位不单单是一种基体缺陷，还具有优化 BiCuSeO 载流子浓度的功效。图 4-1（a）所示为具有 Cu 空位的 BiCuSeO 的晶体结构示意。相比二价金属离子掺杂，$[Cu_2Se_2]^{2-}$ 导电层由于缺失 Cu 而直接获得了空穴。在一个简单的离子模型中，该过程可以用如下的缺陷方程表示[1]：

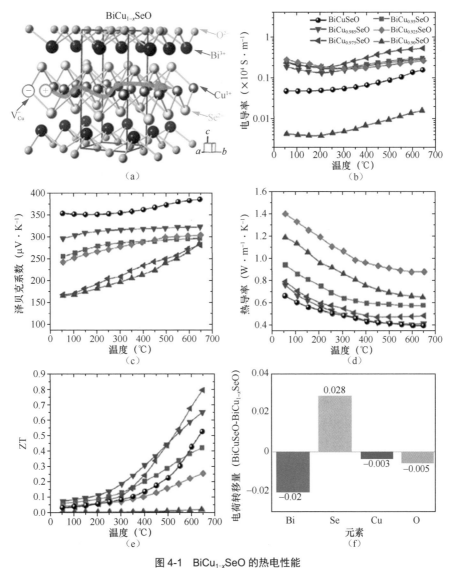

图 4-1　BiCu$_{1-x}$SeO 的热电性能

（a）BiCuSeO 晶体结构示意，其中空穴载流子由 Cu 空位产生；（b）BiCu$_{1-x}$SeO 的电导率；
（c）BiCu$_{1-x}$SeO 的泽贝克系数；（d）BiCu$_{1-x}$SeO 的热导率；（e）BiCu$_{1-x}$SeO 的 ZT 值；
（f）原子之间的电荷转移

$$2BiCu_{1-x}SeO = \left(Bi_2O_2\right)^{2+} + \left(Cu_{2(1-x)}Se_2\right)^{2(1+x)-} + xV_{Cu}^- + 2xh^+ \quad (4\text{-}1)$$

该式中 V 代表空位，h^+ 为生成的空穴。该方程表明，对本征载流子浓度不高的 P 型 BiCuSeO 来说，Cu 空位显然有利于增加载流子浓度，提高基体的电输运性能。基于此因素，人为引入非化学计量比的 Cu 空位，便可增加 BiCuSeO 的载流子浓度。可以通过进一步研究，利用具体的非化学计量比去调控基体载流子浓度。

4.2.2　富 Cu 空位 BiCuSeO 的热电性能

如图 4-1（b）所示，具有 Cu 空位（$x < 0.1$，实际的溶解度极限可能小于此）的样品的导电性显著增强。例如，在 923 K 下 $BiCu_{0.975}SeO$ 的电导率为 $5.3 \times 10^3\ S \cdot m^{-1}$，数值比本征 BiCuSeO 的电导率（$470\ S \cdot m^{-1}$）高一个数量级。如图 4-1（c）所示，引入 Cu 空位也显著降低了泽贝克系数。在 Cu 空位形成后，泽贝克系数随着空穴载流子浓度的增加而减小，但在整个测量的温度范围内仍维持在 $165\ \mu V \cdot K^{-1}$ 至 $323\ \mu V \cdot K^{-1}$ 之间。图 4-1（d）表明在 $x \leqslant 0.025$ 时，含 Cu 空位的 $BiCu_{1-x}SeO$ 材料的热导率几乎不受 Cu 空位的含量的影响，然而当 x 超过 0.025 时，电导率随着载流子浓度增加而增大，而电子热导率正比于电导率，因此电子热导率对总热导率的贡献增大，最终热导率随 Cu 空位含量增加而增加。从图 4-1（e）可以看出，ZT 值随着温度的升高而增加，在 $BiCu_{0.975}SeO$ 中，ZT 值在 650 ℃时达到最大值约 0.81。ZT 值增加主要源于电导率的提高。通过调整 $[Cu_2Se_2]^{2-}$ 层中 Cu 空位的含量，可以优化空穴载流子浓度，进而显著提高 BiCuSeO 的热电性能。

为了探讨 BiCuSeO 中电荷和声子输运的相关机理。有研究[2]利用密度泛函理论（Density Functional Theory，DFT）计算了 2×2×2 的单胞和 $BiCu_{0.9375}SeO$ 成分的基态和激发态的电子结构，需要注意的是 2×2×2 的单胞并不足够大，因此用其估算被掺杂的 BiCuSeO 体系的能带结构可能造成计算误差。随着 Cu 空位的引入，DFT 计算显示了电子结构的"戏剧性"变化，而这与 X 射线吸收近边结构（X-ray Absorption Near Edge Structure, XANES）的测量结果是吻合的。$BiCu_{1-x}SeO$ 的态密度和电子构型表明，Cu 空位可以显著地增强 Bi 原子和 Se 原子之间的电荷转移，但对 Cu 原子和 O 原子几乎没有影响。图 4-1（f）表明，在 $BiCu_{1-x}SeO$ 和 BiCuSeO 中，Bi 原子和 Se 原子之间的电荷转移量分别为 0.02 和 0.028。然而 Cu 原子和 O 原子之间的电荷转移量在 $BiCu_{1-x}SeO$ 和 BiCuSeO 中几乎是一样的。沿 c 轴存在包含 Bi-Se 链的层间电荷转移路径，这可能是 $BiCu_{1-x}SeO$ 具有更优异热电性能的原因。含 Cu 空位的 $BiCu_{1-x}SeO$ 比本征 BiCuSeO 具有更高热导率，除了电子热导率的贡献越来越大外，有研究人员还提出了另一种解释，随着 Cu 空位含量的增加，以及 Se 和 Bi 原子之间的层间电荷转移的增强，这可能会影响 Bi $6s^2$ 孤对电子的极化率，缓解键的非谐性，从而导致晶格热导率的增加。计算表明，由 Bi-Se 电荷转移引起的 $BiCu_{1-x}SeO$ 的性能提升是相当鼓舞人心的，这也可以进一步证明 BiCuSeO 可以作为一种有前途的热电材料。

4.3　机械力引入 Cu 空位

4.3.1　机械力引入 Cu 空位原理

对于具有层状结构的材料，例如 Bi_2Te_3[3]，载流子浓度对材料的机械形变较为敏感，譬如在球磨过程中会产生大量的晶格缺陷从而增加载流子浓度。也有研究表明 [4-7] 通过机械力成功引入 Cu 空位，增加了 BiCuSeO 化合物的载流子浓度，优化了其电输运性能，提升了热电性能。研究人员对经固相反应和退火研磨后的部分粉末，采用机械合金化的方式处理，目的是细化晶粒，最终利用 SPS 技术制备出块体。其中，研究人员将未经机械合金化处理、机械合金化 500 min、机械合金化 1500 min 的样品分别标记为 BCSO、BCSO500、BCSO1500[4]。

如图 4-2（a）至图 4-2（c）所示，经机械合金化处理的样品晶粒尺寸减小。随着机械合金化时间的增加，晶粒尺寸有下降，然而并未观察到晶粒形貌有显著改变。图 4-2（d）至图 4-2（f）为 BCSO500 样品的微观形貌和结构分析。

以上 3 种样品的载流子浓度及载流子迁移率的测试结果如图 4-3 所示，可见由于晶粒细化、晶界散射增强，样品中的载流子迁移率下降，但是由于载流子浓度的增加，电导率最终提升。

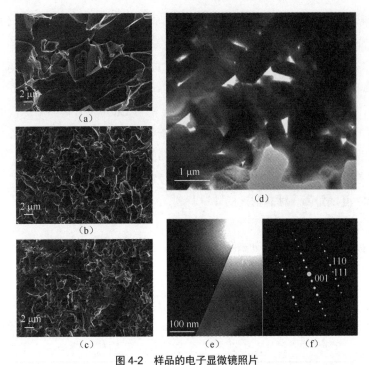

图 4-2 样品的电子显微镜照片

（a）～（c）为 BCSO、BCSO500、BCSO1500 的 SEM 照片；（d）和（e）为 BCSO500 的 TEM 照片；

（f）BCSO500 的选区电子衍射

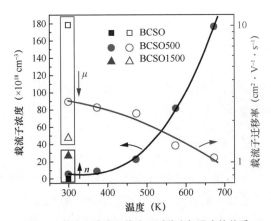

图 4-3 载流子浓度及载流子迁移率与温度的关系

为了探究 BCSO500 和 BCSO1500 较 BCSO 载流子浓度提高的原因，研究人员利用 ICP（Inductively Coupled Plasma，电感耦合等离子体）测试了 3 个块体样品中金属元素的摩尔分数，如表 4-1 所示，研究人员发现各样品之间组成元素的含量并无明显差别，从而排除了元素化学计量比对样品电输运性能的影响，并通过观察样品的物相和形貌，推断出 BCSO500 中载流子浓度的增加可能源于样品内部层状结构在机械合金化过程中被破坏，从而产生大量的晶格缺陷。研究人员据此解释了，随着机械合金化时间增加，BCSO1500 的载流子浓度较 BCSO500 进一步增大。

表4-1　ICP测试得到BCSO、BCSO500、BCSO1500的元素组成

样品	元素摩尔分数（%）		
	Bi	Cu	Se
BCSO	24.37	29.33	24.60
BCSO500	26.02	28.81	25.74
BCSO1500	25.87	29.00	26.08

4.3.2　机械力优化 BiCuSeO 的热电性能

图 4-4（a）和图 4-4（b）分别为研究人员检测到的 BCSO、BCSO500、BCSO1500 的电导率和泽贝克系数随温度的变化趋势。不同于大部分材料中电导率随晶粒尺寸的减小而降低的趋势，经机械合金化处理后的 BiCuSeO 样品，虽然其晶粒尺寸减小，但电导率得到了明显提升，且高温下该现象更加突出。同时，研究人员发现延长机械合金化时间，电导率可进一步提高，但提高幅度变缓。尽管晶粒细化使载流子迁移率下降，但是由于载流子浓度的显著增加，最终样品电导率得到明显提高，且图 4-3 表明，由于机械合金化的作用，BCSO500 的载流子浓度随测试温度升高而升高，可见，机械力的确能优化 BiCuSeO 的电输运性能。

图 4-4（b）所示为研究人员测试的样品的泽贝克系数，由图可知，此处简单的机械力不能改变 BiCuSeO 的导电行为，测试样品仍为 P 型半导体。除未经机械合金化处理的样品外，其余样品的泽贝克系数均高于 $200\ \mu V \cdot K^{-1}$。当温度高于 600 K 时，经机械合金化处理后样品的泽贝克系数有所下降，同时随机械合金化时间延长而继续降低，主要是因为载流子浓度的增加导致泽贝克系数降低。

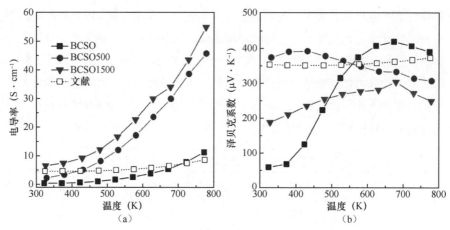

图 4-4　BCSO、BCSO500、BCSO1500 的电输运性能 [7]

（a）电导率随温度的变化；（b）泽贝克系数随温度的变化

图 4-5 给出不同样品在不同温度下的功率因子，其随温度增加而增大，这得益于电导率的显著提升。高温下 BCSO500 和 BCSO1500 的功率因子较 BCSO 明显提高，主要原因是经机械合金化处理后，样品的电导率提升，同时其泽贝克系数仍保持了较高的数值。

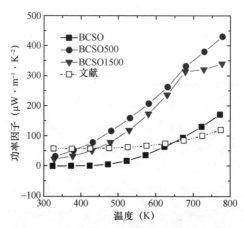

图 4-5　不同样品的功率因子随温度的变化 [7]

图 4-6 所示为经不同机械合金化时间处理的实验样品的热扩散系数、总热导率及晶格热导率随温度的变化趋势。如图 4-6 所示，所有样品的热扩散系数和热导率均随温度的升高而下降。根据第 2 章内容可知，在 BiCuSeO 中晶格

热导率在总热导率中占主导作用，依赖于声速和声子平均自由程。其中，声速正相关于原子结合键的强度，而声子平均自由程主要由散射机制决定。研究人员以此推断，BiCuSeO 样品中低热导率可能来源于层与层间较弱的结合键，以及层间散射。研究人员通过超声波脉冲回声测试系统，计算得到声速及弹性模量（表 4-2）。由该计算结果，研究人员对比了 BiCuSeO 和 Gd$_2$Zr$_2$O$_7$、BaDyAlO$_5$、Ba$_2$ErAlO$_5$ 和 Ba$_2$YbAlO$_5$ 在室温下的热导率、声速以及弹性模量，发现 BiCuSeO 的各数值均为最低。因此，研究人员推断较低的弹性模量和较小的声速是导致该材料具有低热导率的主要因素。

图 4-6（b）中的插图为该实验样品的晶格热导率，再次证实了晶格热导率确实在 BiCuSeO 热输运中占主导作用。据研究人员分析，实验样品在 700 K 以下的晶格热导率相近，而温度高于 700 K 后，经机械合金化处理的样品的晶格热导率有所下降，这主要是由于样品经机械合金化处理后，晶粒变小，缺陷增多，对高频声子散射增强。研究人员还特别提到，对于经机械合金化处理后的样品，尽管电导率增大导致其电子热导率增加，但由于晶格热导率占主导作用，因此电子热导率对总热导率的提升作用有限，最终，样品的热导率与BCSO 块体相近。

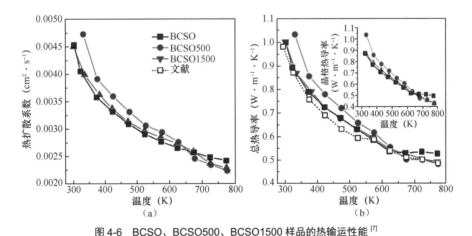

图 4-6　BCSO、BCSO500、BCSO1500 样品的热输运性能 [7]

（a）样品热扩散系数随温度的变化；（b）总热导率随温度的变化，插图为样品

晶格热导率随温度的变化

表4-2 BiCuSeO室温下的热导率、声速及弹性模量（部分已报道[5, 6]的氧化物数据列出供比较）

参数	Gd$_2$Zr$_2$O$_7$	BaDyAlO$_5$	Ba$_2$ErAlO$_5$	Ba$_2$YbAlO$_5$	BiCuSeO
热导率（W·m^{-1}·K^{-1}）	~2.2	~1.8	~1.6	~1.4	1.0
声速（m·s^{-1}）	3832	3078	2908	2901	2112
弹性模量（GPa）	234.3	116.5	100.3	109.4	78.8

最终，BCSO500 的 ZT 值在 773 K 达到约 0.7，如图 4-7 所示。与文献报道 [7] 的未掺杂样品相比，在相同温度下热电优值提高约 3.5 倍。该研究工作证明，引入机械合金化工艺可以提高 BiCuSeO 材料的电导率，降低晶格热导率，从而显著提升其热电性能。同时研究人员提到：利用机械合金化工艺结合其他文献中的调控策略，比如 Sr 掺杂 [7]，有可能进一步优化该材料的热电性能；同时，当温度低于 600 K 时，样品的 ZT 值较低，而温度高于 600 K 时，样品的 ZT 值迅速上升，据此

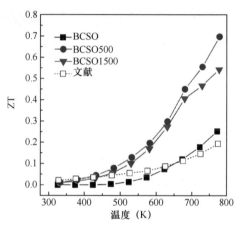

图4-7 BCSO、BCSO500、BCSO1500 样品的 ZT 值随温度的变化 [7]

推断，如果能在整个温度范围内提高 ZT 值，该材料可能更具应用前景。

如表 4-3 所示，研究人员列出了该实验中 BiCuSeO 样品及部分文献报道的热电材料的热导率及 ZT 值数据。在未掺杂的样品中，Ca$_3$Co$_4$O$_9$ 的 ZT 值在 773 K 时为 0.16[8]，低于该实验中 BiCuSeO 的 ZT 值。通过掺杂后，(Zn$_{0.98}$Ni$_{0.02}$)$_{0.98}$Al$_{0.02}$O 的 ZT 值可以达到 0.6，但是测试温度高达 1273 K[9]。研究人员据此得出：在相同温度下，该实验中 BiCuSeO 的 ZT 值要高于这些文献中报道的氧化物体系的 ZT 值。研究人员还提到，在该表中列出的化合物中，BiCuSeO 的热导率几乎最低，与合金 Bi$_2$Te$_3$ 材料相当，这是该材料作为热电材料的最大优势之一。因为一般来讲，氧化物热电材料由于原子结合键较强，热导率偏高，不利于对氧化物热电材料的热电性能进行优化。低热导率的氧化物热电材料自然是具有先天的竞争优势。该研究工作的结果表明，BiCuSeO 特殊的晶体结构和重金

属元素组成导致其热导率较低，同时仍能保持较高的泽贝克系数和电导率，从而使得该热电材料具有较大的发展潜力。机械合金化制备工艺结合掺杂，有望进一步提升 BiCuSeO 的热电性能。

表4-3　BiCuSeO及部分文献报道的多晶氧化物的热导率及ZT值数据

氧化物体系	样品	κ（W·m^{-1}·K^{-1}）	ZT_{max}
BiCuSeO	BiCuSeO	1.05/300 K；0.5/773 K	0.7/773 K
Ca$_3$Co$_4$O$_9$	Ca$_{2.7}$Ag$_{0.3}$Co$_4$O$_9$-Ag（Ag质量分数为10%）	3.7/300 K；2.5/1000 K	0.5/1000 K[10]
	Ca$_3$Co$_{3.9}$Fe$_{0.1}$O$_{9+\delta}$	2.2/300 K；1.8/1000 K	0.4/1000 K[11]
	(Ca$_{0.9}$La$_{0.1}$)$_3$Co$_4$O$_9$	2.067/973 K	0.26/973 K[12]
	Ca$_{2.5}$Bi$_{0.5}$Co$_4$O$_{9+\delta}$	1.1/300 K；1.37/973 K	0.2/973 K[13]
	Ca$_{2.75}$Gd$_{0.25}$Co$_4$O$_9$	2.5/300 K；2.1/973 K	0.23/973 K[14]
	Ca$_3$Co$_4$O$_9$	1.8/300 K；1.3/773 K	0.16/773 K[8]
SrTiO$_3$	SrTi$_{0.8}$Nd$_{0.2}$O$_{3-\delta}$（薄膜）	3.5/1000 K	0.37/1000 K[15]
	Sr$_{0.9}$La$_{0.1}$TiO$_{3-\delta}$	3/750 K	0.21/750 K[16]
	Sr$_{0.92}$La$_{0.08}$TiO$_3$	3.5/300 K；2/773 K	0.08/673 K[17]
	La掺杂 SrTiO$_3$（单晶）	9.1/300 K	0.27/1073 K[18]
In$_2$O$_3$	In$_{1.8}$Ge$_{0.2}$O$_3$	9/300 K；2/1273 K	0.46/1273 K[19]
	In$_{1.99}$Sn$_{0.01}$O$_3$	4/1000 K	0.3/1000 K[20]
	In$_{1.98}$Co$_{0.02}$O$_3$	3.5/473 K；2/1073 K	0.26/1073 K[21]
CaMnO$_3$	Ca$_{0.9}$Dy$_{0.1}$MnO$_3$	2.5/300 K；1.6/1000 K	0.2/1000 K[22]
	Ca$_{0.9}$Yb$_{0.1}$MnO$_3$	1.7/300 K；1.6/1000 K	0.16/1000 K[23]
	Ca$_{0.75}$Sr$_{0.25}$Mn$_{0.8}$Mo$_{0.2}$O$_3$	1.6/300 K	0.03/300 K[24]
	Ca$_{0.8}$Sr$_{0.1}$Yb$_{0.1}$MnO$_3$	1.65/300 K；2/1000 K	0.09/973 K[25]
ZnO	Zn$_{0.96}$Al$_{0.02}$Ga$_{0.02}$O	13/300 K；5/1247 K	0.65/1247 K[26]
	ZnO（Al掺杂）	2.5/300 K；2/1000 K	0.44/1000 K[27]
	Zn$_{0.96}$Al$_{0.04}$O	5/673 K	0.085/673 K[28]
	Zn$_{0.97}$Ni$_{0.03}$O	17/300 K；5/1000 K	0.09/1000 K[29]
	(Zn$_{0.98}$Ni$_{0.02}$)$_{0.98}$Al$_{0.02}$O	12/200 K；3/1273 K	0.6/1273 K[9]

4.4 Bi-Cu 双空位协同优化 BiCuSeO 热电性能的热电输运机制

在部分材料体系中，空位是一种重要的声子散射中心，可降低材料的热导率，有利于高性能热电材料的开发。然而，传统的单空位也可以作为电子或空穴的受体，从而改变电输运性质，甚至恶化热电性能。寻找可以有效地散射声子，同时不会让电输运性能恶化的新类型空位，也是研究人员不断努力的方向。前文中介绍过 Cu 空位在 BiCuSeO 体系中具有增加载流子浓度的特殊功效。本节主要介绍首次报道利用 Bi-Cu 双空位成功协同优化电学和热学参数的工作。与本征样品和单空位样品相比，这些双空位进一步增强了声子散射，导致 750 K 时 BiCuSeO 的超低热导率为 $0.37 \text{ W} \cdot \text{m}^{-1} \cdot \text{K}^{-1}$。最重要的是，正电子湮没的证据明确证实了 Bi-Cu 双空位之间的电荷转移，这导致材料电导率显著提高，材料具有较高的泽贝克系数。此工作为高性能热电材料的合理设计提供了新的策略和方向。

4.4.1 Bi-Cu 双空位优化 BiCuSeO 电输运

研究人员[30]通过正电子湮没光谱（Positron Annihilation Spectrometry，PAS）证实了 Bi 空位和 Cu 空位之间存在层间电荷输运机制。图 4-8 所示为本征 BiCuSeO 样品、含 Bi 空位 BiCuSeO 样品、含 Cu 空位 BiCuSeO 样品、Bi-Cu 双空位 BiCuSeO 样品的 (100) 平面正电子密度分布投影。众所周知，金属空位通常由一个带负电的中心和包围着它的带正电的空穴组成。当正电子被注入系统时，带负电的中心将湮灭这些正电子。也就是说，正电子通常集中在带负电的中心，如图 4-8（b）和图 4-8（c）所示，其中正电子分别分布在 $Bi_{0.975}CuSeO$ 和 $BiCu_{0.975}SeO$ 的 Bi 空位和 Cu 空位周围。在具有 Bi-Cu 双空位的 $Bi_{0.975}Cu_{0.975}SeO$ 样品中，如图 4-8（d）所示，Bi 空位中心周围的正电子分布比图 4-8（b）更集中，而 Cu 空位中心周围的正电子分布没有图 4-8（c）中的集中。这一现象清楚地说明了双空位中的正电子分布并不是单空位中的正电子分布的简单叠加，研究人员猜测是双空位系统中载流子发生再分布所导致的。图 4-8（d）验证了研究人员的这一猜想，因为正电子主要集中在 Bi 空位周围，可以得出电荷从 Bi 空位中心转移到 Cu 空位中心的结论。考虑到在 P 型 $Bi_{0.975}Cu_{0.975}SeO$ 里，空穴是多子，此电荷从 Bi 空位中心（$[Bi_2O_2]^{2+}$ 绝缘层）转移到 Cu 空位中心（$[Cu_2Se_2]^{2-}$ 导电层），增加了载流子浓度，进而增加了材料电导率，$Bi_{1-x}Cu_{1-y}SeO$ 样品的电输运测试结果可以证实这点，如图 4-9 所示。

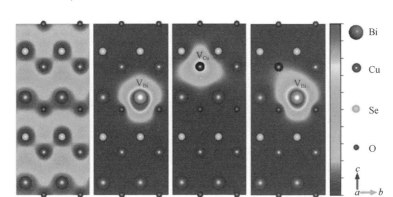

图 4-8　(100) 平面正电子密度分布投影

（a）本征 BiCuSeO 样品；（b）含 Bi 空位 BiCuSeO 样品；（c）含 Cu 空位 BiCuSeO 样品；

（d）Bi-Cu 双空位 BiCuSeO 样品

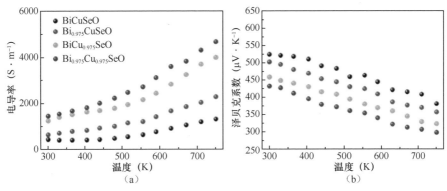

图 4-9　$Bi_{1-x}Cu_{1-y}SeO$ 样品的电输运性能

（a）电导率；（b）泽贝克系数

图 4-9（a）给出了 $Bi_{1-x}Cu_{1-y}SeO$ 样品的电导率随温度的变化规律。在整个温度范围内，本征 BiCuSeO 的电导率数值较低。相比之下，含 Bi 空位或 Cu 空位样品的电导率显著提高。以 750 K 为例，电导率从 BiCuSeO 的 1300 $S \cdot m^{-1}$ 增加到 $Bi_{0.975}Cu_{0.975}SeO$ 的 4700 $S \cdot m^{-1}$。图 4-9（b）给出了 $Bi_{1-x}Cu_{1-y}SeO$ 泽贝克系数随温度变化的趋势。正的泽贝克系数表明了正方晶系 BiCuSeO 的 P 型电输运行为。对于本征 BiCuSeO，其泽贝克系数较大，300 K 时为 525 $\mu V \cdot K^{-1}$，750 K 时为 382 $\mu V \cdot K^{-1}$。较大的泽贝克系数可能与载流子的二维效应有关，

即由 $[Bi_2O_2]^{2+}$ 绝缘层和 $[Cu_2Se_2]^{2-}$ 导电层交替堆砌形成的"天然超晶格"层状结构造成的二维效应。引入 Bi 空位或 Cu 空位后，样品泽贝克系数减小，这是由于样品导电性增加，但在整个温度范围内，泽贝克系数仍然保持在较高数值，跟大多数热电材料相比仍然很大，如 $Bi_{0.975}Cu_{0.975}SeO$ 的泽贝克系数为 $300 \sim 433~\mu V \cdot K^{-1}$。

4.4.2 Bi-Cu 双空位调控 BiCuSeO 热输运

图 4-10 展示了含 Bi-Cu 双空位的 BiCuSeO 的热输运性能。图 4-10（a）展示了 $Bi_{1-x}Cu_{1-y}SeO$ 的总热导率测试结果，本征样品和含空位样品表现出明显不一致的热输运性能。本征 BiCuSeO 的总热导率低于大多数热电材料，在室温 300 K 时仅为 $0.86~W \cdot m^{-1} \cdot K^{-1}$。低晶格热导率可能是由层间原子的弱连接和低弹性模量导致的。

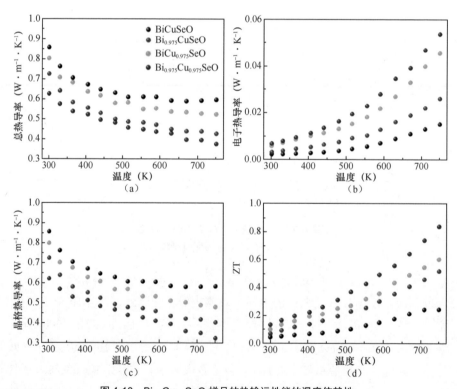

图 4-10　$Bi_{1-x}Cu_{1-y}SeO$ 样品的热输运性能的温度依赖性

（a）总热导率；（b）电子热导率；（c）晶格热导率；（d）ZT 值

引入空位后，得益于整个温区的强空位散射，双空位样品的热导率低于单空位样品，如图 4-10（a）和图 4-10（c）所示。具有 Bi-Cu 双空位的 Bi$_{0.975}$Cu$_{0.975}$SeO 样品的热导率可以进一步降低，在 300 K 时，总热导率达到 0.63 W·m^{-1}·K^{-1}。此外，在整个测量温区内，总热导率保持负温度依赖性 [见图 4-10（a）]，这意味着在总热导率中占主导的是声子。一般情况下，总热导率为电子热导率和晶格热导率之和。根据图 4-10（b）中电子热导率的温度依赖性，研究人员估计在本征 BiCuSeO 中，电子热导率对总热导率的贡献小于 0.23%。在图 4-10（d）中可以看到，得益于增加的电导率和降低的总热导率，双空位 Bi$_{0.975}$Cu$_{0.975}$SeO 的 ZT 值在整个温度范围内都高于单空位样品的 ZT 值，双空位样品在 750 K 时达到了较高的 ZT 值——0.84。

此工作重点介绍了 Bi-Cu 双空位协同调控 BiCuSeO 的电输运和热输运性能的新策略。在 [Bi$_2$O$_2$]$^{2+}$ 层和 [Cu$_2$Se$_2$]$^{2-}$ 层同时引入 Bi 和 Cu 空位，以 Bi-Cu 双空位为主的 BiCuSeO 在整个系统中表现出强烈的声子散射，在 750 K 时热导率降低到 0.37 W·m^{-1}·K^{-1}。正电子湮灭阐明了 Bi-Cu 双空位之间的电荷转移，从而显著增强了样品导电性。结果表明，在 750 K 时，具有 Bi-Cu 双空位的 BiCuSeO 样品的 ZT 值达到了 0.84，优于本征样品和单空位样品。此工作中的双空位策略无疑为高性能热电材料的合理设计提供了新策略和新思路。

4.5　碱金属或碱土金属优化 BiCuSeO 载流子浓度机制

图 4-11（a）所示为 BiCuSeO 的晶体结构示意，将 M^{2+}（M = Mg、Ca、Sr、Ba）[7, 31-33] 掺杂到 Bi 位，从而引入了空穴，空穴被注入 [Cu$_2$Se$_2$]$^{2-}$ 导电层，铁基 LaFeAsO 超导体中也有类似的现象。可以简单地将 BiCuSeO 材料描述为 [7, 31-33]：由具有离子键的 [Bi$_2$O$_2$]$^{2+}$ 绝缘层作为载流子储蓄池，具有共价键的 [Cu$_2$Se$_2$]$^{2-}$ 导电层为载流子提供输运路径。因此，通过 M^{2+} 部分取代 [Bi$_2$O$_2$]$^{2+}$ 绝缘层中的 Bi^{3+}，可以提高载流子浓度，诱导空穴向 [Cu$_2$Se$_2$]$^{2-}$ 导电层转移 [7, 31-33]。

针对此过程进行了能带结构计算。Bi 和 O 能级远低于费米能级，价带的顶部由杂化的 Cu 和 Se 轨道组成。因此，当 [Bi$_2$O$_2$]$^{2+}$ 层中产生空穴时，空穴会转移到价带顶部的 Cu-Se 能态中。此外，计算结果还表明，取代 Bi 位的 M^{2+} 并不影响费米能级附近的能态。因此，用 M^{2+} 掺杂 Bi 位只改变费米能级，从而改变载流子浓度。

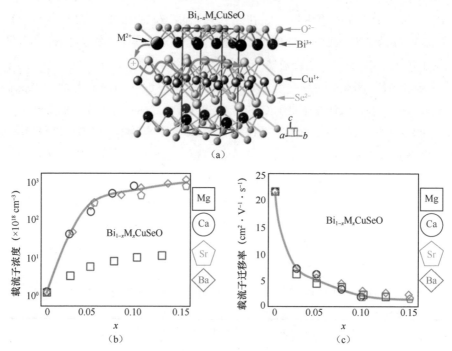

图 4-11　碱金属或碱土金属优化 BiCuSeO 载流子浓度 [7, 31-33]

（a）BiCuSeO 的晶体结构示意，其中 M^{2+}（M＝Mg、Ca、Sr、Ba）掺杂到 Bi 位产生了空穴，其被注入 $[Cu_2Se_2]^{2-}$ 导电层中；（b）BiCuSeO 载流子浓度与 M^{2+} 掺杂量 x 的关系；（c）BiCuSeO 载流子迁移率随 M^{2+} 掺杂量 x 的变化

如图 4-11（b）所示，当 M^{2+}（M＝Mg、Ca、Sr、Ba）掺杂进入 Bi 位后，载流子浓度显著增加。当 M^{2+} 掺杂量为 15% 时，载流子浓度可高达 1.3×10^{21} cm^{-3}。对于刚性能带模型，如果我们假设每个 M^{2+} 提供一个空穴，当 $x = 0.15$ 的时候，每个单胞应有 0.3 个空穴，因为每个单胞有两个 BiCuSeO 单元，BiCuSeO 单胞的体积大约是 137.06 Å^3，理论上载流子浓度应该为 1.1×10^{21} cm^{-3}。实验值与理论值吻合较好，验证了刚性能带模型适用于 BiCuSeO 材料。需要注意的是，并不是所有的 M^{2+} 都是有效掺杂剂。实际上，Mg^{2+} 掺杂得到的样品的载流子浓度比其他 M^{2+}（M＝Ca、Sr、Ba）掺杂的低两个数量级，远低于上述理论值，表明并非所有 Mg 原子在 BiCuSeO 晶格中都能有效取代 Bi^{3+}。Mg^{2+} 比 Bi^{3+}、Ca^{2+}、Sr^{2+} 和 Ba^{2+} 要小得多，因此 Mg^{2+} 掺杂后的原子轨道重叠度更小，电荷

转移量更低。与目前最先进的热电材料相比，本征 BiCuSeO 的载流子迁移率相对较低，在室温下约为 22 cm^2·V^{-1}·s^{-1}。如图 4-11（c）所示，随着 M^{2+} 掺杂量的增加，载流子迁移率明显降低，从本征 BiCuSeO 的 22 cm^2·V^{-1}·s^{-1} 降至 1～2 cm^2·V^{-1}·s^{-1}（M^{2+} 掺杂量为 15%）。此处载流子迁移率的急剧下降主要是因为电离杂质散射的增加。

将 Bi$_{1-x}$M$_x$CuSeO（M = Mg、Ca、Sr、Ba）的热电性能进行比较，选择各种掺杂剂中 ZT 值最高的样品。需要强调的是，由于 BiCuSeO 呈层状结构，晶粒呈薄片状，因此必须沿同一方向测量所有的 BiCuSeO 多晶样品的输运性能。如果测量方向错误，ZT 值会被高估 25%～30%。在同样是层状结构、晶粒呈薄片状的 Bi$_2$Te$_3$ 合金中，发现了可能导致测量误差的一个例子。在 Bi$_2$Te$_3$ 单晶中，垂直于 c 轴方向的电导率和热导率分别是沿平行 c 轴方向的 4 倍和 2 倍左右 [3]。如果通过测量不同方向的热电性能，即分别沿面外方向和面内方向测得热导率和电导率，考虑多晶材料的织构因素，ZT 值会被高估 50%。如图 4-12（a）所示，BiCuSeO 在从 300 K 到 923 K 的整个温度范围内表现出较低的电导率和半导体特性。当用 M^{2+} 掺杂时，电输运行为向金属行为转变，电导率随 M^{2+} 掺杂量的增加而显著增加。掺杂 0.125 Ba 的 BiCuSeO 样品具有最大的电导率，但掺杂 0.05 Mg 对提高电导率的效果非常有限，这与前面提到的 Mg 的低掺杂效率较低是一致的。M^{2+} 掺杂也降低了泽贝克系数，如图 4-12（b）所示。BiCuSeO 的泽贝克系数从 300 K 的约 350 μV·K^{-1} 变为 923 K 的约 425 μV·K^{-1}，当掺杂 0.125 Ba 后，由于载流子浓度显著增加，泽贝克系数降低至 300 K 的约 69 μV·K^{-1} 和 923 K 的约 167 μV·K^{-1}。从图 4-12（c）可以看出，功率因子几乎一直是单调增加的，可见优化载流子浓度可以提高功率因子。本征 BiCuSeO 的晶格热导率很低，范围为 0.40～0.60 W·m^{-1}·K^{-1}（300～923 K）。M^{2+} 的掺杂可以进一步降低晶格热导率，如图 4-12（d）所示。基于 Callaway 模型的点缺陷散射可以很好地解释晶格热导率降低的原因。在固溶体体系中，点缺陷散射是由杂质原子与晶格基体之间的质量差异（质量波动）和尺寸差异及原子间耦合力差异（应变场波动）引起的。除点缺陷散射外，掺杂可使晶格热导率进一步降低，当 Ba^{2+} 掺杂样品的晶粒尺寸减小到 200～400 nm，晶格热导率在 923 K 时降低至约 0.25 W·m^{-1}·K^{-1}。图 4-13 给出了 Bi$_{1-x}$M$_x$CuSeO（M = Mg、Ca、Sr 和 Ba）体系的 ZT 值。需要注意的是，一些 BiCuSeO 样品的热

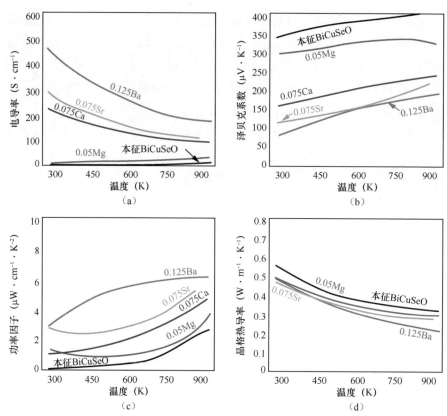

图 4-12 M^{2+}（M = Mg、Ca、Sr、Ba）掺杂的 BiCuSeO 样品的热电性能[7, 31-33]

（a）电导率；（b）泽贝克系数；（c）功率因子；（d）晶格热导率

电性能在 923 K 时被测量，而另一些则没有该温度下的测试数据，这可能与测试仪器有关。为了深入分析样品在高温下的潜在性能，可以在样品上覆盖一层薄薄（0.1 ～ 0.2 mm）的氮化硼（BN）层以保护仪器。操作细节可参考具体文献[33]。从图 4-13 可以看出，ZT 值从本征 BiCuSeO 的 0.5 显著提高到掺杂 Mg、Ca、Sr 和 Ba 样品的 0.67、0.9、0.76 和 1.1[7, 31-33]。能取得如此效果对一个新材料来说是令人欣喜的。除了碱土金属（Mg、Ca、Sr、Ba）可以优化电导率，碱金属（Na、K）被证实也具有优化效果，主要是由于它们与碱土金属具有差不多的离子尺寸[34, 35]。唯一不同的是，每一种碱金属取代均可引入两个额外的空穴，而不是一个。但是，碱金属在 BiCuSeO 中的溶解度有限，阻碍了它们作为有效受主在 BiCuSeO 中的应用。结果表明，与碱土金属掺杂的

$Bi_{1-x}M_xCuSeO$ 相比，用碱金属掺杂的样品的功率因子随温度升高呈下降趋势。

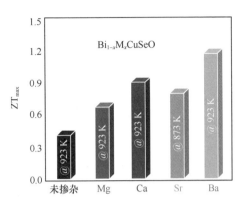

图 4-13 $Bi_{1-x}M_xCuSeO$（M = Mg、Ca、Sr、Ba）体系的 ZT 值 [7, 31-33]

4.6   本章小结

本章主要介绍了 P 型 BiCuSeO 载流子浓度优化策略。第 1 章介绍了衡量热电材料性能的 ZT，要提升 ZT 值需要提升电导率。本征 BiCuSeO 载流子浓度较低（$1×10^{18}$ cm^{-3}），泽贝克系数较大，需要提升其电输运性能，研究人员证实增加载流子浓度是提升电导率非常有效的策略。本章主要介绍了引入 Cu 空位、Bi-Cu 双空位、碱金属或者碱土金属掺杂的策略以优化 BiCuSeO 载流子浓度，其中引入 Cu 空位包括按非化学计量比引入 Cu 空位和机械力引入 Cu 空位两种方式。本章详细介绍了每项策略中具有代表性的工作，总结了每项策略的特点和作用及其对 BiCuSeO 的电输运、热输运的影响，期盼能为相关研究人员提供新思路。在第 5 章将介绍 P 型 BiCuSeO 载流子迁移率提升策略，这也是提升电导率的一种非常有效的策略。

4.7   参考文献

[1]   LIU Y, ZHAO L D, LIU Y, et al. Remarkable enhancement in thermoelectric performance of BiCuSeO by Cu deficiencies [J]. Journal of the American Chemical Society, 2011, 133(50): 20112-20115.

[2]   XU W, LIU Y, ZHAO L D, et al. Evidence of an interlayer charge transfer route in BiCu$_{1-x}$SeO [J]. Journal of Materials Chemistry A, 2013, 1(39): 12154-12158.

[3]   ZHAO L D, ZHANG B P, Liu W S, et al. Effects of annealing on electrical properties of n-type Bi$_2$Te$_3$ fabricated by mechanical alloying and spark plasma sintering [J]. Journal of Alloys and Compounds, 2009, 467(1-2): 91-97.

[4]   LI F, LI J F, ZHAO L D, et al. Polycrystalline BiCuSeO oxide as a potential thermoelectric material [J]. Energy and Environmental Science,2012, 5(5): 7188-7195.

[5]   WAN C L, QU Z, HE Y, et al. Ultralow thermal conductivity in highly anion-defective aluminates [J]. Physical Review Letter, 2008, 101 (8): 085901.

[6]   WAN C L, PAN W, XU Q, et al. Effect of point defects on the thermal transport properties of (La$_x$Gd$_{1-x}$)$_2$Zr$_2$O$_7$: Experiment and theoretical model [J]. Physical Review B, 2006, 74: 144109.

[7]   ZHAO L D, BERARDAN D, PEI Y L, et al. Bi$_{1-x}$Sr$_x$CuSeO oxyselenides as promising thermoelectric materials [J]. Applied Physics Letters, 2010, 97(9): 092118.

[8]   YIN T F, LIU D W, OU Y, et al. Nanocrystalline thermoelectric Ca$_3$Co$_4$O$_9$ ceramics by Sol-Gel based electrospinning and spark plasma sintering [J]. The Journal of Physical Chemistry C, 2010, 114 (21): 10061–10065.

[9]   KIM K H, SHIM S H, SHIM K B, et al. Microstructural and thermoelectric characteristics of zinc oxide-based thermoelectric materials fabricated using a spark plasma sintering process [J]. Journal of the American Ceramic Society, 2005, 88(3): 628-632.

[10]   WANG Y, SUI Y, CHENG J G, et al. Comparison of the high temperature thermoelectric properties for Ag-doped and Ag-added Ca$_3$Co$_4$O$_9$ [J]. Journal of Alloys and Compounds , 2009, 477(1-2): 817-821.

[11]   WANG Y, SUI Y, WANG X J , et al. Enhanced high temperature thermoelectric characteristics of transition metals doped Ca$_3$Co$_4$O$_{9+delta}$ by cold high-pressure fabrication [J]. Journal of Applied Physics, 2010, 107 (3): 033708.

[12]   LIN Y H, LAN J, SHEN Z J, et al. High-temperature electrical transport behaviors in textured Ca$_3$Co$_4$O$_9$-based polycrystalline ceramics [J]. Applied Physics Letters,

2009, 94(7): 072107.

[13] LI S W, FUNAHASHI R, MATSUBARA I, et al. Synthesis and thermoelectric properties of the new oxide materials $Ca_{3-x}Bi_xCo_4O_{9+delta}$ (0.0 < x < 0.75) [J]. Chemistry of Materials, 2000, 12(8): 2424–2427.

[14] MATSUBARA I, FUNAHASHI R, TAKEUCHI T, et al. Thermoelectric properties of spark plasma sintered $Ca_{2.75}Gd_{0.25}Co_4O_9$ ceramics [J]. Journal of Applied Physics, 2001, 90(1): 462–465.

[15] OHTA S, NOMURA T, OHTA H, et al. Large thermoelectric performance of heavily Nb-doped $SrTiO_3$ epitaxial film at high temperature [J]. Applied Physics Letters, 2005, 87(9): 092108.

[16] LIU J, WANG C L, SU W B, et al. Enhancement of thermoelectric efficiency in oxygen-deficient $Sr_{1-x}La_xTiO_{3-delta}$ ceramics [J]. Applied Physics Letters, 2009, 95(16): 162110.

[17] SHANG P P, ZHANG B P, LI J F, et al. Effect of sintering temperature on thermoelectric properties of La-doped $SrTiO_3$ ceramics prepared by sol-gel process and spark plasma sintering [J]. Solid State Sciences, 2010, 12(8): 1341-1346.

[18] OHTA S, NOMURA T, OHTA H, et al. High-temperature carrier transport and thermoelectric properties of heavily La- or Nb-doped $SrTiO_3$ single crystals [J]. Journal of Applied Physics, 2005, 97(3): 034106.

[19] BERARDAN D, GUILMEAU E, MAIGNAN A, et al. In_2O_3 : Ge, a promising n-type thermoelectric oxide composite [J]. Solid State Communications, 2008, 146(1-2): 97-101.

[20] GUILMEAU E, BERARDAN D, SIMON C, et al. Tuning the transport and thermoelectric properties of In_2O_3 bulk ceramics through doping at In-site [J]. Journal of Applied Physics, 2009, 106(5): 053715.

[21] LIU Y, LIN Y H, LAN J, et al. Effect of transition-metal cobalt doping on the thermoelectric performance of In_2O_3 ceramics [J]. Journal of the American Ceramic Society, 2010, 93(10): 2938-2941.

[22] WANG Y, SUI Y, FAN H, et al. High temperature thermoelectric response of electron-doped $CaMnO_3$ [J]. Chemistry of Materials, 2009, 21(19): 4653-4660.

[23] FLAHAUT D, MIHARA T, FUNAHASHI R, et al. Thermoelectrical properties

of A-site substituted $Ca_{1-x}Re_xMnO_3$ system [J]. Journal of Applied Physics, 2006, 100(8): 084911.

[24] OKUDA T, FUJII Y. Cosubstitution effect on the magnetic, transport, and thermoelectric properties of the electron-doped perovskite manganite $CaMnO_3$ [J]. Journal of Applied Physics, 2010, 108(10): 103702.

[25] KOSUGA A, ISSE Y, WANG Y, et al. High-temperature thermoelectric properties of $Ca_{0.9-x}Sr_xYb_{0.1}MnO_3$-delta $(0 \leqslant x \leqslant 0.2)$ [J]. Journal of Applied Physics, 2009, 105(9): 093717.

[26] OHTAKI M, ARAKI K, YAMAMOTO K. High thermoelectric performance of dually doped ZnO ceramics [J]. Journal of Electronic Materials, 2009, 38(7): 1234-1238.

[27] JOOD P, MEHTA R J, ZHANG Y, et al. Al-doped zinc oxide nanocomposites with enhanced thermoelectric properties [J]. Nano Letters, 2011, 11(10): 4337-4342.

[28] MA N, LI J F, ZHANG B P, et al. Microstructure and thermoelectric properties of $Zn_{1-x}Al_xO$ ceramics fabricated by spark plasma sintering [J]. Journal of Physics and Chemistry of Solids, 2010, 71(9): 1344-1349.

[29] COLDER H, GUILMEAU E, HARNOIS C, et al. Preparation of Ni-doped ZnO ceramics for thermoelectric applications [J]. Journal of the European Ceramic Society, 2011, 31(15): 2957-2963.

[30] LI Z, XIAO C, FAN S, et al. Dual vacancies: an effective strategy realizing synergistic optimization of thermoelectric property in BiCuSeO [J]. Journal of the American Chemical Society, 2015, 137(20): 6587-6593.

[31] LI J, SUI J, BARRETEAU C, et al. Thermoelectric properties of Mg doped p-type BiCuSeO oxyselenides [J]. Journal of Alloys and Compounds, 2013, 551, 649-653.

[32] LI J, SUI J H, PEI Y L, et al. A high thermoelectric figure of merit ZT > 1 in Ba heavily doped BiCuSeO oxyselenides [J]. Energy & Environmental Science, 2012, 5(9): 8543-8547.

[33] PEI Y L, HE J, LI J F, et al. High thermoelectric performance of oxyselenides: intrinsically low thermal conductivity of Ca-doped BiCuSeO [J]. NPG Asia Materials, 2013, 5(3): e47.

[34] LEE D S, AN T H, JEONG M, et al. Density of state effective mass and related charge transport properties in K-doped BiCuOSe [J]. Applied Physics Letters, 2013, 103(23): 232110.

[35] LI J, SUI J, PEI Y, et al. The roles of Na doping in BiCuSeO oxyselenides as a thermoelectric material [J]. Journal of Materials Chemistry A, 2014, 2(14): 4903-4906.

第 5 章　P 型 BiCuSeO 载流子迁移率提升策略

5.1　引言

　　热电材料的性能主要取决于泽贝克系数、电导率和热导率这 3 个关键参数。其中，泽贝克系数和电导率均与载流子浓度有关，并且与载流子浓度的依赖关系正好相反。因此，当电导率随载流子浓度的升高而增大时，泽贝克系数会则随载流子浓度的升高而降低。就热电材料而言，要想获得高的泽贝克系数，就要求材料在费米面附近具有高的态密度有效质量，但过高的有效质量往往会导致较低的载流子迁移率。载流子迁移率、载流子浓度和有效质量这几个热电参数之间存在着强耦合关系，这使得提升材料的热电性能一直面临着巨大的挑战。研究人员通过平衡热电耦合参数之间的关系，试图在保持基体高载流子迁移率的前提下实现电输运性能的优化。在热电材料体系中，载流子迁移率的提升策略可以归纳为两个方向：晶体微观结构调控和热电耦合参数调控。一方面可以通过单晶制备、调控晶体对称性和取向性、微缺陷调控等方式合理调控晶体的微观结构，可大幅度提升载流子浓度。另一方面通过调控热电耦合参数之间的复杂关系，可相对提升载流子迁移率，常见的方法有调制掺杂调控、能带调控等。本章将以 BiCuSeO 热电材料体系为例，介绍织构化优化、调制掺杂调控、能带调控这 3 种提升载流子迁移率的策略。厘清这 3 类载流子迁移率提升机制，对于进一步设计和制备高性能热电材料有着重要的指导意义。

5.2　织构化优化 BiCuSeO 载流子迁移率机制

　　由于 BiCuSeO 是一类具有各向异性的层状材料，研究人员尝试通过显微结构设计，制备出易于载流子输运的织构化热电材料。研究人员[1]以多次热锻的方式制备出具有择优取向的 BiCuSeO 热电材料。样品制备的流程主要分为 4 个部分。（1）将所需原料粉末按化学计量比称量好放入球磨机混合。（2）将混合均匀的粉末装入石墨模具，用压片机进行压片并将其封装进抽真空的石英试管中，然后将封入样品的石英试管放入马弗炉，在 300 ℃保温 15 h。（3）将块体研磨成细粉再次冷压，再进行热压烧结（750 ℃保温24 h）。（4）多次热锻：将获得的块体再次研磨成细粉，放入热压烧结模具，在80 MPa、700 ℃保持 30 min，获得圆柱体样品，即第一次热锻样品；第二次热锻是将上述样品放入模具，在 710 ℃的高温下继续热压烧结；第三次热锻也是重复上述操作，最终获得厚度仅为 10 mm 左右的强织构化样品，如图 5-1所示。

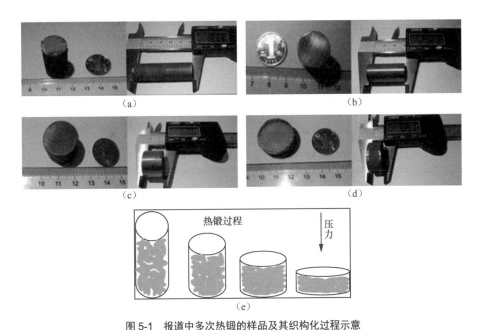

图 5-1　报道中多次热锻的样品及其织构化过程示意

（a）0 次热锻（0T）样品；（b）1 次热锻（1T）样品；（c）2 次热锻（2T）样品；

（d）3 次热锻（3T）样品；（e）热锻的织构化过程示意[1]

图 5-2 所示是用 4 种工艺制备的 $Bi_{0.875}Ba_{0.125}CuSeO$ 材料的 XRD 图谱（沿垂直于热锻压力方向）。显然，经历多次热锻的样品在 $(00l)$ 晶面方向上的衍射峰强明显要高于非热锻样品，尤其在 (003)、(004)、(005)、(006)、(007) 和(008) 等位置。多次热锻样品的 XRD 的第一强峰也从 (102) 逐渐转至 (003)，表明随着热锻次数的增加，样品出现了更强的取向性。根据 Lotgering 方法

进一步估算了 0T 样品和 3T 样品在垂直于热锻压力方向上的取向度因子，前者的取向度因子仅为 0.12，而后者的取向度因子高达 0.82。这一现象证实了 BiCuSeO 热电材料经热锻后更易沿垂直于热锻压力方向实现织构化。

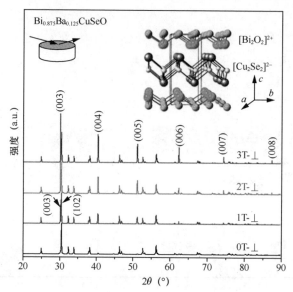

图 5-2　未经热锻与多次热锻后样品的 XRD 图谱[1]

研究人员进一步分析了采用 4 种工艺制备的 $Bi_{0.875}Ba_{0.125}CuSeO$ 材料的显微结构，其结果如图 5-3 所示。0T、1T、2T、3T 样品的形貌衬度图分别如图 5-3（a）、图 5-3（e）、图 5-3（h）和图 5-3（k）所示。根据形貌衬度，可以对样品内晶粒尺寸分布做一个估算。随着热锻次数的增加，样品中的晶粒呈现出沿 ab 面优先生长的趋势。图 5-3（c）、图 5-3（g）、图 5-3（j）和图 5-3（m）中的红色、绿色以及蓝色分别代表 [001]、[010] 和 [110] 方向的晶粒。0T 样品中的晶粒取向几乎是随机的，在 [001] 方向上（红色区域）有轻微的择优取向，这与 BiCuSeO 热电材料本身的晶体结构有关。当热锻次数逐渐增加时，红色区域越来越多，代表 [001] 方向的晶粒越来越多。当热锻次数达到 3 次时，几乎全为沿 [001] 方向的晶粒，这与之前估算出的高取向度因子也是吻合的。图 5-3（d）和图 5-3（n）是 0T 与 3T 样品的反极图，可以清晰地看到 0T 样品的晶粒取向是无序的，而 3T 样品内部晶粒主要沿 [001] 方向分布。

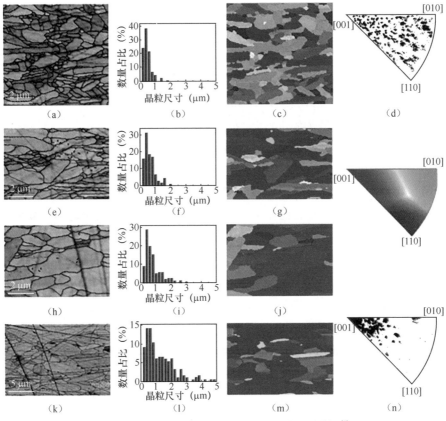

图 5-3　未经热锻与多次热锻后样品的取向关系分析 [1]

（a）0T 样品的形貌衬度图；（b）0T 样品的晶粒尺寸分布；（c）0T 样品的欧拉图；
（d）0T 样品的反极图；（e）1T 样品的形貌衬度图；（f）1T 样品的晶粒尺寸分布；
（g）1T 样品的欧拉图；（h）2T 样品的形貌衬度图；（i）2T 样品的晶粒尺寸分布；
（j）2T 样品的欧拉图；（k）3T 样品的形貌衬度图；（l）3T 样品的晶粒尺寸分布；
（m）3T 样品的欧拉图；（n）3T 样品的反极图

为了探究织构化对 BiCuSeO 热电材料的电输运性能的影响，研究人员测
试了用 4 种不同工艺制备的 $Bi_{0.875}Ba_{0.125}CuSeO$ 材料的电导率、泽贝克系数、
功率因子，并将其载流子迁移率与掺杂其他元素的 BiCuSeO 热电材料的载流
子迁移率进行了对比。如图 5-4（a）所示，0T 样品在整个温区内，沿垂直于
压力方向和沿平行于压力方向的电导率行为很相似，表明样品内电输运行为是
各向同性的，这与前面的微观结构相吻合。随着热锻次数的增加，样品在垂

直于压力方向上的室温电导率从 450 S·cm^{-1}（0T 样品）提升至 700 S·cm^{-1}（3T 样品），在平行于压力方向上的室温电导率相应地从 400 S·cm^{-1}（0T 样品）降低至 200 S·cm^{-1}（3T 样品）。通常，电导率的变化与载流子浓度和载流子迁移率有关。实验表明，这 4 个样品的载流子浓度很相似，均在 1×10^{21} cm^{-3} 左右。载流子浓度相近的主要原因是 4 个样品的主要组成成分相同，可见其电导率的提升与载流子浓度无关。从图 5-4（b）可以看出，4 个样品沿垂直于压力方向的室温载流子迁移率随热锻次数的增加而增加，3T 样品的载流子迁移率是 0T 样品的载流子迁移率的约两倍。相比之下，4 个样品沿平行于压力方向的室温载流子迁移率随热锻次数的增加而减少。结合前面 XRD 和 EBSD 的结果，不难看出样品在垂直于压力方向上的较高载流子迁移率与其择优取向密切相关。因此，充分说明织构化是提升热电材料的载流子迁移率的有效手段。值得注意的是，热锻工艺对两个方向上的泽贝克系数并没有明显的影响，泽贝克系数在整个温区内均保持正值。在垂直于压力方向上，经过 3 次热锻的 Bi$_{0.875}$Ba$_{0.125}$CuSeO 材料的最大功率因子在 923 K 时高达 8.1 µW·cm^{-1}·K^{-2}，较未经热锻样品的功率因子增长了 28%。

图 5-5（a）和图 5-5（b）给出了用 4 种不同工艺制备的 Bi$_{0.875}$Ba$_{0.125}$CuSeO 材料的总热导率和晶格热导率随温度的变化。可以看出，随着热锻次数的增加，样品总热导率呈逐渐上升趋势，沿垂直于压力方向的总热导率从约 0.75 W·m^{-1}·K^{-1} 上升至约 0.90 W·m^{-1}·K^{-1}。而沿平行于压力方向的总热导率呈现出相反的规律。这与前面提及的电导率随热锻次数变化的规律相同。值得一提的是，通过多次热锻工艺产生的织构化，在垂直于压力方向上有助于载流子和声子的输运。这种特殊的输运通道源自两种不同机制的共同作用。一方面是由于 BiCuSeO 晶体是由 [Cu$_2$Se$_2$]$^{2-}$ 层和 [Bi$_2$O$_2$]$^{2-}$ 层沿 c 轴方向交替堆叠形成的层状结构，因此沿 c 轴方向的热电输运不如沿 ab 面内的热电输运通畅。另一方面，热锻工艺会导致晶粒生长的择优取向更加明显。在 BiCuSeO 热电材料中，垂直于压力方向的晶粒生长速度不同于平行于压力方向的晶粒生长速度，最终导致晶粒更易呈现层状排列。这种排列方式使得垂直于压力方向的晶界浓度降低，有利于载流子和声子的输运，而平行于压力方向的晶界浓度增加，加大了载流子和声子的散射概率。

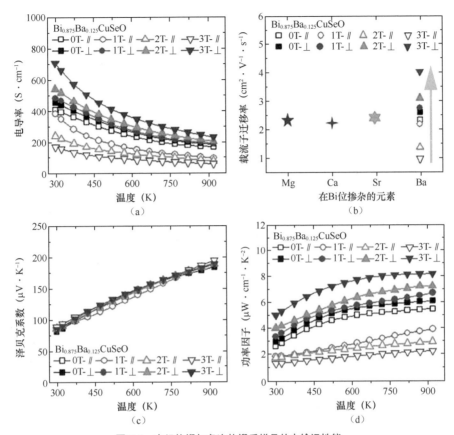

图 5-4　未经热锻与多次热锻后样品的电输运性能

（a）电导率与温度的关系；（b）室温时载流子迁移率与掺杂元素的关系；

（c）泽贝克系数与温度的关系；（d）功率因子与温度的关系[1]

为了进一步探究热锻次数对热电输运性能的影响，研究人员利用电导率与总热导率之比作为 y 轴，将热锻次数作为 x 轴，得到了图 5-5（c）所示的关系图。显然，样品在垂直于压力方向，随着热锻次数的增加，电导率与总热导率的比值呈上升趋势，这也说明热锻次数的增加所带来的电导率的提升大于总热导率的。如图 5-5（d）所示，在高温下，热电优值会伴随热锻次数增加呈现增大的趋势。结合前面的热电性能，我们不难发现，热锻工艺会使样品的电导率显著增加，且增强效应可补偿总热导率的增加，并且几乎不影响泽贝克系数，可见热锻工艺是一种有效提高材料热电优值的工艺。正如所料，未经热锻处理的 $Bi_{0.875}Ba_{0.125}CuSeO$ 材料在 923 K 的热电优值仅为 1.1，而经过多次热锻处理的同组分样品在相同温度下的热电优值高达 1.4，这充分说明织构化优化可明显改善 BiCuSeO 热电材料的热电性能。

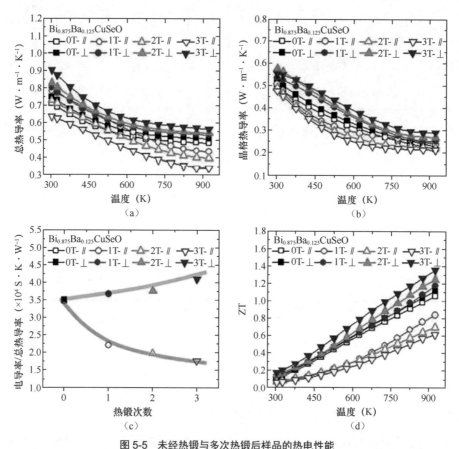

图 5-5　未经热锻与多次热锻后样品的热电性能

（a）总热导率与温度的关系；（b）晶格热导率与温度的关系；
（c）电导率／总热导率与热锻次数的关系；（d）ZT 值与温度的关系

5.3　调制掺杂调控 BiCuSeO 载流子迁移率机制

继 SiGe 基和 BiAgSeS 基热电材料之后，调制掺杂策略又在 BiCuSeO 热电材料体系中得到验证。研究人员[2] 通过两步固相反应法制备出不同化学配比的 $Bi_{1-x}Ba_xCuSeO$（$x = 0$、0.125、0.25）块体材料。具体制备过程是先将原料按化学计量比进行球磨，再热压烧结。将烧结得到的块体材料以 250 r·min^{-1} 的速度球磨 8 h，最后将粉末进行放电等离子烧结（烧结压力为 50 MPa，烧结温度设为 973 K，并持续 6 min），获得名义组分为 BiCuSeO 和 Bi$_{0.75}$Ba$_{0.25}$CuSeO 的块体材料。将 BiCuSeO 和 Bi$_{0.75}$Ba$_{0.25}$CuSeO 按照 1∶1 的比例球磨（10 min）后，再结合上述放电等离子烧结工艺制备调制掺杂样品 Bi$_{0.875}$Ba$_{0.125}$CuSeO。

图 5-6 所示为研究人员在 BiCuSeO 中进行三维调制掺杂的示意。图 5-6（a）所示为最初制备的本征 BiCuSeO 样品，根据前文的内容可以了解到，本征 BiCuSeO 具有相对较高的载流子迁移率（约 22 cm^2·V^{-1}·s^{-1}）和较低的载流子浓度（约 1×10^{18} cm^{-3}）。通常，在热电材料中最优异的热电性能所对应的优化载流子浓度是 1×10^{19} ～ 1×10^{20} cm^{-3}。本征 BiCuSeO 材料因具有较低的载流子浓度，导致其整体电导率较低，未能显示出优异的热电性能。经 Ba 元素均匀掺杂以后得到 Bi$_{0.75}$Ba$_{0.25}$CuSeO 样品，如图 5-6（c）所示，Ba 的引入将其载流子浓度从基体的 1×10^{18} cm^{-3} 大幅提升至约 1.2×10^{21} cm^{-3}。但由于电离杂质散射的原因，Bi$_{0.75}$Ba$_{0.25}$CuSeO 样品的载流子迁移率仅为约 2.1 cm^2·V^{-1}·s^{-1}。图 5-6（b）所示为三维调制掺杂样品的示意，将未掺杂的 BiCuSeO 基体相和重掺杂的 Bi$_{0.75}$Ba$_{0.25}$CuSeO 两相按照 1∶1 比例进行复合得到 Bi$_{0.875}$Ba$_{0.125}$CuSeO。

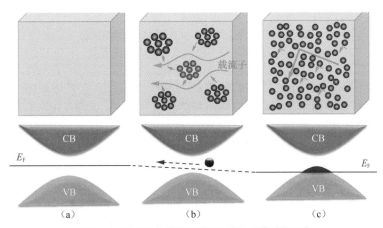

图 5-6　3 种样品的载流子输运示意和能带结构示意

（a）本征 BiCuSeO；（b）调制掺杂样品 Bi$_{0.875}$Ba$_{0.125}$CuSeO；

（c）重掺杂样品 Bi$_{0.75}$Ba$_{0.25}$CuSeO

从能带结构图中可以看出，本征 BiCuSeO 样品的载流子浓度低，因此它的费米能级处于禁带中间。经 Ba 元素重掺杂以后得到 $Bi_{0.75}Ba_{0.25}CuSeO$，其较高的载流子浓度导致费米能级深入价带。在调制掺杂样品 $Bi_{0.875}Ba_{0.125}CuSeO$ 中，由于化学势差不断减小，内部空穴将由重掺杂相向未掺杂基体移动。从图 5-7 中的红色箭头可以看出，重掺杂相 $Bi_{0.75}Ba_{0.25}CuSeO$ 的引入提高了调制掺杂样品 $Bi_{0.875}Ba_{0.125}CuSeO$ 的载流子浓度，而未掺杂的 BiCuSeO 则为调制掺杂样品中的载流子提供易于输运的路径，可见，调制掺杂可以实现载流子浓度与载流子迁移率的协同优化。从图 5-7 中还可以看出，在相同载流子浓度范围内，经调制掺杂的 $Bi_{0.875}Ba_{0.125}CuSeO$ 比均匀掺杂样品具有更高的载流子迁移率。

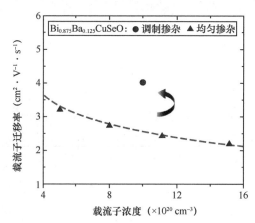

图 5-7　BiCuSeO 体系中调制掺杂样品与均匀掺杂
样品的载流子浓度与载流子迁移率的关系

图 5-8 所示为 BiCuSeO 体系中本征 BiCuSeO 样品、均匀掺杂 $Bi_{0.875}Ba_{0.125}CuSeO$ 样品、调制掺杂 $Bi_{0.875}Ba_{0.125}CuSeO$ 样品和重掺杂 $Bi_{0.75}Ba_{0.25}CuSeO$ 样品这 4 个典型样品的 XRD 图谱。从 XRD 图谱可以看出，调制掺杂样品的衍射峰与标准卡片可以一一对应，并没有第二相的出现。这充分说明调制掺杂样品的主相仍是 BiCuSeO。

为了进一步说明调制掺杂和重掺杂行为对 BiCuSeO 热电材料的热电性能的影响，研究人员将调制掺杂 $Bi_{0.875}Ba_{0.125}CuSeO$ 样品、均匀掺杂 $Bi_{0.875}Ba_{0.125}CuSeO$ 样品、本征 BiCuSeO 样品和重掺杂 $Bi_{0.75}Ba_{0.25}CuSeO$ 样品的热电性能进行了对比，如图 5-9 所示。由于兼具高的载流子浓度和载流子迁移率，调制掺杂样品 $Bi_{0.875}Ba_{0.125}CuSeO$ 在测试温区内的电导率仅低于重掺杂样品的电导率，明显高于本征 BiCuSeO 样品和均匀掺杂同组分 $Bi_{0.875}Ba_{0.125}CuSeO$ 样品的电导率。如图 5-9（b）所示，由于本征 BiCuSeO 样品的载流子浓度较其他 3 个样品的载流子浓度低 2～3 个数量级，因此它的泽贝克系数相对较高。由于调制掺杂样品既能将载流子浓度控制在优化范围内，又能有高的载流子迁移率，因此调制掺杂样品的功率因子在整个温区均高于其他 3 个样品，其最大功率因子在 923 K 时高达约 $10~\mu W \cdot cm^{-1} \cdot K^{-2}$，如图 5-9（c）所示。虽然掺杂可以一定程度地降低样品的晶格热导率，如图 5-9（d）和图 5-9（e）所示，但由于掺杂样品的电子热导率较高，这导致掺杂样品的总热导率均高于未掺杂的本征样品。综合来看，调制掺杂带来的高功率因子和相对较低的热导率使得其 ZT 值要高于其他 3 个样品，其最大 ZT 值在 873 K 达到了 1.4，这样的结果充分说明调制掺杂是提高 BiCuSeO 热电材料的热电性能的一种有效方法。

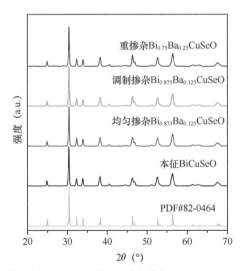

图 5-8　BiCuSeO 体系中本征 BiCuSeO 样品、均匀掺杂 $Bi_{0.875}Ba_{0.125}CuSeO$ 样品、调制掺杂 $Bi_{0.875}Ba_{0.125}CuSeO$ 样品和重掺杂 $Bi_{0.75}Ba_{0.25}CuSeO$ 样品的 XRD 图谱

　　调制掺杂样品中载流子的分布对电导率有影响。研究人员基于自洽有效介质理论（Effective Medium Theory，EMT），将载流子非均匀分布对电导率的影响进行了估算，具体内容请参考相关文献[3,4]。

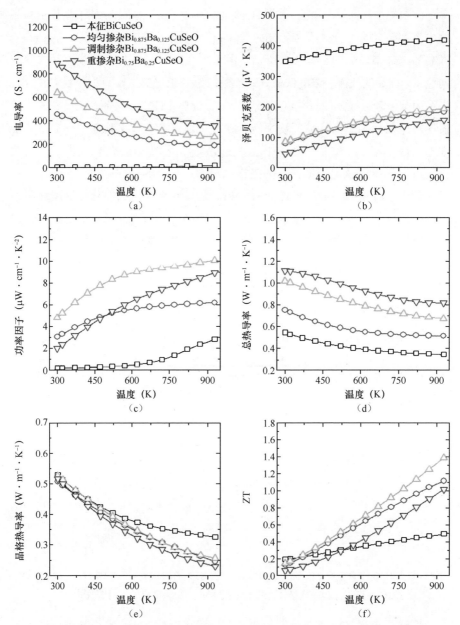

图 5-9　BiCuSeO 体系中本征 BiCuSeO 样品、均匀掺杂 Bi$_{0.875}$Ba$_{0.125}$CuSeO 样品、调制掺杂
Bi$_{0.875}$Ba$_{0.125}$CuSeO 样品和重掺杂 Bi$_{0.75}$Ba$_{0.25}$CuSeO 样品的热电性能

（a）电导率与温度的关系；（b）泽贝克系数与温度的关系；（c）功率因子与温度的关系；
（d）总热导率与温度的关系；（e）晶格热导率与温度的关系；（f）ZT 值与温度的关系

为了进一步阐明载流子迁移率在均匀掺杂样品、调制掺杂样品和重掺杂样品中的输运机制，研究人员利用 TEM 对上述 3 个样品的微结构做了详尽的分析。从图 5-10（a）和图 5-10（b）中可以清晰地看到棒状晶粒。BiCuSeO 的层状晶体结构导致了材料在单轴热压过程中呈棒状晶粒排布。值得一提的是，无论是在明场像还是在暗场像中，同一位置的晶粒与邻近的晶粒呈现出不同的衬度。在高角度环形暗场像中，图像的衬度与该组分组成元素的原子

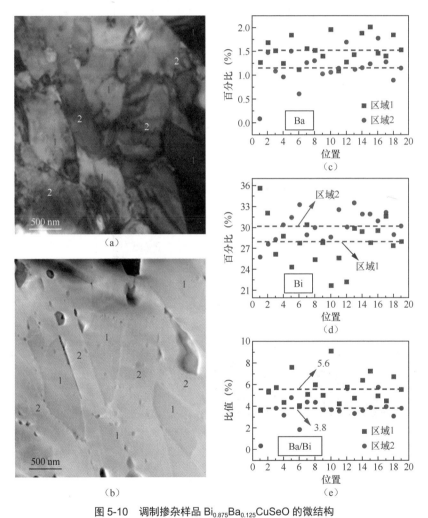

（a）

（b）

图 5-10　调制掺杂样品 Bi$_{0.875}$Ba$_{0.125}$CuSeO 的微结构

（a）低倍明场像；（b）低倍高角度环形暗场像；（c）区域 1 和 2 中的 Ba 含量；（d）区域 1 和 2 中的 Bi 含量；（e）区域 1 和 2 中的 Ba 含量与 Bi 含量的比值[2]

序数相关，原子序数越大，光强越强，图像的衬度越亮。研究人员对这两类区域进行了密集能谱采集。理想情况下，调制掺杂样品中应同时存在未掺杂的 BiCuSeO 基体和重掺杂的 $Bi_{0.75}Ba_{0.25}CuSeO$，前者中 Ba 含量与 Bi 含量的比值为 0 : 1，后者中该比值为 0.25 : 0.75。由于在制备材料的热烧结过程中，原子扩散不可避免，因此在图 5-10（c）、图 5-10（d）和图 5-10（e）中 Ba 和 Bi 两种元素的分布具有一定的离散性。在两个区域中，实际测得的 Ba 含量与 Bi 含量的比值为 5.6%（区域 1）和 3.8%（区域 2）。由此可见，在调制掺杂样品中，存在类似于区域 2 的低浓度掺杂晶粒。这些晶粒对于载流子的输运起着促进作用。

与此同时，在调制掺杂样品中检测到 Ba 元素不仅分布于晶粒内，还存在于晶界处。如图 5-11 所示，在样品的晶界处分布着 10 nm ～ 2 μm 的大小不一的 Ba 析出相。这些 Ba 颗粒可能会增强声子散射，也可能会在调制掺杂样品的载流子输运过程中扮演重要角色。

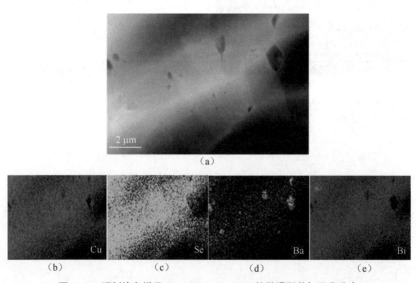

图 5-11 调制掺杂样品 $Bi_{0.875}Ba_{0.125}CuSeO$ 的微观形貌与元素分布
（a）低倍高角度环形暗场像；（b）Cu 元素的能谱图；（c）Se 元素的能谱图；（d）Ba 元素的能谱图；
（e）Bi 元素的能谱图 [2]

以上工作充分表明，在 BiCuSeO 热电材料中通过调制掺杂手段可以有效平衡载流子与声子散射，协同调控载流子迁移率、有效质量和载流子浓度之间的关系，在宽温域内大幅提升热电优值。

5.4　能带调控 BiCuSeO 载流子迁移率机制

调整能带结构是一种提升热电材料电输运性能的有效手段。对于在费米面附近具有多能带的体系，研究人员曾提出，当能带重叠时材料的热电性能会提高[5-7]。许多热电性能优异的材料都具有重叠的多能带结构[8-12]。在 PbTe 体系中，通过改变温度可以使其 L 带和 Σ 带的位置发生上下偏移，在 800 K 时双带会发生简并，进而提升材料的热电性能[13]。然而，能带调控中更普遍的方法是通过调节固溶体组分和比例来实现能带简并。

在层状氧化物研究的早期，研究人员[14]通过不同的制备方法获得了 BiCuChO（Ch = S、Se、Te）3 种单相块体材料。实验结果表明，当 Ch 从 S 元素变化到 Te 元素时，BiCuChO 的电导率呈明显增加的趋势。为了进一步探究 3 类化合物的电输运性能，研究人员利用红外吸收光谱对其进行了细致的对比分析。如图 5-12 所示，BiCuSO 的带隙约为 1.1 eV，BiCuSeO 的带隙约为 0.8 eV。如图 5-12（a）所示，在可见光近红外区，并没有看到 BiCuTeO 出现明显的吸收边。利用傅里叶变换红外光谱 [图 5-12（b）]，才可以观察到 BiCuTeO 的带隙，为 0.4 ～ 0.5 eV。

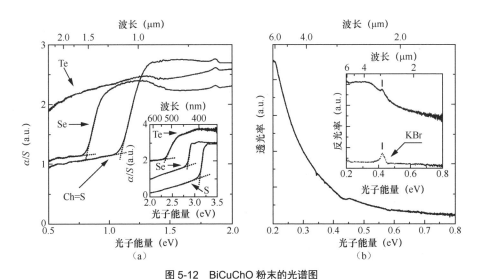

图 5-12　BiCuChO 粉末的光谱图

（a）室温时 BiCuChO 粉末在可见光近红外区的光谱；（b）室温时 BiCuTeO 粉末的傅里叶变换红外光谱[14]

根据文献报道 [14-18]，研究人员通过不同的实验方法、理论计算，发现 BiCuChO（Ch = S、Se、Te）具有不同的带隙。值得一提的是，当 Ch 从 S 元素到 Se 元素再到 Te 元素时，BiCuChO 的带隙由大变小。本征 BiCuSeO 是一种间接带隙多带半导体 [15]，其带隙正好处于 BiCuSO 和 BiCuTeO 之间。

BiCuSeO 和 BiCuTeO 具有相同的空间群 $P4/nmm$，都是由 $[Bi_2O_2]^{2+}$ 和 $[Cu_2Ch_2]^{2-}$ 层沿四方晶胞的 c 轴方向交替堆叠而成。研究人员 [15] 利用高温固相反应结合 SPS 技术制备出 $BiCuSe_{1-x}Te_xO$（x 从 0 到 1）体系固溶体。研究表明，在适当的制备工艺下，BiCuSeO 和 BiCuTeO 之间会形成完全固溶体。

根据 XRD 精修结果，可推断出 BiCuSeO 的晶胞参数 $a = 3.926$ Å，$c = 8.925$ Å，BiCuTeO 的晶胞参数 $a = 4.038$ Å，$c = 9.518$ Å [14]。如图 5-13（a）所示，当 Se 位的 Te 固溶量（含量）不断增加时，$BiCuSe_{1-x}Te_xO$ 的晶胞参数 a 和 c 都会逐渐增大。造成这种现象的主要原因是 Te 元素的原子半径远大于 Se 元素，这与 Vegard 法则一致。值得注意的是，当 $BiCuSe_{1-x}Te_xO$ 的 Te 固溶量 x 从 0 变到 1 时，其晶胞参数在 c 方向上的增幅（6.6%）要大于 a 方向（2.9%）。晶胞参数的各向异性与材料自身的层状结构密切相关。如图 5-13（b）所示，在 $BiCuSe_{1-x}Te_xO$ 中，Se 与 Te 的固溶是一种同价取代，只发生在 $[Cu_2Ch_2]^{2-}$ 导电层。从图 5-13（c）可以看出，当 Se 位的 Te 固溶量不断增加时，$BiCuSe_{1-x}Te_xO$ 化合物中 Ch-Cu-Ch 键角（α_1 和 α_2）会发生改变。由于这种同价取代仅发生在 $[Cu_2Ch_2]^{2-}$ 导电层，因此 $[Bi_2O_2]^{2+}$ 储电层内的晶胞结构应该不会受到太大的影响。这也是 Te 固溶之后，$BiCuSe_{1-x}Te_xO$ 晶胞参数在 a 方向的增加值小于 c 方向的主要原因。c 方向上的剧烈变化源自 Bi 原子在晶胞中的位置发生了巨大变化。由于晶胞中 Bi 原子位置的演变和 c 方向上晶胞参数的增大，二者共同作用使得 $BiCuSe_{1-x}Te_xO$ 中 Bi 原子面和 Ch 原子面之间的距离增大 11.7%，Bi、Ch 原子之间的距离也增大 5.2%。不仅如此，从图 5-13（d）可以看出，Cu、Ch 原子间的距离（键长）和 Cu、Ch 原子面的面间距都随 Te 含量的增加而增大。由于 $BiCuSe_{1-x}Te_xO$ 的电输运性能主要取决于 $[Cu_2Ch_2]^{2-}$ 导电层，费米能级附近主要由 Cu 的 3d 和 Ch 的 np 轨道组成。因此，实验中观察到的导电层的晶格常数变化必然会影响能带结构。

为了更好地理解 BiCuChO 的电子结构，研究人员 [16] 分别绘制了它们的态密度图。如图 5-14 所示，BiCuChO 的导带底主要由 Bi 的 6p 轨道组成，而价带顶附近的组成相对较为复杂。价带顶主要由反键态 Cu 的 3d 和 Ch 的 np

轨道组成，因此 BiCuChO 价带顶附近的差异主要体现在 Ch 的 np 轨道上。当 Ch 从 S 到 Se 再到 Te 时，这些 np 轨道不断向更低能量方向移动且逐渐宽化。宽化的现象说明 Ch 的 np 轨道局域性不断削弱，而 Cu 的 3d 和 Ch 的 np 轨道的杂化不断增强。当 Ch 从 S 元素变化到 Te 元素时，Cu-Ch 反键态增强，这使得 BiCuChO 能带中 Γ—Z 方向的散射更加明显（见图 5-15），M 点的空穴能谷向更深方向移动。

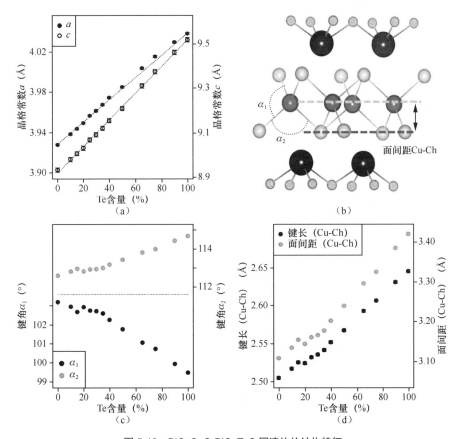

图 5-13　BiCuSeO-BiCuTeO 固溶体的结构特征

（a）晶格常数与 Te 含量的变化关系；（b）BiCuChO 中的键角、面间距；

（c）Ch-Cu-Ch 键角与 Te 含量的变化关系；

（d）Cu、Ch 原子间的距离和 Cu、Ch 原子面的面间距与 Te 含量的变化关系 [15]

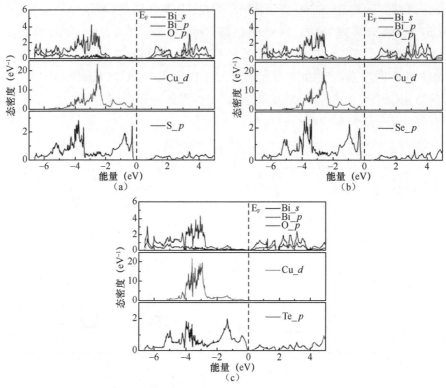

图 5-14　BiCuChO 的态密度图 [16]

（a）BiCuSO；（b）BiCuSeO；（c）BiCuTeO

研究人员 [17] 通过在 Se 位固溶少量 Te 获得了高性能的 BiCuSe$_{1-x}$Te$_x$O 块体材料。具体制备过程是先将高纯原料 Bi$_2$O$_3$、Bi、Cu、Te 和 Se 按化学配比进行配料，装入石英管后抽真空封管。将石英管缓慢加热到 573 K，把获得的铸锭研磨，随后再次放入石英管进行真空密封。将石英管加热至 973 K 并保温 8 h。上述两次加热是为了避免 Bi 单质的产生。将合成粉末再次放入球磨机中以 300 r·min^{-1} 的速度球磨 4 h，最后将粉末进行放电等离子烧结，烧结工艺为烧结温度 973 K、烧结时间 6 min、烧结压力 50 MPa，最终获得直径为 20 mm、厚度为 10 mm 的致密圆柱体。

BiCuSe$_{1-x}$Te$_x$O（x=0、0.02、0.04、0.06、0.08、0.10、0.15 和 0.20）样品的 XRD 图谱如图 5-16 所示。当固溶量小于 0.1 时，样品的衍射峰均可对应标准卡片（PDF#82-0464），没有第二相出现，这说明球磨和放电等离子烧结可以很好地合成 BiCuSeO 化合物。当固溶量大于 0.1 时，开始出现 Bi_2O_3 相，该物相的衍射峰强度随着 Te 含量的增大而增强。实验结果表明，BiCuSeO 中 Te 的固溶量小于 20%。

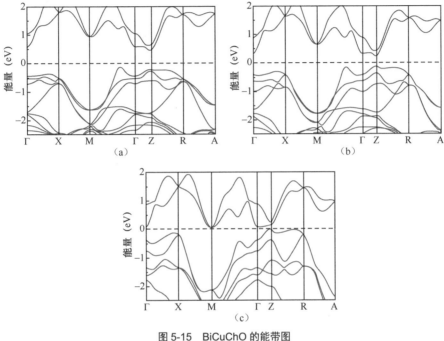

图 5-15　BiCuChO 的能带图

（a）BiCuSO；（b）BiCuSeO；（c）BiCuTeO[16]

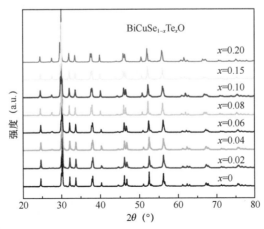

图 5-16　$BiCuSe_{1-x}Te_xO$（x=0、0.02、0.04、0.06、0.08、0.10、0.15 和 0.20）样品的 XRD 图谱

BiCuSe$_{1-x}$Te$_x$O 样品的吸收谱如图 5-17（a）所示。随着 Te 固溶量的增加，样品的吸收边不断向较低能量方向移动，带隙从 0.80 eV 缩小至 0.40 eV。带隙的显著变化对于热电材料的电输运性能有着极为重要的影响。如图 5-17（b）所示，随着材料带隙的减小，温度的升高将促进少子从价带跃迁至导带，从而提升样品的电导率。

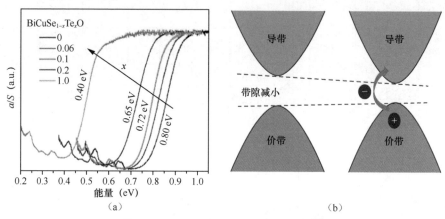

图 5-17　BiCuSe$_{1-x}$Te$_x$O 样品的能带调控 [17]

（a）BiCuSe$_{1-x}$Te$_x$O（x=0、0.06、0.1、0.2 和 1.0）样品的吸收谱；（b）能带调控示意

从电导率随温度的变化关系可以看出，所有样品均呈现出半导体导电行为，即在整个测试温区样品的电导率随温度的升高而增加，如图 5-18（a）所示。室温下，这些样品的电导率差异很小，甚至随着 Te 含量的增大略有下降。这种变化与样品在室温时的载流子浓度的变化规律是一致的。当温度升至 550 K 时，BiCuSe$_{0.85}$Te$_{0.15}$O 样品的电导率开始随温度升高显著上升，在 923 K 时高达 40 S·cm^{-1}，而本征 BiCuSeO 样品的电导率即使在 923 K 的高温，也只有约 15 S·cm^{-1}。高温下电导率的增加主要是由于高温激发少子实现了禁带跃迁。Te 固溶量越大，样品的带隙越小，这个现象也会更加显著。

在整个测试温区，所有样品的泽贝克系数均为正值，这表明所有样品都是 P 型半导体。从图 5-18（b）可以看出，在整个测试温区，该系列样品的泽贝克系数的变化幅度很大，小到 203 μV·K^{-1}，大到 481 μV·K^{-1}。较大的泽贝克系数与较高的载流子有效质量有关，同时与该类化合物的晶体结构也密切相关。通常，这种由导电层和绝缘层相互交替形成的层状化合物往往具有较大的泽贝克系数。研究人员 [19] 对泽贝克系数 S 也做了一个公式近似：

$$S = \frac{\pi^2}{3} \cdot \frac{k_B}{e} \cdot \frac{r + \dfrac{3}{2}}{\eta^*} \tag{5-1}$$

其中 k_B 是玻耳兹曼常数，e 是电子电荷，η^* 是简约费米能级，r 是散射因子。式（5-1）表明，泽贝克系数的大小主要取决于简约费米能级 η^* 和散射因子 r。随着带隙减小，载流子浓度增加，费米能级增加，这会导致泽贝克系数减小。结合增强的电导率和较大的泽贝克系数，$BiCuSe_{0.94}Te_{0.06}O$ 样品的功率因子在 923 K 达到了 0.427 $\mu W \cdot cm^{-1} \cdot K^{-2}$，远大于本征 BiCuSeO 的 0.220 $\mu W \cdot cm^{-1} \cdot K^{-2}$。

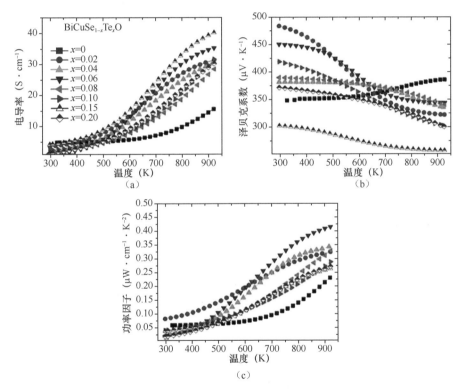

图 5-18　$BiCuSe_{1-x}Te_xO$（$x=0$、0.02、0.04、0.06、0.08、0.10、0.15 和 0.20）样品的电输运性能 [17]
（a）电导率与温度的关系；（b）泽贝克系数与温度的关系；（c）功率因子与温度的关系

图 5-19 所示为 $BiCuSe_{1-x}Te_xO$（$x=0$、0.02、0.04、0.06、0.08、0.10、0.15 和 0.20）样品的热输运性能与温度的关系，可以看到所有样品的总热导率都随着温度的增加而逐渐降低。$BiCuSe_{1-x}Te_xO$ 样品的总热导率在室温时高达 0.97 $W \cdot m^{-1} \cdot K^{-1}$，在高温时低至 0.41 $W \cdot m^{-1} \cdot K^{-1}$。这个总热导率与其他高

性能的热电材料相比相当低。当 Te 固溶量小于 0.06 时，样品的总热导率随着 Te 固溶量增加而增加，一旦超过这个数值，样品的总热导率开始呈现相反的变化趋势。一般来说，材料的总热导率包含两个部分，一个是电子热导率，即电子对热导率的贡献；另一个是晶格热导率，代表晶格振动对热导率的贡献，往往由测得的总热导率减去其电子热导率获得。在 $BiCuSe_{0.9}Te_{0.1}O$ 样品中，研究人员估算出电子热导率在 300 K 和 923 K 时对总热导率的贡献分别为 0.05% 和 15%。这个比例充分说明，晶格热导率在总热导率中占主导地位。值得注意的是，在 $BiCuSe_{1-x}Te_xO$ 样品中，$x < 0.06$ 时，其总热导率随 Te 固溶量的增加而增加，具体的原因有待进一步分析和讨论。另一个有趣的现象是，即使带隙减小，也没有从实验数据上观察到双极扩散现象。众所周知，双极扩散通常会严重破坏 ZT 值，特别是在 Bi_2Te_3 这样的窄带半导体中。然而，在 $BiCuSe_{1-x}Te_xO$ 样品中，虽然通过固溶 Te 可以减小带隙，但若与传统窄带半导体的带隙相比，调控后 BiCuSeO 样品的带隙仍然相对较大，不至于发生双极扩散。

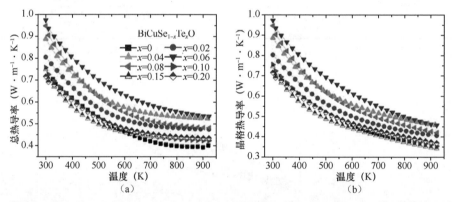

图 5-19　$BiCuSe_{1-x}Te_xO$（x=0、0.02、0.04、0.06、0.08、0.10、0.15 和 0.20）样品的热输运性能与温度的关系

（a）总热导率与温度的关系；（b）晶格热导率与温度的关系[17]

计算得到 $BiCuSe_{1-x}Te_xO$（x=0、0.02、0.04、0.06、0.08、0.10、0.15 和 0.20）样品的 ZT 值随温度的变化关系如图 5-20 所示。所有样品的 ZT 值均在 923 K 时达到峰值，当 Te 固溶量为 6% 时，$BiCuSe_{0.94}Te_{0.06}O$ 样品的 ZT 值约为 0.71，较基体提高近 37%，当 Te 固溶量为 4% 和 8% 时，样品的 ZT 值较前者有所降低，因此可以推断出 Te 最优固溶量可能在 6% 附近。

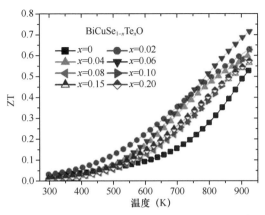

图 5-20　BiCuSe$_{1-x}$Te$_x$O（x=0、0.02、0.04、0.06、0.08、0.10、0.15 和 0.20）样品的 ZT 值
与温度的关系[17]

　　为了进一步探究 Te 固溶量对 BiCuSeO 热电材料能带结构的影响，研究人员利用第一性原理进行了 DFT 计算。如图 5-21 所示，Te 固溶量会对材料的能带结构产生影响，尤其是 O 的 2p 轨道、Cu 的 3d 轨道以及 Bi 的 6p 轨道（位于价带顶下方）。无论是本征 BiCuSeO 中的 [Cu$_2$Se$_2$]$^{2-}$ 层，还是 BiCuSe$_{0.875}$Te$_{0.125}$O 中的 [Cu$_2$Te$_2$/Se$_2$]$^{2-}$ 层，它们在材料总的态密度中占主导性作用，两者可分别作用于价带顶下方约 1 eV 到价带顶、价带顶下方 3 eV 到 6 eV 这两段。相反的是，[Bi$_2$O$_2$]$^{2-}$ 层的电子态主要作用于价带顶下方 1 eV 到 3 eV。与此同时，Cu 的 3d 轨道上的电子在该区域也有重要贡献。对比 BiCuSeO 和 BiCuSe$_{0.875}$Te$_{0.125}$O 两种材料的能带结构，不难发现，随着 Te 固溶量的增加，Bi 的电子态对于价带顶下方 6 eV 到价带顶这段并无明显作用，仅有极少数的 O 的电子态仍作用于价带顶下方 3 eV 到价带顶这一区域。这充分说明，随着 Te 固溶量的增加，[Bi$_2$O$_2$]$^{2-}$ 层对于电输运的贡献会削弱。

　　另外，[Cu$_2$Se$_2$]$^{2-}$ 层中 Se 的电子态在两种材料中的差异十分显著，而 Cu 的电子态在两种材料中的差异则相对较小。两种材料中 Se 电子态的巨大差异主要来源于，在 BiCuSe$_{0.875}$Te$_{0.125}$O 中同时存在 Se 和 Te 元素，这两种元素具有不同的电子态。[Bi$_2$O$_2$]$^{2-}$ 层内的变化可能源于 BiCuSeO 的单层结构，其中 Bi 和 Se 之间存在着一定的电子相互作用，因此 Bi 元素的态密度也会随着 Te 的固溶量变化而发生改变。尽管电子结构可以用来帮助理解基体固溶前后载流子浓度的变化，但是严格地说，用 DFT 计算得到的电子结构表征的是化合物在 0 K 时的状态。然而，当温度对体系的作用远小于固溶对体系的作用时，我们可以利用 DFT 计算得到的电子结构来判断室温下固溶对该体系能带结构的影响趋势。对费米能级而言,它被定义为体系中载流子允许的最高占据态。$BiCuSe_{0.875}Te_{0.125}O$ 的费米能级倾向处于更低的能级,意味着某些电子态不再可用,不像本征 BiCuSeO 的费米能级一样会出现陡降线。因此,掺杂导致载流子浓度降低,这一趋势与表 5-1 给出的载流子浓度的实验数据一致。

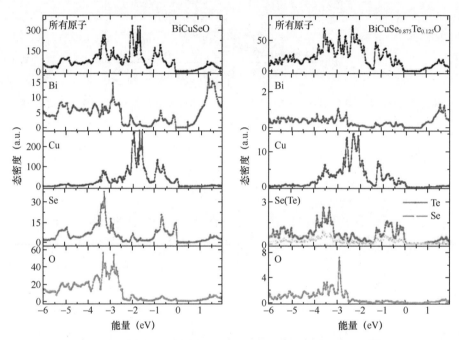

图 5-21 本征 BiCuSeO 和 $BiCuSe_{0.875}Te_{0.125}O$ 样品的态密度图[17]

表5-1 室温时BiCuSeO基样品的载流子浓度、载流子迁移率与带隙

样品	n_H($\times 10^{19}$ cm^{-3})	μ_H(cm$^2 \cdot$ V$^{-1} \cdot$ s^{-1})	E_g(eV)
BiCuSeO	0.62	4.10	0.80
$BiCuSe_{0.98}Te_{0.02}O$	0.58	3.98	0.79
$BiCuSe_{0.96}Te_{0.04}O$	0.54	3.17	0.78
$BiCuSe_{0.94}Te_{0.06}O$	0.52	3.00	0.76
$BiCuSe_{0.92}Te_{0.08}O$	0.54	3.04	0.74
$BiCuSe_{0.90}Te_{0.10}O$	0.53	3.39	0.72
$BiCuSe_{0.85}Te_{0.15}O$	0.51	3.21	0.69
$BiCuSe_{0.80}Te_{0.20}O$	0.60	3.19	0.65

5.5　本章小结

　　优化载流子迁移率是提升热电材料的宽温域热电性能的有效手段。本章从晶体微观结构调控和热电耦合参数调控两个视角总结归纳了 BiCuSeO 热电材料的载流子迁移率提升策略：织构化优化可以使同组分的 $Bi_{0.875}Ba_{0.125}CuSeO$ 材料在 923 K 的热电优值从 1.1 提升至 1.4；调制掺杂调控带来的高功率因子和相对较低的热导率使得 $Bi_{0.875}Ba_{0.125}CuSeO$ 的最大 ZT 值在 873 K 达到 1.4；利用能带调控，在 $BiCuSe_{1-x}Te_xO$ 系列样品中，当 Te 固溶量为 6% 时，其 ZT 值约为 0.71，较基体提高近 37%，上述 3 种方法均可明显改善 BiCuSeO 热电材料的热电性能。不仅如此，载流子迁移率提升策略在其他热电材料体系中也得到了成功应用。因此，热电材料体系载流子迁移率提升策略值得广大科研工作者做更加深入的研究，以便找到有效解耦复杂的热电参数的方法。

5.6　参考文献

[1]　SUI J H, LI J, HE J Q, et al. Texturation boosts the thermoelectric performance of BiCuSeO oxyselenides [J]. Energy & Environmental Science, 2013, 6(10): 2916-2920.

[2]　PEI Y L, WU H, WU D, et al. High thermoelectric performance realized in a BiCuSeO system by improving carrier mobility through 3D modulation doping [J]. Journal of the American Chemical Society, 2014, 136(39): 13902-13908.

[3]　YU P Y, CARDONA M, SHAM L J. Fundamentals of semiconductors: physics and materials properties [J]. Physics Today, 1997, 50(11): 76-77.

[4]　LI S S. Semiconductor physical electronics [M]. New York: Springer, 2006.

[5]　GOLDSMID H J, SHARP J. Extrapolation of transport properties and figure of merit of a thermoelectric material [J]. Energies, 2015, 8(7): 6451-6467.

[6]　GOLDSMID H J. Towards improved thermoelectric generator materials [J]. Journal of Electronic Materials, 2017, 46(5): 2599-2603.

[7]　SOOTSMAN J R, CHUNG D Y, KANATZIDIS M G. New and old concepts in thermoelectric materials [J]. Angewandte Chemie, 2009, 48(46): 8616-8639.

[8]　HONG M, WANG Y, FENG T, et al. Strong phonon–phonon interactions securing

extraordinary thermoelectric $Ge_{1-x}Sb_x Te$ with Zn-Alloying-Induced band alignment [J]. Journal of the American Chemical Society, 2019, 141(4): 1742-1748.

[9] TAN G, HAO S, CAI S, et al. All-scale hierarchically structured p-Type PbSe alloys with high thermoelectric performance enabled by improved band degeneracy [J]. Journal of the American Chemical Society, 2019, 141(10): 4480-4486.

[10] LIU X, WANG D, WU H, et al. Intrinsically low thermal conductivity in $BiSbSe_3$: a promising thermoelectric material with multiple conduction bands [J]. Advanced Functional Materials, 2018, 29(3): 1806558.

[11] GE Z H, SONG D S, CHONG X Y, et al. Boosting the thermoelectric performance of (Na,K)-codoped polycrystalline SnSe by synergistic tailoring of the band structure and atomic-scale defect phonon scattering [J]. Journal of the American Chemical Society, 2017, 139(28): 9714-9720.

[12] CHEN Z W, JIAN Z Z, LI W, et al. Lattice dislocations enhancing thermoelectric PbTe in addition to band convergence [J]. Advanced Materials, 2017, 29(23):1606768.

[13] PEI Y Z, SHI X Y, LALONDE A, et al. Convergence of electronic bands for high performance bulk thermoelectrics [J]. Nature, 2011, 473(7345): 66-69.

[14] HIRAMATSU H, YANAGI H, KAMIYA T, et al. Crystal structures, optoelectronic properties, and electronic structures of layered oxychalcogenides MCuOCh (M = Bi, La; Ch = S, Se, Te): Effects of electronic configurations of M^{3+} ions [J]. Chemistry of Materials, 2008, 20(1): 326-334.

[15] BARRETEAU C, BÉRARDAN D, ZHAO L D, et al. Influence of Te substitution on the structural and electronic properties of thermoelectric BiCuSeO [J]. Journal of Materials Chemistry A, 2013, 1(8): 2921-2926.

[16] ZOU D, XIE S, LIU Y, et al. Electronic structures and thermoelectric properties of layered BiCuOCh oxychalcogenides (Ch = S, Se and Te): first-principles calculations [J]. Journal of Materials Chemistry A, 2013, 1(31): 8888-8896.

[17] LIU Y, LAN J, XU W, et al. Enhanced thermoelectric performance of a BiCuSeO system via band gap tuning [J]. Chemical Communications, 2013, 49(73): 8075-8077.

[18] LEE D S, AN T H, JEONG M, et al. Density of state effective mass and related

charge transport properties in K-doped BiCuOSe [J]. Applied Physics Letters, 2013, 103(23): 232110.

[19]　OHTA H, KIM S, MUNE Y, et al. Giant thermoelectric Seebeck coefficient of a two-dimensional electron gas in SrTiO$_3$ [J]. Nature Materials, 2007, 6(2): 129-134.

第 6 章 Pb 协同优化 P 型 BiCuSeO
的热电输运机制

6.1 引言

在 P 型 BiCuSeO 的研究中，除了通过引入 Cu、Bi 空位协同优化 BiCuSeO 的热电输运机制以及通过引入碱金属或碱土金属优化 BiCuSeO 的载流子浓度机制外，Pb 协同优化 P 型 BiCuSeO 的热电输运机制也是研究的热点问题。据报道，Pb 元素可以提升 P 型 BiCuSeO 的有效质量，其耦合效应促进功率因子波段式提升，且用于能带工程、价键工程和全尺度结构，以协同优化热电性能。本章将主要介绍 Pb 协同优化 P 型 BiCuSeO 的热电输运机制。

6.2 迁移率有效质量提升理论

研究人员[1]通过掺杂 Pb 元素来增加电导率，并同时引入纳米复合材料来优化晶格热导率，进而优化 ZT 值。结合实验结果和第一性原理的计算，人们对掺杂剂和合金加成对热电性能的影响有了更深入的了解，结果表明，材料的 ZT 值可以显著增强，在 823 K 时增大至 1.14。更重要的是，$300 \sim 823$ K 的 ZT_{ave} 值也增加到 0.8，这与 PbTe 系统在中温区的 ZT_{ave} 值相当[2]。目前 BiCuSeO 的最大 ZT 值和 ZT_{ave} 值在高温下保持一致，因此它们在中温热电发电中有一定应用前景。

在中观尺度上，样品显示出纳米尺度的特征，这在掺杂 6%（摩尔分数为 6%）Pb（后面简写为 6% Pb）的 BiCuSeO 的典型 SEM 和 TEM 图像中得到了清楚的证明（见图 6-1）。在高分辨阳离子 SEM 和 TEM 图像中观察到样品中存在许多 $5 \sim 10$ nm 的纳米点，如图 6-1（b）和图 6-1（c）所示。这些 $5 \sim 10$ nm 的具有模糊边界的纳米点的出现可以归因于 BiCuSeO 中存在的少量的 Pb，在添加 PbNa 的 PbTe 基合金中也观察到类似的现象[3, 4]。

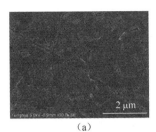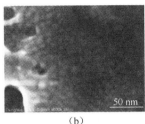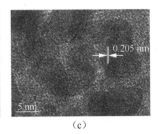

（a）　　　　　　　　　　（b）　　　　　　　　　　（c）

图 6-1　掺杂 6% Pb 的 BiCuSeO 样品的电子显微镜照片 [1]

（a）低分辨阳离子 SEM 图像；（b）高分辨阳离子 SEM 图像，在大块样品中存在许多
5～10 nm 的纳米点；（c）高分辨阳离子 TEM 图像，在 TEM 图像中可以观察到具有模糊
边界的纳米点

在 300～823 K，样品中与温度相关的电学特性如图 6-2（a）所示。本征 BiCuSeO 具有相对较低的电导率，掺杂 Pb 的 BiCuSeO 样品的电导率显著增强。8% Pb 掺杂的 BiCuSeO 在室温下的电导率最高，约为 600 $S \cdot cm^{-1}$，在 823 K 时的电导率降至约 220 $S \cdot cm^{-1}$，符合简并半导体的特征。图 6-2（b）中正的泽贝克系数表明了样品典型的 P 型电输运行为，泽贝克系数随着 Pb 掺杂量的增加而降低，这与载流子浓度增加的规律相一致。泽贝克系数随温度的增加而增加，例如掺杂 6% Pb 样品的泽贝克系数约为 157 $\mu V \cdot K^{-1}$，在 823 K 时增加到约 220 $\mu V \cdot K^{-1}$。相对较高的泽贝克系数可能与特殊的层状晶体结构以及 $[Bi_2O_2]^{2+}$ 绝缘层和 $[Cu_2Se_2]^{2-}$ 导电层呈现的超晶格状交替堆叠有关。对于掺杂 6% Pb 的 BiCuSeO 样品，在 823 K 下可以观察到最大功率因子为 7.3 $\mu W \cdot cm^{-1} \cdot K^{-2}$，如图 6-2（c）所示。此外，这些大块样品的总热导率也较低，如图 6-2（d）所示。在 823 K 时晶格热导率为 0.4～0.6 $W \cdot m^{-1} \cdot K^{-1}$，这可能源于弱的层间键强度和纳米结构特征。由于高功率因子和低热导率，掺杂 6% Pb 样品的 ZT 值显著增强，在 823 K 时达到 1.14，如图 6-2（e）所示，这与最近报道的新型中温合金的 ZT 值相近，如 $In_4Se_{3-\delta}$ 晶体在 705 K 时的 ZT 值达到 1.48[5]，$Cu_{2-x}Se$ 在 1000 K 时的 ZT 值达到 1.5[6]。

研究人员比较了此工作中的 ZT 值与之前掺杂其他元素的 BiCuSeO 体系的 ZT 值，前者 ZT 值明显高于后者，体现了该工作的重要性。对于掺杂 6% Pb 的样品，823 K 时，电导率约为 135 $S \cdot cm^{-1}$，泽贝克系数约为 220 $\mu V \cdot K^{-1}$，功率因子约为 7.3 $\mu W \cdot cm^{-1} \cdot K^{-2}$，总热导率约为 0.53 $W \cdot m^{-1} \cdot K^{-1}$，ZT 值为 1.14。值得一提的是，300～823 K 的 ZT_{ave} 值显著提高到 0.8，如图 6-3 所示。如第

1 章所述，ZT_{ave} 值能够相当准确地评估热电材料的发电效率。与掺杂其他元素的 BiCuSeO 的 ZT_{ave} 值相比，该样品在 300 ～ 823 K 的 ZT_{ave} 值有了很大提升 [7]，这与 Pb 掺杂的 BiCuSeO 样品在低温下相对较高的电导率有关。掺杂 8% Pb 的样品在室温下的电导率为 600 S·cm^{-1}，几乎是掺杂 7.5% Ba 样品的电导率的两倍 [7]，是掺杂 7.5% Sr 样品的电导率的 3 倍 [8]，是掺杂 7.5% Mg 样品的电导率的 60 倍 [9]。

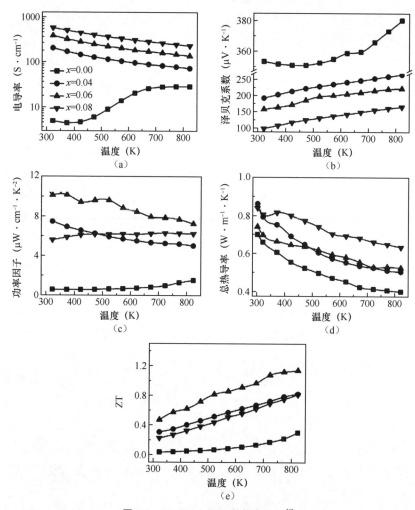

图 6-2　Bi$_{1-x}$Pb$_x$CuSeO 的热电性能 [1]

（a）电导率随温度变化的曲线；（b）泽贝克系数随温度变化的曲线；（c）功率因子随温度变化的曲线；
（d）总热导率随温度变化的曲线；（e）ZT 值随温度变化的曲线

研究人员发现，Pb 掺杂能同时提升 BiCuSeO 的载流子浓度和载流子迁移率。通常可以用归一化迁移率 $\mu(m^*)^{3/2}$ 研究热电性能增强的原因。DOS（Density of States，态密度）有效质量（m^*）是在一个单抛物线模型中，通过实验研究泽贝克系数对载流子浓度的依赖性得到的。通过 Pb 掺杂，态密度有效质量从 $1.7m_0$ 增加到约 $5m_0$，研究人员发现这可以用态密度的变化来解释。研究人员还发现 BiCuSeO 中 Pb 的掺杂和纳米结构可以调整和优化样品输运性

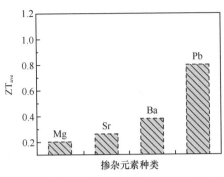

图 6-3　掺杂样品在 300 ～ 823 K 的 ZT_{ave} 值
与之前文献的对比 [1, 7-9]

能。例如，在掺杂 6% 的 Pb 样品中，其归一化迁移率 $\mu(m^*)^{3/2}$ 可以比未掺杂样品的增加 1 倍。图 6-4（a）所示为 Pb 掺杂样品与掺杂 Mg、Sr、Ba 样品的归一化迁移率与载流子浓度的关系，可以观察到掺 Pb 样品比其他样品的归一化迁移率更大，结合其更低的热导率，掺杂 6% Pb 样品的 ZT 值在 823 K 时达到了 1.14，如图 6-4（b）所示。通过第一性原理计算得到，与其他掺杂剂（如 Mg、Sr、Ba）相比，Pb 元素掺杂在所有化合物 $Bi_{0.875}M_{0.125}CuSeO$（M=Mg、Sr、Ba、Pb）中形成的缺陷形成能最低 [10]。在 $Bi_{0.875}M_{0.125}CuSeO$ 结构的基础上，计算了电子轨道投影态密度（DOS）和轨道带结构 [见图 6-4（c）]。很明显，尽管 BiCuSeO 中引入了空穴掺杂，但 Pb 掺杂在接近价带顶处贡献了大量的 6s 成分，而来自 Mg、Sr 和 Ba 的 s 态只在导带深处贡献了一定的成分。Pb 中孤对电子的 6s 轨道被认为有助于提高空穴迁移率。因此，Pb 掺杂与其他掺杂剂相比，更能有效地提高电导率。

在 Pb 掺杂的 BiCuSeO 陶瓷中观察到的纳米点引起的低热导率也有助于提高 ZT 值。我们在第 1 章介绍过，热电材料的总热导率由晶格热导率和电子热导率构成，如图 6-5 所示，在 BiCuSeO 体系中，通过增加 Pb 的掺杂量可以降低晶格热导率。随着温度的增加，未掺杂的 BiCuSeO 样品的晶格热导率随温度的升高迅速下降，从 323 K 时的 $0.66\,W \cdot m^{-1} \cdot K^{-1}$ 下降到 823 K 时的 $0.36\,W \cdot m^{-1} \cdot K^{-1}$。值得注意的是，掺杂 Pb 的样品表现出更低的晶格热导率和较弱的温度依赖性。特别地，对于 6% 和 8% 的 Pb 掺杂样品，晶格热导率在 323 ～ 823 K 保持在 $0.2 \sim 0.46\,W \cdot m^{-1} \cdot K^{-1}$，比不掺杂样品的晶格热导率下降了近 50%。研究人

员认为这归因于 Pb 掺杂体系中丰富的界面和点缺陷导致了声子散射增强。

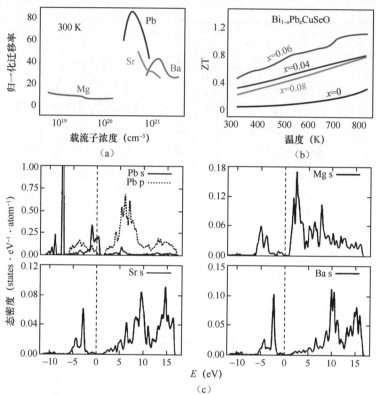

图 6-4　Pb 掺杂对 BiCuSeO 热电性能的影响

（a）在 $Bi_{0.875}M_{0.125}CuSeO$（M=Pb、Mg、Sr、Ba）体系[7-9]中，归一化迁移率的载流子浓度依赖性；（b）$Bi_{1-x}Pb_xCuSeO$ 的 ZT 值；（c）$Bi_{0.875}M_{0.125}CuSeO$（M=Pb、Mg、Sr、Ba）体系的电子轨道投影态密度图

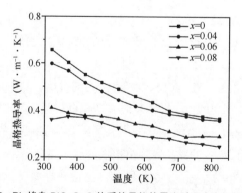

图 6-5　Pb 掺杂 BiCuSeO 体系的晶格热导率随温度变化的曲线

6.3　耦合效应促进功率因子波段式提升机制

6.3.1　功率因子的波段式提升规律

研究人员[10]通过将 BiCuSeO 与 Bi$_2$Te$_3$ 等[11, 12]经典热电材料的性能相比，发现较低功率因子（低于 10 μW·cm^{-1}·K^{-2}）是阻碍优化 BiCuSeO 热电性能的主要因素。为了在 BiCuSeO 中协同使用载流子浓度调控、能带简并性[13]、共振能级[14]、Rashba 效应[15]、价键工程[16]、载流子散射机制工程[12]和量子限域效应[17]等提升功率因子的策略，研究人员[10]对 BiCuSeO 能带结构和输运性能的关系进行了评估。

第一性原理结合 DFT 计算得到了 BiCuSeO 的能带结构，其在价带顶呈现多能谷特征，为电输运做贡献，但不同能谷对电输运的贡献取决于实际费米能级的位置，即依赖于能带有效质量和不同能谷的相对位置。由 BiCuSeO 的本征热电性能可知，该材料具有多能谷输运的复杂能带，这使得其在高载流子浓度下有一个较高的泽贝克系数。研究人员认为明确费米能级的变化对电输运性质的影响规律，对 BiCuSeO 体系的功率因子和热电性能的提升具有重要意义。他们推断，下移的费米能级会逐渐激活分布在价带顶附近的能谷，因此，增大有效质量，同时不降低载流子迁移率，可以实现优化功率因子。

研究人员考虑自旋轨道耦合效应，计算得到了 BiCuSeO 的能带结构和态密度，如图 6-6 所示，间接带隙为 0.8 eV。在图 6-6 中，导带底极值分布在 Z 点，而价带顶极值分布在 Γ 到 M 之间。研究人员还留意到，在能带图中，价带顶位置分布显示了较强的能量分散，沿着 Γ—Z—R 方向存在多个能谷，分布在距离价带顶下方约几个 k_BT（$1\ k_BT \approx 25$ meV，300 K）的位置，如图 6-6（b）中紫色部分所示。研究人员推断，BiCuSeO 呈现轻带和重带的组合结构，根据能带简并的理论可知，该能带结构应该能对电学性能的优化起到一定的促进作用。

研究人员根据图 6-6（b）中电子总态密度的变化趋势，推断出 BiCuSeO 能带结构的复杂程度，观察到距价带顶以下 1.5 eV 附近的能量范围内存在较多尖锐峰。研究人员根据经验，认为最佳载流子浓度应当小于 1.0×10^{22} cm^{-3}，而该图中紫色部位所示第一个态密度尖峰与价带顶的能量差约为 -0.2 eV，这将会直接决定空穴输运性质。在对图 6-7 的进一步分析中，研究人员发现此态密度尖峰主要由 Cu 和 Se 轨道形成，这也是一直以来，研究人员称 [Cu$_2$Se$_2$]$^{2-}$ 层是 BiCuSeO 导电层的重要原因之一。

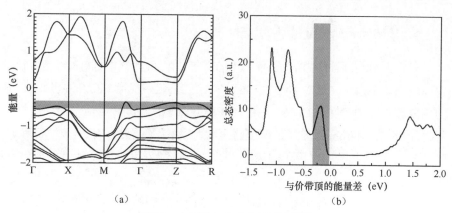

（a）

图 6-6　本征 BiCuSeO 的计算结果 [18]

（a）电子能带结构；（b）电子总态密度

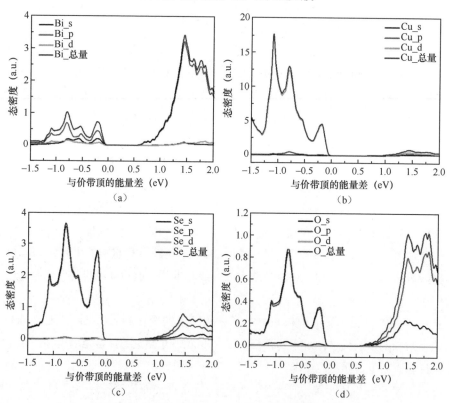

图 6-7　BiCuSeO 中不同元素的电子态密度 [10]

（a）Bi 的电子态密度；（b）Cu 的电子态密度；（c）Se 的电子态密度；（d）O 的电子态密度

如图 6-8 所示，研究人员给出了 BiCuSeO 的第一布里渊区以及不同费米能级所对应的费米面形状，载流子浓度分别为 3.0×10^{20} cm^{-3}、5.5×10^{20} cm^{-3} 以及 1.2×10^{21} cm^{-3}。研究人员分析，对于掺杂量较低的样品，以载流子浓度为 3.0×10^{20} cm^{-3} 的样品为例，其费米能级移动到价带顶以下，但位置仍比较接近价带顶。在重掺杂条件下，费米面内已经包含多个能谷，因此简并度较高，其中，Z 点、沿着 Γ—M 和沿着 Z—R 方向的能谷简并度分别为 2、4 和 8。

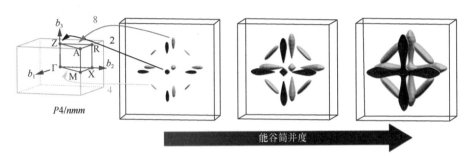

图 6-8　不同载流子浓度对应的 BiCuSeO 的费米面[10]

前面提到，研究人员已推断，随着费米能级向下移动，多个能谷同时参与载流子输运。在图 6-6 中，与价带顶能量差为 -0.2 eV 附近的态密度尖峰的形成源于沿 Γ—Z—R 方向的多个能谷的共同作用。BiCuSeO 体系具有较高的泽贝克系数和中等功率因子，主要源于较低的载流子迁移率和电导率，轻带和重带的简并，以及高达 14 的能带简并度。研究人员[18]通过在 Bi 位上进行 Pb 掺杂来实现逐步移动 BiCuSeO 费米能级的目的，并系统研究了其能带结构、载流子输运性质及它们之间的关系。

实验上得到了掺 Pb 的 BiCuSeO 样品的室温载流子浓度和载流子迁移率，如图 6-9 所示。可以看出，与本征 BiCuSeO 相比，掺 Pb 样品的载流子浓度显著提高，在 $Bi_{0.88}Pb_{0.12}CuSeO$ 样品中达到了约 1.9×10^{21} cm^{-3}。研究人员通过理论计算得到的载流子浓度如图 6-9 中红线所示。据图 6-9 可知，当 $x \leqslant 0.12$ 时，实验得到的载流子浓度与理论计算结果基本相符。当 Pb 掺杂量超过样品固溶度后，样品的实际载流子浓度便不再发生较大变化。

研究人员根据能带结构的计算结果，还分析了在不同载流子浓度条件下，样品的费米能级的位置，如图 6-10 所示。由前面的分析可知，当费米能级从价带顶逐渐移动到距价带顶约 8 $k_{B}T$ 的位置（对应 $Bi_{0.88}Pb_{0.12}CuSeO$ 样品），该样品对应图 6-6（b）所示的价带顶附近的第一个总态密度尖峰。

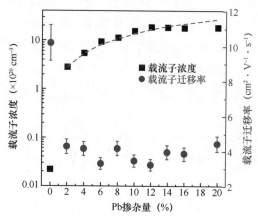

图 6-9　$Bi_{1-x}Pb_xCuSeO$（$x=0$、0.02、0.04、0.06、0.08、0.10、0.12、0.14、0.16 和 0.20）的载流子浓度及载流子迁移率[10]

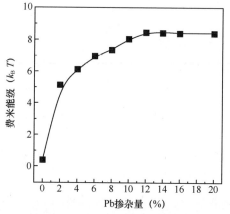

图 6-10　$Bi_{1-x}Pb_xCuSeO$（$x=0$、0.02、0.04、0.06、0.08、0.10、0.12、0.14、0.16 和 0.20）的费米能级随 Pb 掺杂量的变化趋势[10]

　　如图 6-11（a）所示，研究人员测试了样品的载流子浓度，并发现未掺杂样品表现出载流子浓度随温度升高而增大的半导体特征，但是其他样品的载流子浓度并未明显受到温度影响。研究人员据此分析该样品是典型的重掺杂半导体，并发现随着费米能级的移动，态密度和简并度的快速增加对电输运性能产生一系列的影响。

　　图 6-11（b）所示为样品的载流子迁移率。研究人员分析发现，相比其他

样品，未掺杂样品的载流子迁移率的数值较大（约 10 cm^2·V^{-1}·s^{-1}，300 K），主要源于未掺杂样品的载流子浓度较低，因而载流子的散射较少。相比未掺杂样品，Pb 掺杂样品的载流子迁移率明显降低，研究人员推断主要原因是重带参与电输运，次要原因是 Pb 掺杂增加了离化杂质散射，研究人员给出了样品在 300 ～ 650 K 下的变温载流子迁移率测试结果［见图 6-11（b）］。

由图 6-11 可知，研究人员将未掺杂样品的载流子迁移率与温度的关系进行拟合，发现载流子迁移率正比于温度的 -1.5 次方，根据散射因子相关理论，研究人员推断载流子的主要散射机制为声学声子散射。而对于 Pb 掺杂样品，随着 Pb 掺杂量的增多，研究人员发现载流子迁移率与温度的关系指数从 -1.5 逐渐转变为 -0.5，推断离化杂质散射在载流子输运中逐渐起主导作用。研究人员还指出，随着掺杂引起的费米能级的移动，能带间的散射和简并度增加可能在一定程度上也对载流子散射有影响。

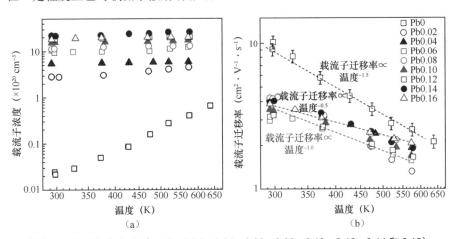

图 6-11　Bi$_{1-x}$Pb$_x$CuSeO（x = 0、0.02、0.04、0.06、0.08、0.10、0.12、0.14 和 0.16）
的变温数据[10]

（a）载流子浓度；（b）载流子迁移率

研究人员通过测试和计算得到了样品在不同温度下（300 K、473 K、673 K 和 873 K）的功率因子和热电优值随 Pb 掺杂量的变化趋势，如图 6-12 所示。研究人员发现最高功率因子约为 11 μW·cm^{-1}·K^{-2}，和 BiCuSeO 体系的最大值接近[18]，这也显示了该工作在当时的先进性。

如图 6-12（a）所示，当 Pb 掺杂量从 0 增加到 20% 的过程中，功率因子出现了 3 个明显的峰值，分别对应 Pb 掺杂量为 4%、10% 和 14% 的样品。研究人员对比一般的热电材料发现，通常在优化载流子浓度、调控费米能级的时候，只会出现一个功率因子的峰值，这主要源于电导率和泽贝克系数之间的耦合[19]。因此，基于该特殊发现，研究人员对这种波段式提升的功率因子进行了进一步分析。

研究人员在测试温区内研究 Pb 掺杂样品的 ZT 值的变化趋势，如图 6-12（b）所示，发现在同一温度下 ZT 都会出现 3 个峰值。在 873 K 下，Pb 掺杂量为 4%、10% 和 14% 的样品对应的 3 个 ZT 峰值分别为 0.9、1.1 和 1.3。

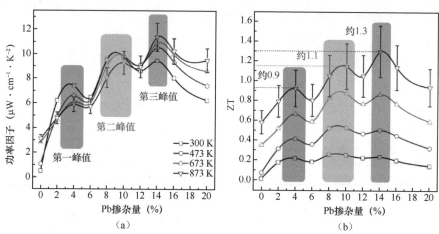

图 6-12　变温条件下 $Bi_{1-x}Pb_xCuSeO$（x = 0、0.02、0.04、0.06、0.08、0.10、0.12、0.14、0.16 和 0.20）的热电参数[10]

（a）功率因子；（b）ZT 值

6.3.2　复杂耦合效应的协同调控机制

研究人员对掺 Pb 样品的相关电学和热学参数进行测试和计算，结果如图 6-13 所示。此外，研究人员[10] 对 $Bi_{0.875}Pb_{0.125}CuSeO$ 的能带结构和态密度进行计算，结果如图 6-14 所示，其中，图 6-14（a）中红线表示费米能级的位置。研究人员发现相比未掺杂 Pb 的 BiCuSeO 样品，掺 Pb 后的 BiCuSeO 样品在相同载流子浓度下具有更大的态密度，因此推测掺 Pb 是导致有效质量增大的主要原因。

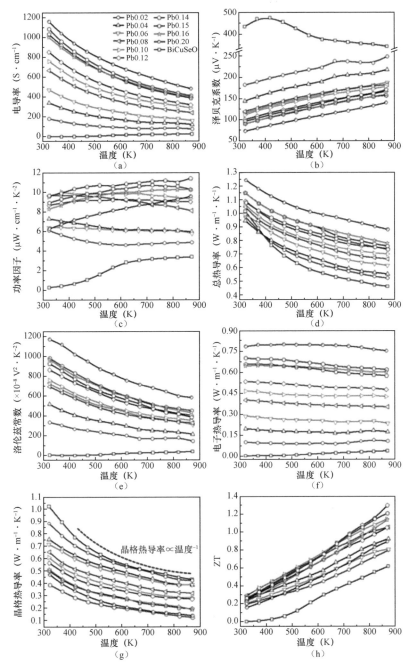

图 6-13　Bi$_{1-x}$Pb$_x$CuSeO（x = 0、0.02、0.04、0.06、0.08、0.10、0.12、0.14、0.15、0.16 和 0.20）的电学和热学参数测试结果 [10]

（a）电导率；（b）泽贝克系数；（c）功率因子；（d）总热导率；（e）洛伦兹常数；（f）电子热导率；
（g）晶格热导率；（h）ZT 值

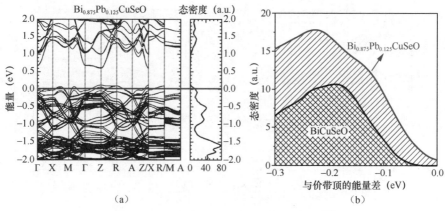

图 6-14　$Bi_{0.875}Pb_{0.125}CuSeO$ 的能带计算结果 [18]

(a) 能带结构；(b) 态密度

　　研究人员假设移动费米能级时，能带结构不发生变化，并根据泽贝克系数和载流子浓度，基于声学声子散射和单抛物线模型假设，得到图 6-15 中的态密度有效质量数据点，并与文献中部分碱金属或碱土金属掺杂 Bi 位样品的有效质量对比。其中计算得到的未掺杂和掺杂 12.5% Pb 样品的态密度有效质量分别是图中的蓝线和红线，实验数据与之相符，并且掺杂 12.5% Pb 样品的态密度有效质量数值比未掺杂样品的大。未掺杂样品的态密度有效质量的实验值为 $0.8m_0$，掺杂 14% Pb 样品的该数值增大至 $7.0m_0$，研究人员认为能带表现出强烈的非抛物线特征。

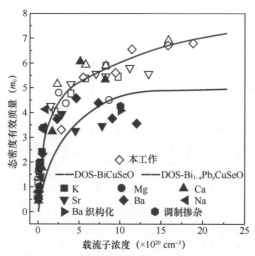

图 6-15　BiCuSeO 体系的态密度有效质量随载流子浓度变化趋势 [10]

研究人员根据图 6-16 中各元素在价带顶附近的态密度贡献，发现 Pb 杂质能级对 $Bi_{0.875}Pb_{0.125}CuSeO$ 价带顶态密度的影响较小，从而推断出掺 Pb 样品中较大的态密度可能源于 $[Cu_2Se_2]^{2-}$ 导电层和 $[Bi_2O_2]^{2+}$ 绝缘层在掺杂 Pb 后的环境发生了变化。

为了进一步分析功率因子出现多个峰值的原因，研究人员基于玻耳兹曼输运理论和弛豫时间近似（Relaxation Time Approximation，RTA）对 $Bi_{1-x}Pb_xCuSeO$ 的电输运性能进行了拟合计算。

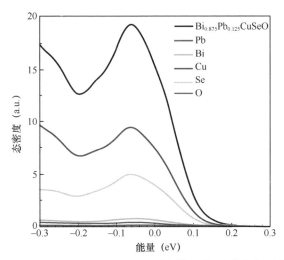

图 6-16　$Bi_{0.875}Pb_{0.125}CuSeO$ 各元素在价带顶附近的态密度贡献[10]

如图 6-17 所示，研究人员拟合计算得到的 300 K 下的泽贝克系数、电导率与实验数据相符，证明所选用模型和参数的可适用度比较高，是可以用来进行实验数据分析的。为了更好地展现材料的非抛物线特征，他们还通过单抛物线模型给出了有效质量为 $2m_0$ 时，样品泽贝克系数的变化趋势，如图 6-17（a）中灰线所示。由该图不难看出，这个满足单抛物线模型的假设结果与实验数据相差甚远，进一步说明了该样品能带具有非抛物线特征。

同时，研究人员对比图 6-18 所示的功率因子随载流子浓度变化的实验和拟合数据，再次观察到了功率因子出现多个峰值的现象，称为功率因子的波段式提升。对于第一次提升的原因，研究人员推断，随着费米能级不断向下移动并远离价带顶，能带简并度增加 [见图 6-17（a）中的蓝线]，多价带参与电输运，增大了态密度，进而提升了泽贝克系数。

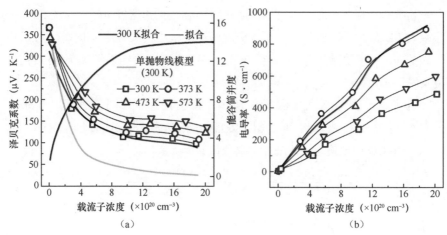

图 6-17　不同温度及载流子浓度下的样品测试数据[10]

（a）泽贝克系数；（b）电导率

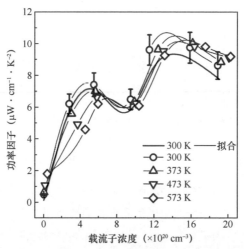

图 6-18　不同温度及载流子浓度下的功率因子[10]

对于功率因子的第二次提升，研究人员推断，随着载流子浓度不断增大，电导率会不断增加，高能带简并度也会增大泽贝克系数。因此，BiCuSeO 功率因子的两次提升表明调节能带简并度和优化费米能级可以协同调控 BiCuSeO 的电输运性能，两种调控策略相互协调配合，从而促进了功率因子的波段式提升。

研究人员为了继续探明功率因子第三次提升的原因，表征了相关样品的微观结构。他们在深入分析电输运性能时，发现在 Pb 掺杂量超过 12% 时，功率因子提升的主要原因得益于载流子迁移率和电导率的提高。基于 PbSe 较高的空穴迁移率，研究人员推测 PbSe 的原位复合作用导致了第三次功率因子提升。为验证此推测，研究人员利用场发射 SEM、电子探针和 TEM 等先进材料表征手段，对样品的微观结构、PbSe 与 Cu_2Se_δ 的分布进行了一系列表征与分析。

图 6-19 所示为 $Bi_{0.88}Pb_{0.12}CuSeO$ 和 $Bi_{0.86}Pb_{0.14}CuSeO$ 样品的场发射 SEM 图。研究人员发现在 Pb 掺杂量未超过固溶度的时候，在晶界表面未发现明显的第二相，当 Pb 掺杂量超过固溶度的时候，基体的晶粒尺寸有所减小。研究人员推测该现象可能源于纳米析出物或第二相引起的钉扎作用[20, 21]。

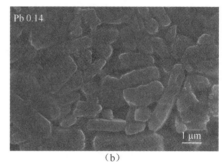

（a）　　　　　　　　　　　　　　　　（b）

图 6-19　样品的微观结构[10]

（a）$Bi_{0.88}Pb_{0.12}CuSeO$ 断面；（b）$Bi_{0.86}Pb_{0.14}CuSeO$ 热腐蚀后的微观结构[10]

图 6-20 所示为 $Bi_{0.86}Pb_{0.14}CuSeO$ 样品的 TEM 分析，研究人员在其中发现了大量均匀分布的纳米点，尺寸为 5 ~ 10 nm。利用高分辨 TEM 进行了晶格间距测试，结果表明面间距为 3.309 Å，和 Cu_2Se_δ 的 (211) 晶面的面间距一致，研究人员分析该纳米点主要是由非平衡热压过程的极快升降温引入的。当 Pb 掺杂量大于 12% 的时候，纳米点数目和尺寸都有所增加。

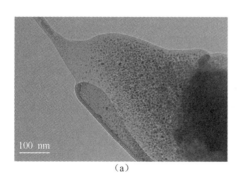
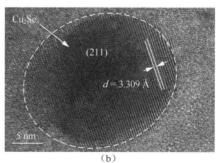

（a）　　　　　　　　　　　　　　　　（b）

图 6-20　$Bi_{0.86}Pb_{0.14}CuSeO$ 样品的 TEM 分析[10]

（a）均匀分布的纳米点；（b）面间距

如图 6-21 所示，研究人员利用电子探针对 $Bi_{0.86}Pb_{0.14}CuSeO$ 样品进行元素分布分析，发现微米级的 PbSe 相分布在 BiCuSeO 主相之中，杂相的场发射 SEM 和定量点分析结果（随机在样品上取 10 个点）表明，$Bi_{0.86}Pb_{0.14}CuSeO$ 中存在大量的 P 型 PbSe 夹杂物，如图 6-22 所示。

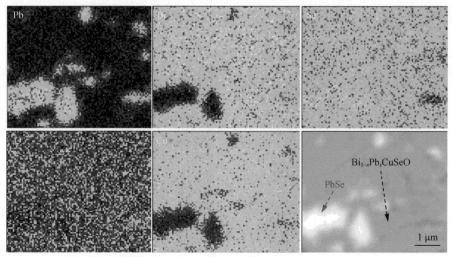

图 6-21　$Bi_{0.86}Pb_{0.14}CuSeO$ 样品的元素分布 [10]

对于热输运的影响，研究人员也进行了一系列的分析。除复杂能带结构外，BiCuSeO 另外一个显著特征就是其具有接近玻璃极限的晶格热导率。如图 6-23 所示，样品的晶格热导率随温度增加而降低的趋势满足 $\kappa_{lat} \propto T^{-1}$，研究人员推断 BiCuSeO 表现出 Umklapp 散射特征。

研究人员发现 Pb 掺杂还能使晶格热导率在全测试温区内明显降低，如图 6-24 所示。因此，研究人员基于 Debye-Callaway 模型对 300 K 和 873 K 下 Pb 掺杂 BiCuSeO 样品的晶格热导率进行了拟合计算（图中黑色和蓝色实线），未考虑氧空位的影响，并且假定 Cu_2Se_δ 纳米点对所有样品的影响相同。由图 6-24 可知，对于 Pb 掺杂量未超过固溶度的样品，在此假设条件下，样品的实验值与拟合值匹配较好，但对于 Pb 掺杂量超过固溶度的样品，晶格热导率的实验值低于拟合值，这主要是由于 Pb 掺杂量超过固溶度后，样品中第二相（如 Cu_2Se_δ 纳米点）的含量变化造成了一定的计算误差。

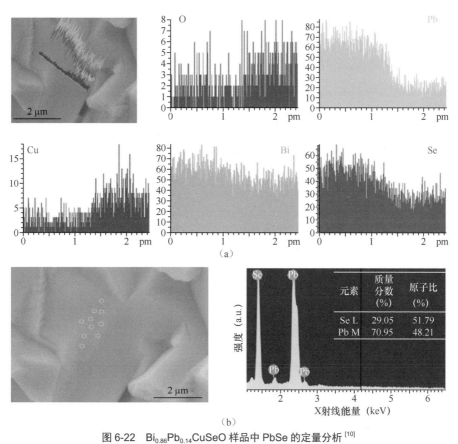

（a）

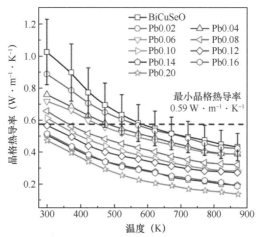

（b）

图 6-22　$Bi_{0.86}Pb_{0.14}CuSeO$ 样品中 PbSe 的定量分析[10]

（a）线扫描（横、纵坐标无专门定义，此处省略）；（b）元素含量分析

图 6-23　$Bi_{1-x}Pb_xCuSeO$（x = 0、0.02、0.04、0.06、0.08、0.10、0.12、0.14、0.16 和 0.20）

样品的晶格热导率[10]

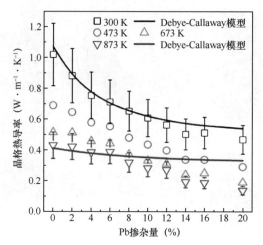

图6-24　Pb掺杂量对Bi$_{1-x}$Pb$_x$CuSeO($x = 0$、0.02、0.04、0.06、0.08、0.10、0.12、0.14、0.16和0.20）样品晶格热导率的影响[10]

研究人员考虑到 Bi 和 Pb 的微小质量差异，推断其引起的质量波动对晶格热导率的影响不大，但它们的离子半径具有较大差别，Bi^{3+} 为 117 pm，Pb^{2+} 为 129 pm，这会造成较大的应力应变波动。如图 6-25 所示，对于点缺陷散射的拟合计算，质量波动项 Γ_{MF} 远小于应力应变波动项 Γ_{SF}，这也证明了研究人员的推断，应力应变波动在引起点缺陷散射时起决定作用。

研究人员分析除了点缺陷对短波长声子有强烈散射作用外，样品中的介观尺度晶界和纳米结构进一步散射中长波长声子，从而在全尺度结构增强声子散射，进一步降低晶格热导率。如图 6-24 所示，晶格热导率数值接近甚至部分低于玻璃极限，尤其是在高温段。例如，掺杂 0.2 Pb 的 BiCuSeO 样品，其晶格热导率在 873 K 时约为 0.13 W · m^{-1} · K^{-1}，远低于玻璃极限。该现象也证实了研究人员的推断，用 SHS-SPS 方法制备的 Bi$_{1-x}$Pb$_x$CuSeO 样品内存在大量的声子散射结构。

结合前面分析可知，基于 BiCuSeO 具有复杂能带结构的特征，提高其能带简并度，结合全尺度结构增强声子散射，进一步降低晶格热导率，可提升其热电优值。图 6-26 所示为全测试温区内 Bi$_{1-x}$Pb$_x$CuSeO 样品的 ZT 值，与图 6-12（b）对应，随 Pb 掺杂量增加出现了 3 个 ZT 峰值，在 873 K 下，$x = 0.04$、$x = 0.10$ 和 $x = 0.14$ 时，样品 ZT 值分别是 0.9、1.1 和 1.3。基于第一性原理计算、实验数据和微观结构表征结果，出现这 3 个峰值的原因分别是能带简并度提高、费米能级位置优化和超过固溶度后 PbSe 第二相的原位复合作用。

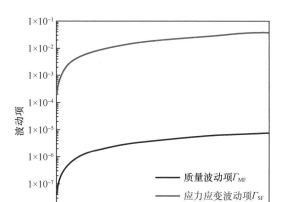

图 6-25　$Bi_{1-x}Pb_xCuSeO$（$x = 0\sim0.20$）样品的质量波动项与应力应变波动项[10]

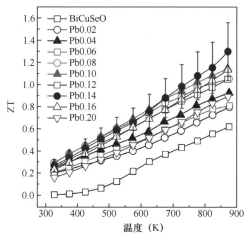

图 6-26　$Bi_{1-x}Pb_xCuSeO$（$x = 0$、0.02、0.04、0.06、0.08、0.10、0.12、0.14、0.16 和 0.20）样品的热电优值[10]

在该研究中，随着 Pb 掺杂量的增加，热电性能出现了波段式提升的特殊现象，与之前大多数热电化合物只出现一个功率因子及热电优值峰值的现象不同。研究人员认为该研究可为探索具有复杂能带的其他热电化合物（如硫族化合物、方钴矿等）提供新的调控视角；过量掺杂和原位析出导致第二相的产生，为增强声子散射提供了新的策略。

图 6-27 所示为其他热电材料体系和该工作中 BiCuSeO 的 ZT_{ave} 值对比。

由此图可知，BiCuSeO 体系的 ZT_{ave} 值有一定提升，$Bi_{0.86}Pb_{0.14}CuSeO$ 样品在 300 ~ 873 K 的 ZT_{ave} 值可达到 0.7，在 500 ~ 873 K 中温区内的 ZT_{ave} 值可达到 0.9，接近方钴矿和 PbTe 等优异的中温热电材料体系[22, 23]。该工作系统、全面地展示了 BiCuSeO 高热电优值、高热稳定性、高化学稳定性和耗能少、制备时间短等优点，证明了通过 SHS 反应结合放电等离子烧结制备的 Pb 掺杂 BiCuSeO 样品将成为具有潜力的中温热电材料。

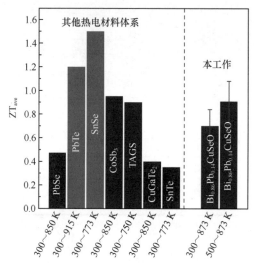

图 6-27　其他热电材料体系和该工作中 BiCuSeO 的 ZT_{ave}[10]

6.4　能带工程和全尺度结构协同优化热电性能

研究人员[18]利用的层状 BiCuSeO 材料是一种本质上具有低导热性的高性能热电材料。通过不同尺度的结构优化，增强了 BiCuSeO 电输运性能。Ca^{2+} 和 Pb^{2+} 部分取代 Bi^{3+} 后，由于原子点缺陷散射，热导率可以降低到 $0.5\ W \cdot m^{-1} \cdot K^{-1}$，而功率因子在 300 ~ 873 K 达到约 $1 \times 10^{-3}\ W \cdot cm^{-1} \cdot K^{-2}$。低热导率和高功率因子的协同优化最终将 $Bi_{0.88}Ca_{0.06}Pb_{0.06}CuSeO$ 的热电优值提升至约 1.5。此工作再次证实了 BiCuSeO 是一个很有前途和潜力的高温热电应用材料，也表明全尺度结构优化对于提升四元化合物的热电性能至关重要。下面将分别从电输运机制与热输运机制方面具体阐述该工作。

6.4.1　能带工程优化电输运机制

研究人员为获得掺杂剂的局部结构信息，采用了 XANES 测试技术。在图 6-28 中，研究人员比较了 3 个高掺杂样品在 Pb 的 L_3- 近边的 XANES 光谱，如图 6-28（a）所示。所有实验光谱都显示出这几个特征，如主峰 A 在 13 060 eV，肩峰 A' 在 13 055 eV，其次是 13 080 eV 处较宽泛的特征峰 B 和 13 100 eV 附近的小凸起 C。已知主峰 A 影响了 Pb 2p-5d 态的电子跃迁，肩峰 A' 源于 nd 态的分裂，而特征峰 B 和 C 主要源于坐标原子的多重散射贡献。实验光谱的相似性表明，所有掺杂样品的掺杂剂的局部坐标都是相同的。研究人员重点关注了掺杂剂的位置测定。如图 6-28（b）所示，将 3 个理论 Pb L_3- 近边 XANES 光谱与实验光谱进行了比较。首先，Pb 取代 Bi 位的光谱与实验光谱非常相似，光谱特征峰 a'、a、c 表现出良好的一致性。另外，Pb 取代 Cu 和 Se 位的理论光谱与实验结果完全不同。光谱证据清楚地表明，在样品中，Bi 被 Pb 取代。而对于消失的 b 峰，研究人员认为这是由长键距离坐标原子的多重散射导致的，因此，当 Pb 取代 Bi 时，缺失的特征峰 b 很可能与 CuSe 层的局部结构畸变有关。此外，由于结构的无序，实验光谱比理论光谱要宽得多。最终，确定 Bi 被 Pb 取代，并揭示了掺杂后的局部结构无序。与 Pb 不同，Ca 的掺杂位点的测定并不简单。

在图 6-28（c）中，比较了掺杂样品在 Ca 的 K- 近边的 XANES 光谱。实验光谱呈现出几个独特的光谱特征：（1）电子过渡主峰 A 在 4050 eV 左右，源于电子从 1s 到 np 的过渡；（2）多散射特征峰 B' 在 4062 eV，尖锐特征峰 B 在 4080 eV，宽特征峰 C 大于 4090 eV；（3）神秘特征峰仅出现在 x=0.02 样品中的峰 B 与 B' 之间，约 4070 eV 处。图 6-28（d）所示为实验光谱与 CaO、Ca(OH)$_2$ 标准光谱的对比。有趣的是，Ca(OH)$_2$ 的光谱与掺杂样品的实验光谱相似，而 CaO 的光谱与掺杂样品的光谱完全不同。与前面类似，研究人员在图 6-28（e）中分别将实验光谱与 Ca 取代 Bi 位、Ca 取代 Cu 位、Ca 取代 Se 位和立方 CaSe 化合物的理论光谱进行了比较。计算得到的光谱特征与掺杂样品的实验光谱不一致，这意味着 Ca 既没有取代 Bi 位，也没有形成 CaSe 化合物。研究人员认为最有可能的是，六角形的 CaO$_2$ 原子簇是在 BiCuSeO 的基质中形成的，图 6-28（d）所示的光谱可证实。BiCuSeO 和 Ca(OH)$_2$ 中的局部坐标不同：前者氧具有四面体配位环境，而后者氧具有八面体配位环境。

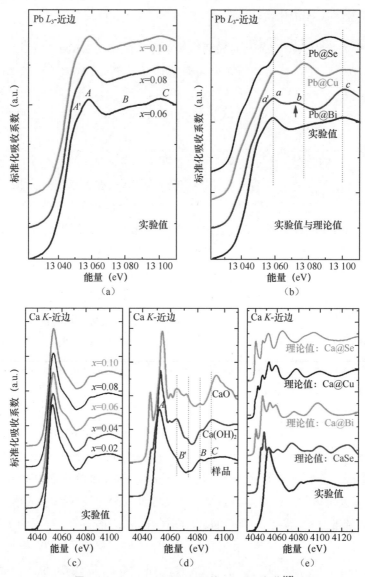

图 6-28　Bi$_{1-2x}$Ca$_x$Pb$_x$CuSeO 的 XANES 光谱 [18]

（a）实验 Pb L_3- 近边 XANES 光谱；（b）实验和理论计算的 Pb L_3- 近边 XANES 光谱（Pb 分别
取代 Bi、Cu 和 Se）；（c）实验 Ca K- 近边 XANES 光谱；（d）具有高分辨率的实验 Ca K- 近边
XANES 光谱；（e）理论计算的 Ca K- 近边 XANES 光谱

从实验的角度来看，在能量上，BiCuSeO 中掺入 Ca 不如形成八面体
CaO$_2$ 原子簇更有利。纳米尺度的团簇使得掺杂样品的 Ca K- 近边光谱特征与

标准 $Ca(OH)_2$ 相比仍有差距。此外，研究人员强调，CaO_2 原子簇没有被高分辨率透射电镜检测到，因为 CaO_2 原子簇掺杂量较低。然而，XANES 对 CaO_2 原子簇的识别是可信的，其结果代表了系统中 Ca 的局部坐标。

如图 6-29（a）所示，电导率随掺杂量的增加而增加。在 300～873 K 时，高掺杂样品与本征 BiCuSeO 的电导率相比显著提高。另外，泽贝克系数随掺杂量的增加而降低。结合电导率和泽贝克系数的趋势，可以明显看出载流子浓度随掺杂量的增加而增加。载流子浓度的增加是由于 Bi^{3+} 被 Pb^{2+} 离子取代，这与之前的报道一致 [24, 25]。在温度依赖性方面，电导率从 300 K 到 673 K 迅速下降，在 673 K 以上的高温区域保持稳定。电导率关于温度的负依赖性表明掺杂 BiCuSeO 样品的金属导电行为，而本征的 BiCuSeO 呈现半导体导电行为。Pb 和 Ca 共掺样品的最高电导率略小于单一的 Pb 掺杂样品 [26]，但明显大于 Ca 掺杂 [26, 27] 样品。从之前的 XANES 分析来看，Ca^{2+} 形成了 CaO_2 原子簇，而不是取代 Bi^{3+}。因此，在共掺样品中，Ca 掺杂没有进一步提高电导率。另外，Pb 和 Ca 共掺对图 6-29（b）所示的泽贝克系数也有显著的影响。首先，正的泽贝克系数表明了一种 P 型电输运行为。本征 BiCuSeO 的泽贝克系数相当大，313 K 时为 350 $\mu V \cdot K^{-1}$，873 K 时为 400 $\mu V \cdot K^{-1}$。掺杂后，泽贝克系数随着 Pb 和 Ca 掺杂量的增加而降低，这源于载流子浓度的增加。总体而言，泽贝克系数基本保持在 120 $\mu V \cdot K^{-1}$ 以上。例如，$Bi_{0.9}Ca_{0.05}Pb_{0.05}CuSeO$ 的最小泽贝克系数在 313 K 时约为 125 $\mu V \cdot K^{-1}$，在 873 K 时约为 175 $\mu V \cdot K^{-1}$，约为本征 BiCuSeO 的 1/3。图 6-29（c）展示了功率因子，通过提高电导率、优化泽贝克系数，873 K 下的 $Bi_{0.88}Ca_{0.06}Pb_{0.06}CuSeO$ 的功率因子接近 10 $\mu W \cdot cm^{-1} \cdot K^{-2}$，约为本征 BiCuSeO 的 10 倍。结合优化后的样品的电输运性能和降低的热导率，$Bi_{0.88}Ca_{0.06}Pb_{0.06}CuSeO$ 在 873 K 处的最大 ZT 值约为 1.5，如图 6-29（d）所示。

将 Pb 和 Ca 共掺的 BiCuSeO 样品（$Bi_{0.88}Ca_{0.06}Pb_{0.06}CuSeO$）的热电输运性能与 Pb、Ca 单掺的样品进行了对比，如图 6-30 所示。共掺样品的电导率略高于 $Bi_{0.94}Pb_{0.06}CuSeO$，但远高于 $Bi_{0.925}Ca_{0.075}CuSeO$。这是由于在共掺样品中，$Pb^{2+}$ 部分置换了 Bi^{3+}。同时，共掺样品的功率因子与 $Bi_{0.94}Pb_{0.06}CuSeO$ 相当，但高于 $Bi_{0.925}Ca_{0.075}CuSeO$。共掺样品 $Bi_{0.88}Ca_{0.06}Pb_{0.06}CuSeO$ 的功率因子在 700 K 以上随温度的增加而增加，总热导率随着温度的升高而降低，在 873 K 时，3 个样品热导率均达到 0.5 $W \cdot m^{-1} \cdot K^{-1}$，与本征 BiCuSeO 的晶格热导率相当。

如图 6-30（e）所示，$Bi_{0.88}Ca_{0.06}Pb_{0.06}CuSeO$ 和 $Bi_{0.94}Pb_{0.06}CuSeO$ 的晶格热导率都有所降低，但共掺样品在高温区比 $Bi_{0.94}Pb_{0.06}CuSeO$ 降低更明显。总的来说，共掺样品的 ZT 值优于单掺样品，特别是在 800 K 以上的高温区域。功率因子和热导率的协同优化归因于全尺度结构的协同优化方法。结果发现，单掺 Pb 的 BiCuSeO 在 800 K 以上的稳定性不如 Pb 和 Ca 共掺的 BiCuSeO。此外，共掺样品的 ZT 值在高温有上升的趋势，说明在高温下的热电优值可能高于 1.5。由此图可知，共掺工作比单掺工作更具有竞争力，这为之后的 BiCuSeO 热电性能的研究工作提供了参考。

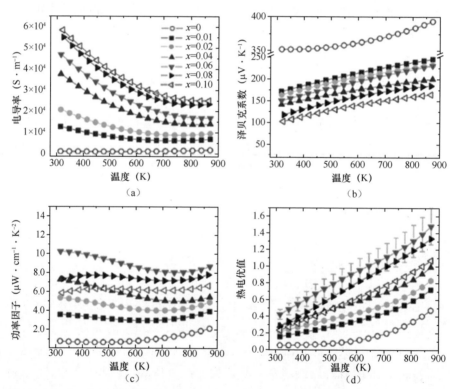

图6-29　$Bi_{1-2x}Ca_xPb_xCuSeO(x=0$、0.01、0.02、0.04、0.06、0.08 和 0.10）的电输运性能和ZT值[18]

（a）电导率随温度变化规律；（b）泽贝克系数随温度变化规律；

（c）功率因子随温度变化规律；（d）热电优值随温度变化规律

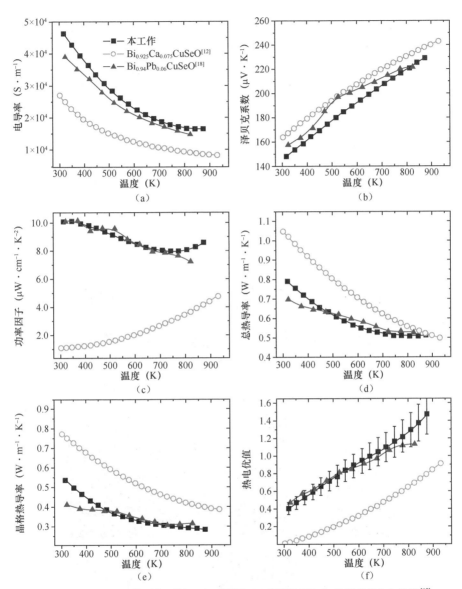

图 6-30　Pb 和 Ca 共掺（本工作）、Ca 单掺和 Pb 单掺的 BiCuSeO 样品的热电性能 [18]
（a）电导率；（b）泽贝克系数；（c）功率因子；（d）总热导率；（e）晶格热导率；（f）热电优值

6.4.2　全尺度结构优化热输运机制

　　研究人员 [18] 采用 TEM 对掺杂样品的微观结构进行了表征。BiCuSeO 样品的 TEM 图像如图 6-31 所示。样品由紧密排列的微颗粒（尺寸为 100 ～ 200 nm）

组成。如图 6-31（a）所示，两个红框区域是典型形态的样本。区域 c 包含两个规则的晶粒和清晰的晶界，区域 b 包含复杂的更精细的晶粒。首先，我们关注具有更高空间分辨率的区域 b，如图 6-31（b）所示。在微晶粒内，有微米级颗粒（10～100 nm）和纳米级颗粒（＜10 nm）。其次，图 6-31（c）所示的空间分辨率较高，显示了区域 c 的细节，红框表示微粒间清晰的粒界（＞100 nm）和一些斑点（1～2 nm）。区域 c 的元素分析结果表明，Bi 在斑点之间的分布并不均匀。图 6-31（e）和图 6-31（f）所示为斑点的细节，空间分辨率更大。斑点内的原子排列方式与其余区域正交，如图 6-31（d）所示。斑点内的原子排列方式与其他区域相同，但元素浓度不同，如图 6-31（e）所示。斑点的空间分布不对称，如图 6-31（f）所示。研究人员对该斑点和邻近区域的电子色散光谱进行分析，结果表明，这些斑点富含 Bi 元素。可以得出结论，在掺杂样品中存在量子点（1～2 nm），此现象在 Pb 掺杂的 BiCuSeO 中也可以观察到[28]。

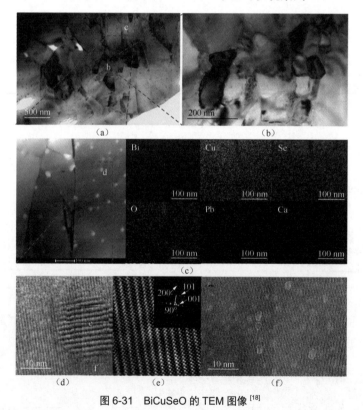

图 6-31　BiCuSeO 的 TEM 图像[18]

（a）比例尺为 500 nm 的图像；（b）～（c）为两个典型形态样本区域（比例尺分别为 200 nm 和 100 nm），（c）右侧对应的是元素分布图；（d）～（f）为选定的放大区域（比例尺为 10 nm）

图 6-32 是 $Bi_{1-2x}Ca_xPb_xCuSeO$ 样品的热输运性能，由显微表征结果和测试结果可知，声子散射降低了晶格热导率，抵消了部分电子热导率的增加。

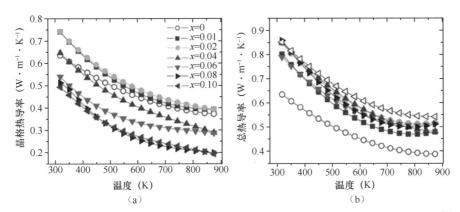

图 6-32　$Bi_{1-2x}Ca_xPb_xCuSeO$（x=0、0.01、0.02、0.04、0.06、0.08 和 0.10）样品的热输运性能对比 [18]

（a）晶格热导率；（b）总热导率

6.5　价键工程和全尺度结构协同优化热电性能

6.5.1　价键工程的引入及载流子迁移率提升机制

在第 2 章中，我们介绍过 BiCuSeO 的晶体结构和能带结构，以及本征热电性能 [29]。由结构相同、成分不同的两层天然原子形成的超晶格结构可以在某种程度上解耦电学和热学性能，但是功率因子和 ZT 值的进一步提高却受限于低载流子迁移率。由于能带的非抛物线特征，有效质量随费米能级的提升而增大，因此在 Bi 位上进行低价掺杂，如掺杂 K[30]、Na[31]、Mg[32]、Ca[26]、Sr[8]、Ba[7] 和 Pb[33, 34] 等元素时，在费米能级进入价带顶优化载流子浓度的同时，可以进一步提升能带简并度，这使得载流子迁移率在 300 K 时降至 $1 \sim 2\ cm^2 \cdot V^{-1} \cdot s^{-1}$。在第 5 章，我们介绍过，织构化和调制掺杂可以增大 BiCuSeO 体系的载流子迁移率，进而优化 ZT 值，但是优化后的载流子迁移率仍有较大的提升空间。

研究人员为进一步提升载流子迁移率，系统分析了载流子迁移率的影响因素 [16]。已有研究表明，对于 P 型 BiCuSeO，载流子主要被晶格振动散射 [35]，因此载流子迁移率被有效质量和能带曲率影响。通过减小有效质量或者增加能带曲率，可以增加载流子迁移率。此外，有效质量在很大程度上取决于化学键的共价键性或者离子键性，共价键性的增强使得相邻电子态更容易发生重叠并降低周期势场的波动，导致能带态密度分散至更宽能量，从而降低载流子有效质量。因此，晶格振动造成的对周期势场的局部扰动在共价键化合物中更容易被减弱，进而减少由晶格振动导致的载流子散射，即化学键中共价键性的增强（离子键性的减弱）可以增大载流子迁移率。研究人员研究过 BiCuSeO 中的化学键组成，特别是 $[Cu_2Se_2]^{2-}$ 导电层中的化学键特性[36-39]。通过测量化学键长度，平川等人指出 $[Cu_2Se_2]^{2-}$ 导电层中的化学键主要是离子键[40]，离子键的形成主要来源于 Cu 和 Se 之间巨大的电负性（χ）差别：Cu 为 1.90，Se 为 2.55。强离子键性可以产生强烈的电声散射，再加上层间弱键和 $CuSe_4$ 四面体变形的作用，最终导致了低载流子迁移率和较差的电输运特性。在 BiCuSeO 体系中，载流子迁移率与温度的关系为 $\mu \propto (T^{-1.5} \sim T^{-2})$，这表明载流子 - 声子散射是导致低载流子迁移率的主要原因[28]。因此，研究人员推测，通过在 $[Cu_2Se_2]^{2-}$ 导电层中减小原子之间电负性差值进而降低化学键离子键性（或增加共价键性），可以减弱电声散射，从而提高载流子迁移率，如图 6-33 所示。因此，通过在 BiCuScO 的 Se 位引入低电负性元素，如 Te（$\chi = 2.1$），或者在 Cu 位引入电负性较高的元素，如 Au（$\chi = 2.53$），即在不引入明显离化杂质散射基础上降低 $[Cu_2Se_2]^{2-}$ 导电层原子之间的电负性差值，从而减小价带顶的态密度，最终提升 BiCuSeO 的载流子迁移率。

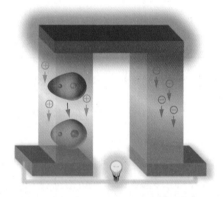

图 6-33　离子键—共价键转变

有研究发现，Te 置换 Se 位对降低态密度具有一定作用[41]。此外，很多研究也指出 Te 在调控载流子输运性质上的作用。有研究指出 Bi-O 和 Cu-Q（Q = S、Se 或 Te）化学键的共价键性将随着 Q 的原子序数增加而增加[39]。前面介绍过，通过设计多种声子散射结构，构成全尺度结构的有效散射，可以有效降低晶格热导率，并使之接近玻璃极限。如图 6-34 所示，通过在一种材料体系（以 PbTe 为例）中进行元素取代，引入原子尺度、纳米尺度和介观尺度的缺陷，形成全尺度结构声子散射，促进材料对高频声子、中频声子和低频声子的散射，可显著降低材料晶格热导率，实现热电性能的提升。

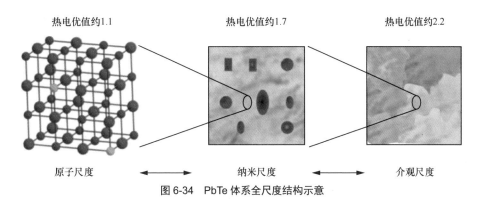

热电优值约1.1　　　　　　　热电优值约1.7　　　　　　　热电优值约2.2

原子尺度　　←→　　纳米尺度　　←→　　介观尺度

图 6-34　PbTe 体系全尺度结构示意

　　因此，研究人员考虑利用 BiCuSeO 本身产生的纳米点，结合晶界与点缺陷构成全尺度结构，对声子进行有效散射，并探究对晶格热导率的相关影响[16]。在 Pb 掺杂 Bi 位的基础上，研究人员通过 Te 取代 Se 位，观察载流子有效质量和载流子迁移率的变化，明确元素取代对电输运的作用；并结合 SHS 引入新结构，建立对声子的全尺度结构散射，分析其对 BiCuSeO 晶格热导率的影响；最后，研究人员总结了价键工程和全尺度结构结合对 BiCuSeO 热电性能的提升作用[16]。

　　如图 6-35（a）和图 6-35（b）所示，XRD 结果显示 Pb、Te 共掺后的样品与 BiCuSeO 一致，没有明显杂相出现。在配位数接近 8 的情况下，Te^{2-} 的离子半径（$r = 221$ pm）比 Se^{2-}（$r = 198$ pm）的大了约 10%，因此随着 Te 掺杂量的增加，XRD 有朝低角度偏移的现象，这是 Te 进入 Se 的晶格位点的证据之一。

　　研究人员为了进一步确认 Te 的位置，利用其 L_3- 近边的 XANES 光谱进行进一步分析，如图 6-35（c）所示。他们通过改变散射原子数量对实验光谱进行了理论模拟，发现与理论光谱相比，实验采集的数据拥有一些新特征，并且存在宽化现象，推测可能与实验设置的能量分辨率有关。图 6-35（c）中显示 5 个明显特征峰。研究人员通过理论计算，发现光谱中的特征峰 1、2、5 和实验数据中的 A、B 和 C 峰相对应，相关计算参数如表 6-1 所示。通过降低原子簇尺寸（吸收原子如 Te 和最外层原子之间的距离），发现特征峰 3 和 4 首先出现在尺寸为 $0.3 \sim 0.54$ nm 的原子簇中，但在尺寸为 $0.57 \sim 0.6$ nm 的原子簇中消失，随后在更高半径的原子簇中重现。他们通过对比发现，特征峰 1 和 2 出现在原子簇半径大于 0.37 nm 的理论谱线中，特征峰 5 则出现在原子簇半径大于 0.28 nm 的谱线中。

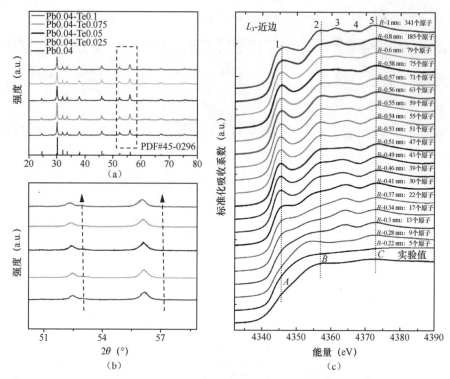

图 6-35　Pb、Te 共掺 BiCuSeO 的 XRD 图谱与 XANES 光谱[16]

（a）XRD 图谱；（b）高角度 XRD 放大图谱；

（c）Te 的 L_3- 近边 XANES（实验值与理论值对比）光谱

　　研究人员根据 XANES 光谱结合 XRD 的偏移，确认了 Te 进入 BiCuSeO 中的 Se 位，并且形成了尺寸不均一的原子簇，同时，测量得到的 XANES 光谱进一步反映了实际样品结构是尺寸不同的原子簇平均的结果。

表6-1　XANES理论计算结果

编号	添加配位原子	添加原子个数	键长（Å）
1	Cu	4	2.22
2	Bi	4	2.83
3	O	4	3.06
4	Se	4	3.45
5	Bi, Se	1, 4	3.71
6	Cu	8	4.11
7	Bi, O	1, 8	4.62

续表

编号	添加配位原子	添加原子个数	键长（Å）
8	Se	4	4.89
9	Bi	4	5.00
10	Cu	4	5.37
11	Bi	4	5.46
12	O	4	5.60
13	Se	4	5.61
14	Bi	8	5.64
15	O	4	5.76

研究人员为了探究 Te 掺杂对于电输运性质的作用，利用霍尔效应结合电导率测试，计算出了载流子浓度和载流子迁移率，如图 6-36（a）所示。相比 Bi 位单掺 4% Pb 的样品，Te 掺杂使得载流子浓度从 5.5×10^{20} cm^{-3} 降低到约 2.0×10^{20} cm^{-3}。继续增加 Te 含量，样品的载流子浓度只有小幅度变化，但是载流子迁移率在室温下由 4 cm$^2 \cdot$ V$^{-1} \cdot$ s^{-1} 增加到 11 cm$^2 \cdot$ V$^{-1} \cdot$ s^{-1}，有明显改善。图 6-36（b）展示了载流子迁移率和载流子浓度的对应关系，除该工作外，图中还参照了已发表的 Bi 位被其他元素取代的 BiCuSeO 文献数据，如 K[30]、Mg[32]、Ca[26]、Sr[8]、Ba[7]、Na[31] 和 Pb[33, 34]。

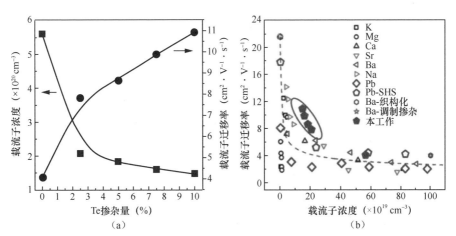

图 6-36　Pb、Te 共掺 BiCuSeO（Bi$_{0.96}$Pb$_{0.04}$CuSe$_{1-x}$Te$_x$O）、其他元素（K[30]、Mg[32]、Ca[26]、Sr[8]、Ba[7]、Na[31] 和 Pb[33, 34]）取代 Bi 位和织构化[42]、调制掺杂[43] 相关工作的对比

（a）载流子浓度与载流子迁移率随 Te 掺杂量变化趋势；（b）载流子迁移率与载流子浓度关系[16]

　　研究人员通过对比该工作和文献数据，发现共掺样品的载流子迁移率要比同载流子浓度下用单一碱金属或碱土金属元素掺杂的样品高，证实了共掺样品中实际载流子散射是减弱的。研究人员测试的载流子迁移率随温度变化曲线（见图 6-37）中，Bi 位采用 Pb 或 Ca 掺杂的样品满足 $\mu \propto T^{-1.5}$，确定了声学声子散射占主导的载流子散射机制。对于共掺样品，随温度升高，载流子迁移率降低得更加明显，满足的比例关系为 $\mu \propto T^{-1.9}$，研究人员推测，这可能是由于极化光学声子散射的作用增强，但晶体内仍由声学声子散射占主导。未掺杂样品和 Ca 掺杂样品在 μ-T 关系上的一致性表明共掺样品中并没有出现其他载流子缺陷散射。据此，研究人员得出结论：共掺样品中出现的载流子散射程度降低，或者说载流子 - 声子耦合作用的降低，主要源于 Te 取代 Se 位产生了能带调控，比如减小了有效质量或降低了形变势，而非散射机制发生改变。

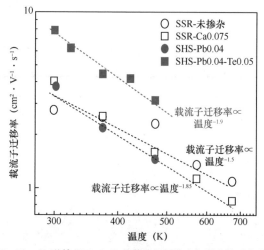

图 6-37　Pb、Te 共掺 BiCuSeO 的载流子迁移率与温度的对应关系 [16]

　　研究人员为深入研究 Te 掺杂对能带结构的影响，基于声学声子散射以及单抛物线模型的假设，计算了不同 Te 掺杂量的 $Bi_{0.96}Pb_{0.04}CuSe_{1-x}Te_xO$ 样品的有效质量，相关数值如表 6-2 所示。由于非抛物线型能带特征和多带特征的引入，该假设在某种程度上导致计算结果与实际情况有偏差，但有效质量的变化趋势可以提供一些能带结构调整方面的重要信息。他们从计算结果发现，有效质量快速降低，从未掺杂 Te 样品的 $4.8m_0$ 减小到 10% Te 掺杂样品的 $2.2m_0$，证实了 Te 掺杂会引起价带顶位置的电子云分散，或者说有明显的非抛物线型能带特征出现。为了验证非抛物线型能带特征，研究人员结合该实验及其他已发表数据作出了有效质量随载流子浓度变化的趋势图，如图 6-38 所示。价带顶的元素主要为 Cu 和 Se，Bi 的贡献较小可以忽略，以此做出假设：掺杂在 BiCuSeO 的 Bi 位上的元素调控空穴载流子浓度，但不改变其价带结构[37]。结果表明，随着载流子浓度的增大，有效质量迅速增加，BiCuSeO 确实具有很明显的非抛物线型能带特征，这也在很多窄带体系中被广泛报道，如 Bi_2Te_3[11]、$CoSb_3$[12] 等。同时，图 6-38 中单掺 Pb 样品的数据的拟合曲线（红色虚线），比 Bi 位被其他元素掺杂的样品的拟合曲线（蓝色虚线）更高，在高载流子浓度下更明显。对于 Pb 掺杂的 BiCuSeO 具有相对较大有效质量的原因，研究人员当时并不清楚，他们推测可能是由于 Pb 元素进入晶格，并引入了自旋轨道耦合效应。相比单掺 Pb 样品的数据，共掺样品的有效质量在相同的载流子浓度下更小。在 Te 含量更高、载流子浓度更低的样品中，其有效质量甚至比 Bi 位掺杂 Pb 或碱土金属元素的样品的更小。这也与前面研究人员的预测相符，有效质量降低，减弱了载流子 - 声子散射强度，从而增大了载流子迁移率。

表6-2　$Bi_{0.96}Pb_{0.04}CuSe_{1-x}Te_xO$样品在300 K时的相关物性参数

样品	密度 (g·cm^{-3})	载流子浓度 (×10^{20} cm^{-3})	载流子迁移率 (cm^2·V^{-1}·s^{-1})	有效质量 (m_0)	洛伦兹常数 (×10^{-8} V^2·K^{-2})	横向声速 (m·s^{-1})	纵向声速 (m·s^{-1})	平均声速 (m·s^{-1})
$x=0$	8.68	5.6	4.1	4.8	1.75	1835	3626	2057
$x=0.025$	8.51	2.1	7.8	3.1	1.66	1884	3723	2112
$x=0.050$	8.35	1.8	8.6	2.8	1.67	1963	3651	2191
$x=0.075$	8.52	1.6	9.9	2.5	1.67	1950	3656	2180
$x=0.1$	8.16	1.5	11	2.2	1.71	1922	3437	2158

研究人员分析，由于 Cu 和 Te 元素之间的电负性差值和化学键的离子性（$\Delta\chi = 0.2$，泡利离子性约 0.01）都小于 Cu-Se 键（$\Delta\chi = 0.65$，泡利离子性约 0.1），因此 Te 掺杂可以在很大程度上增加 $[Cu_2Se_2]^{2-}$ 层的化学键共价键性[44]，使得有效质量逐渐减小。第一性原理关于 $BiCuSe_{1-x}Te_xO$ 能带结构的计算结果表明，价带顶的电子态密度随 Te 掺杂量增大而减小，与实验值相对应。

据此，研究人员推测：在 Pb、Te 共掺的 BiCuSeO 中，假设形变势变化不大，增加的载流子迁移率主要源于 Te 掺杂带来的导电层共价键性的增强，从而减小了有效质量。当然，形变势代表的是弹性变形下能带中能量的变化，以及电声耦合关系，是一个本征参数，通常其在半导体中可以从 5 eV 增加到 35 eV[45]。通常由单晶的晶格迁移率可推导获得形变势，没有可靠的实验或理论方法去确定它，因此，Te 掺杂不改变 BiCuSeO 中形变势的推论可能不准确，但是在少量掺杂的条件下，研究人员认为形变势通常不会有较大变化。

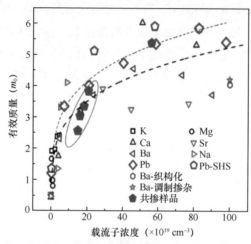

图 6-38　有效质量随载流子浓度变化趋势 [16]

基于 SHS-SPS 工艺制备的未掺杂、单掺和共掺 BiCuSeO 样品的电学性能如图 6-39 所示，掺杂后的样品中没有明显的双极电导特征，并且电导率随着温度升高而降低，呈现重掺杂简并半导体特征。在 300 K 时，电导率从 $Bi_{0.96}Pb_{0.04}CuSeO$ 中的 370 S·cm^{-1} 降低到 2.5% Te 掺杂样品中的 250 S·cm^{-1}，继续增加 Te 掺杂量，电导率的改变不大。结合图 6-36（a），推断共掺样品中电导率的下降主要源于 Te 掺杂使得载流子浓度大幅降低。继续增加 Te 含量，在 873 K 下，电导率逐步从 $x = 0.025$ 样品的 87 S·cm^{-1} 增加到 $x = 0.1$ 样品的 112 S·cm^{-1}，主要源于 $[Cu_2Se_2]^{2-}$ 导电层中共价键性的增强增大了载流子迁移率。$x = 0.025$ 样品的泽贝克系数相比无 Te 掺杂样品，增大很多，主要源于载流子浓度的减小。对于 Te 掺杂量大于 2.5% 的样品，泽贝克系数随掺杂量的增加缓慢减小，这主要源于 Te 掺杂使得态密度及有效质量降低。最终，样品在较低温度下的功率因子有所改善，并且在宽温区内一直保持较高数值，873 K 下约为 6 μW·cm^{-1}·K^{-2}[图 6-39（c）]，研究人员推断是增大的载流子迁移率抵消了减小的载流子浓度对电导率的不良影响。

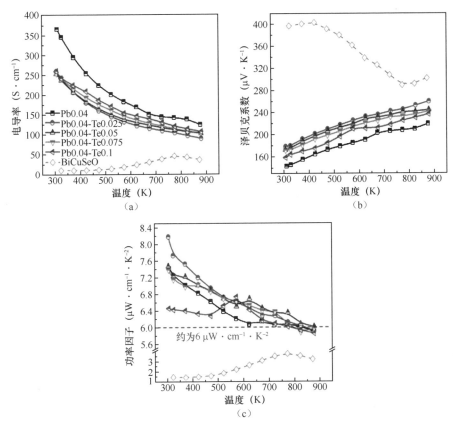

图 6-39　BiCuSeO 和 $Bi_{0.96}Pb_{0.04}CuSe_{1-x}Te_xO$ 的电输运性能 [16]

（a）电导率；（b）泽贝克系数；（c）功率因子

6.5.2　全尺度结构增强声子散射机制

对于热输运性能，研究人员发现，Te 掺杂能降低总热导率和晶格热导率，如图 6-40 及插图所示。热扩散系数、等压热容、洛伦兹常数及电子热导率如图 6-41 所示。

研究人员分析，晶格热导率随着温度的增加逐渐减小，表明了高温下 Umklapp 过程或三声子散射对热导率具有调控作用。理论上的最小晶格热导率被标注在图 6-40 中，高温下的实验值与其相近。并且，与电输运性能类似，在热输运性能测试中没有发现明显的双极扩散的特征，他们推测可能源于 BiCuSeO 具有较大的禁带宽度（$E_g > 0.7 \text{ eV}$）[46]。

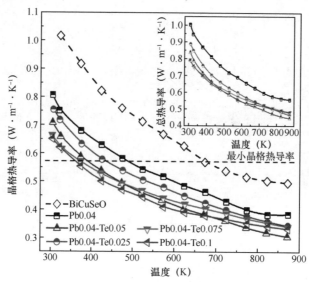

图 6-40　Pb、Te 共掺 BiCuSeO 的晶格热导率（插图为总热导率）[16]

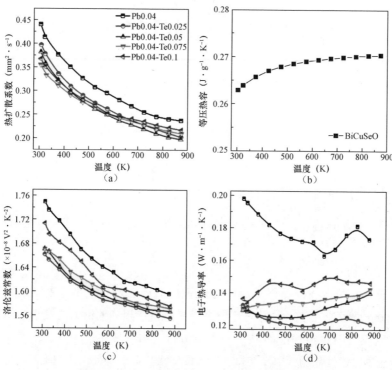

图 6-41　Pb、Te 共掺 BiCuSeO 的相关热电参数 [16]

（a）热扩散系数；（b）等压热容；（c）洛伦兹常数；（d）电子热导率

研究人员还对声子平均自由程（Mean Free Path，MFP）进行了计算，德拜推导出的简单公式如下：

$$\kappa_{lat} = \frac{1}{3} C_V l_{ph} v_m \qquad (6\text{-}1)$$

其中，C_V 是定容热容，l_{ph} 是声子平均自由程，平均声速 v_m 是由实验测得的横向声速和纵向声速整合计算得到的，相关参数见表 6-2。平均声速在室温下无明显变化，数值分布在 $2000 \sim 2200 \; \mathrm{m \cdot s^{-1}}$。

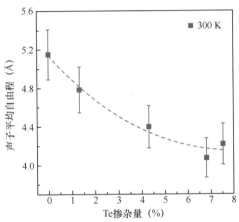

图 6-42　Pb、Te 共掺 BiCuSeO 在室温下的声子平均自由程随 Te 掺杂量的变化 [16]

图 6-42 为声子平均自由程计算结果，在 4% Pb 单掺样品中大约为 5.2 Å，共掺样品中低至 4.1 Å，接近 BiCuSeO 晶格常数。减小的声子平均自由程和晶格热导率接近非晶极限，研究人员据此推测在由 SHS-SPS 工艺制备的 Pb、Te 共掺的 BiCuSeO 中，声子散射非常强烈。为探究材料体系中的声子散射机制，他们首先分析了 Pb 掺 Bi 位和 Te 掺 Se 位这两种点缺陷。利用 Debye-Callaway 模型模拟了两种不同温度下晶格热导率随掺杂量的变化，其中掺 Te 样品为 $\mathrm{Bi_{0.96}Pb_{0.04}CuSe_{1-x}Te_xO}$。计算得到相关参数：德拜温度为 243 K，格林艾森常数为 1.5，弹性模量为 76.5 GPa，平均声速为 $2100 \; \mathrm{m \cdot s^{-1}}$，原子平均体积约为 $1.72 \times 10^{-29} \; \mathrm{m^3}$。

图 6-43 所示为用 SSR 和 SHS 方法分别制备的 $\mathrm{Bi_{1-y}Pb_yCuSeO}$ 样品的晶格热导率实验值与理论计算值在 323 K 和 623 K 下随 Pb 掺杂量的变化趋势。对于用 SSR 方法制备的样品，计算结果与实验值符合良好，他们推

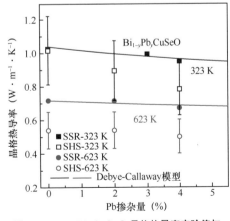

图 6-43　$\mathrm{Bi_{1-y}Pb_yCuSeO}$ 晶格热导率实验值与理论计算值对比 [16]

断没有与 Pb 掺杂相关的特殊微观结构（用来散射声子）产生。对于用 SHS 方法制备的产物，无论是晶格热导率的实验值还是理论计算值，都比用 SSR 方法得到的低。据此他们推测，非平衡的 SHS 过程可以产生很多散射声子的微观结构，如纳米点，因此进行了相关样品的表征，包括相组成及成分分析。

图 6-44 所示为 $Bi_{0.96}Pb_{0.04}CuSe_{1-x}Te_xO$ 的晶格热导率实验值与理论计算值在 300 K 和 873 K 的变化趋势。其中，Te 真实掺杂量是他们通过电子探针点分析功能，取样品上 10 个位置进行测试求得的平均值。300 K 时晶格热导率随 Te 掺杂量增加而减小，Te 掺杂量为 10% 时晶格热导率降低至约 $0.65 \ W \cdot m^{-1} \cdot K^{-1}$。据此，他们推断，Te 引入对声子散射具有增强作用，这主要来源于 Te 和 Se 之间较大的质量和离子半径差异。此外，研究人员还通过 Debye-Callaway 模型预测了 Te 掺杂的作用，假设 Pb、Te 共掺样品的其他所有散射机制同不含 Te 的单掺 Pb 样品一致，计算结果如图 6-44 中实线所示。在 300 K 时，晶格热导率的实验值相比计算值略低，但误差范围没有超过 20%，研究人员认为实验值与计算值是相符的，进一步说明点缺陷散射可以解释 Te 掺杂样品中晶格热导率的降低。在 873 K 时，晶格热导率的实验值比计算值低很多，有的甚至超出了误差范围，研究人员推测是散射机制发生了变化。

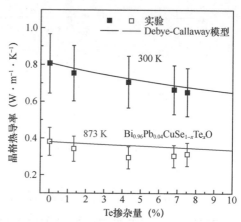

图 6-44　$Bi_{0.96}Pb_{0.04}CuSe_{1-x}Te_xO$ 的晶格热导率实验值与理论计算值对比 [16]

研究人员为进一步解释晶格热导率明显降低的原因，对 Pb、Te 共掺样品和 Pb 单掺样品的微观结构特征进行了详细的分析。首先，对相关样品进行了高分辨 TEM 和能量色散谱（Energy Dispersive Spectroscopy，EDS）表征，结果如图 6-45 和图 6-46 所示。

研究人员根据电镜图分析，采用 SHS 方法得到的 $Bi_{0.96}Pb_{0.04}CuSeO$ 晶粒表面和内部均匀分布了大量纳米点，尺寸为 5 ～ 10 nm，无晶界第二相。由于纳米点尺寸太小，无法通过 EDS 探测其具体成分，较低的体积占比导致不能通过 XRD 分析得到具体成分。根据高分辨 TEM 结果，他们发现，纳米点存在

2.080 Å 和 3.320 Å 两个晶面间距，分别对应 Cu_2Se_δ（PDF#47-1448）的 (541) 晶面和 (211) 晶面[47]，大量的 Cu_2Se_δ 纳米点是在快速且非平衡的 SHS 过程中原位产生的，并阻碍了热输运。

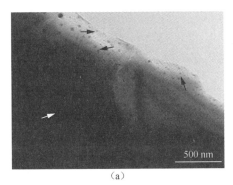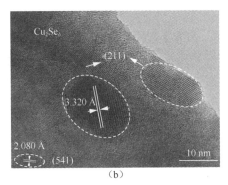

（a）　　　　　　　　　　　　　　　（b）

图 6-45　$Bi_{0.96}Pb_{0.04}CuSeO$ 样品的局部显微结构[16]

（a）纳米点；（b）高分辨 TEM 结果

对于用 SHS 方法制备的 Pb、Te 共掺样品，除大量 Cu_2Se_δ 纳米点之外，研究人员还发现有一种尺寸在 100 nm 左右的纳米第二相，如图 6-46（a）所示。根据 EDS 结果［见图 6-46（b）］，发现有 3 种元素存在，分别是 Cu、Te 和 Se，原子比约为 7 ∶ 2.5 ∶ 1.5。与此同时，高分辨 TEM（见图 6-47）给出晶面间距，约为 4.066 Å，与 Cu_7Te_4 的 (110) 面相对应，研究人员推测，相比纯相，晶格热导率的偏差可能是由于部分 Se 进入 Te 位造成的。由于纳米第二相的小尺寸及低含量，无法通过 SEM 探测到它。$Cu_7Te_{4-x}Se_x$（$x \approx 1.5$）的形成与实验中出现 Te 实际含量比理论含量低的现象相对应。

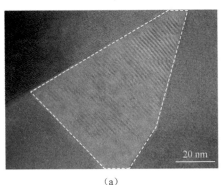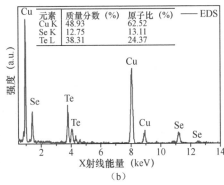

元素	质量分数（%）	原子比（%）
Cu K	48.93	62.52
Se K	12.75	13.11
Te L	38.31	24.37

（a）　　　　　　　　　　　　　　　（b）

图 6-46　$Bi_{0.96}Pb_{0.04}CuSe_{0.95}Te_{0.05}O$ 样品的选区 EDS[16]

（a）纳米夹杂物；（b）选区 EDS

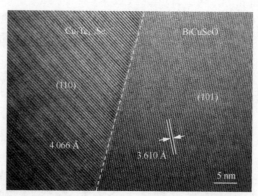

图 6-47 $Bi_{0.96}Pb_{0.04}CuSe_{0.95}Te_{0.05}O$ 中纳米夹杂物的高分辨 TEM 结果 [16]

因此，研究人员认为，Te 除了在 Se 位进行取代形成点缺陷外，还产生了 $Cu_7Te_{4-x}Se_x$（$x \approx 1.5$）第二相，尤其是在重掺杂的 $Bi_{0.96}Pb_{0.04}CuSe_{0.95}Te_{0.05}O$ 中，Se 空位的浓度增加，导致了载流子浓度下降。这些纳米夹杂物是连续或半连续嵌入 BiCuSeO 晶粒中的，之所以很难被 XANES 探测到，是由于纳米夹杂物含量太低，受制于仪器分辨率。$Cu_7Te_{4-x}Se_x$（$x \approx 1.5$）纳米夹杂物引入的散射结构对相关频率声子的散射增强，进而可以解释去除点缺陷与纳米点作用后，晶格热导率仍有一定程度下降，Pb、Te 共掺样品的断面结构如图 6-48 所示。

图 6-48 $Bi_{0.96}Pb_{0.04}CuSe_{1-x}Te_xO$ 样品的断面结构 [16]

（a）$x = 0.025$；（b）$x = 0.05$；（c）$x = 0.075$；（d）$x = 0.1$

研究人员还分析了，对于Te掺杂量大于5%的样品，第二相引起的声子散射强度存在一定程度的下降，这可能是由于逐渐增大的第二相晶粒尺寸或散射作用被基体及Cu_2Se_δ纳米点作用所掩盖。此外，非平衡反应特征和快速放电等离子烧结过程中的快速结晶使得陶瓷的晶粒尺寸为0.5～2 μm，如图6-49所示。

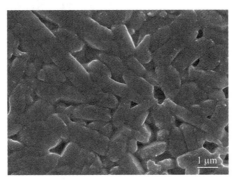

图6-49　$Bi_{0.96}Pb_{0.04}CuSe_{0.95}Te_{0.05}O$样品经热腐蚀后的微观结构[16]

研究人员综合以上分析，得到了$Bi_{0.96}Pb_{0.04}CuSe_{1-x}Te_xO$材料中的全尺度分级缺陷结构：由Pb、Te共掺引起的双位点缺陷、5～100 nm的纳米结构（包括Cu_2Se_δ纳米点和$Cu_7Te_{4-x}Se_x$纳米夹杂物）和0.5～2 μm的介观晶粒，如图6-50所示。

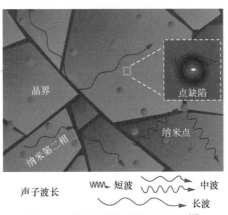

图6-50　全尺度结构散射声子示意[16]

在这个全尺度分级缺陷结构中，Pb、Te共掺引起的双位点缺陷散射长波长声子，纳米结构（包括Cu_2Se_δ纳米点和$Cu_7Te_{4-x}Se_x$纳米夹杂物）散射中波长声子，介观晶粒散射短波长声子。研究人员通过 Debye-Callaway 模型拟合和弛豫时间近似，得到了各模块对晶格热导率的半定量影响，如图 6-51 所示。

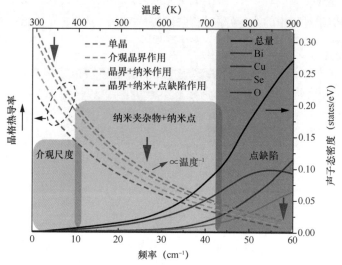

注：虚线代表晶格热导率与频率的关系，实线代表声子态密度与频率的关系。

图 6-51 声子态密度 [37] 和晶格热导率在不同散射机制作用下与温度的关系 [16]

研究人员提到，这 3 种结构可以有效地散射各个频率段的声子，明显地降低晶格热导率。同时需要注意，被散射的主要为控制热输运的声学声子，也有部分低频光学声子具有一定传热能力 [36]。除此之外，BiCuSeO 中本征的层间弱键和强非简谐性（$\gamma \approx 1.5$）也对超低晶格热导率的产生起到了一定作用。

最终，研究人员得到了 Pb、Te 共掺 BiCuSeO 的热电性能随温度的变化趋势，如图 6-52（a）所示。其中 Bi 位掺 Pb 可以提高功率因子，这主要源于载流子浓度调控的作用，在此基础上通过在 Se 位掺 Te 可以减小有效质量，提升载流子迁移率，并保持了较高的电学性能。与此同时，非平衡的 SHS-SPS 过程及 Pb、Te 共掺引入了全尺度结构散射声子，将 BiCuSeO 的晶格热导率降至非晶极限附近，最终，在 4% Pb 和 5% Te 共掺的 BiCuSeO 中获得了最优热电性能（873 K），ZT 值约 1.2，相比 4% Pb 单掺的样品提高了近 35%，相比未掺杂样品提高了约 140%。

除此之外，研究人员对比了该工作和已发表文献中关于样品制备时间和性能的数据［见图 6-52（b）］，文献中 ZT 值超过 1 的样品往往需要大于 24 h

的制备时间，制备方法更加耗能。因此，研究人员提出 SHS-SPS 工艺不仅可以提高样品热电性能，还极大地缩短了制备时间，他们认为通过 SHS-SPS 工艺合成的 Pb、Te 共掺的 BiCuSeO 在未来具有极好的大规模商用前景。

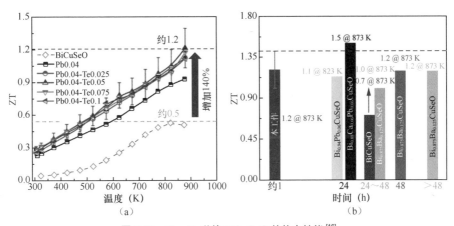

图 6-52　Pb、Te 共掺 BiCuSeO 的热电性能[16]

（a）ZT 值随温度的变化；（b）制备时间和 ZT 值的对比

综上，研究人员深入探讨了 BiCuSeO 具有低载流子迁移率的原因，利用价键工程增强导电层共价键性的方法提高了材料的载流子迁移率，优化电输运性能的同时结合全尺度结构设计，降低了晶格热导率并提高了热电优值。通过 Pb、Te 共掺和非平衡 SHS-SPS 过程，在 BiCuSeO 中构建了全尺度分级缺陷结构，阻碍声子输运并进一步降低了晶格热导率，873 K 下晶格热导率仅为 0.3 W·m^{-1}·K^{-1}。Pb、Te 共掺的 BiCuSeO 的最高热电优值可以在 873 K 时达到 1.2，主要源于载流子迁移率的提高和全尺度声子散射。研究人员提供了一种通过适当设计导电层化学键成分来提升具有类似 BiCuSeO 层状结构的材料的本征低载流子迁移率的热电性能优化策略。

6.6　本章小结

对于 P 型 BiCuSeO 的研究，Pb 元素在多效协同作用中表现突出，一直被研究人员作为提高电输运性能和全尺度声子散射等的有效掺杂元素。Pb 元素可协同优化电导率，并同时引入纳米复合材料来优化晶格热导率，其耦合效应促进功率因子波段式提升，引入能带工程和价键工程，结合全尺度结构协同优化热电性能。本章介绍了几个非常有代表性的 Pb 元素掺杂的工作，希望能给读者带来启发。我们也期待在 BiCuSeO 材料体系的研究过程中，发现更多类似 Pb 元素这样的可以协同优化热电输运机制的元素及输运性能调控新策略。

6.7　参考文献

[1]　LAN J L, LIU Y C, ZHAN B, et al. Enhanced thermoelectric properties of Pb-doped BiCuSeO ceramics [J]. Advanced Materials, 2013, 25(36): 5086-5090.

[2]　PEI Y Z, HEINZ N A, LALONDE A, et al. Combination of large nanostructures and complex band structure for high performance thermoelectric lead telluride [J]. Energy & Environmental Science, 2011, 4(9): 3640-3645.

[3]　HE J Q, SOOTSMAN J R, XU L Q, et al. Anomalous electronic transport in dual-nanostructured lead telluride [J]. Journal of the American Chemical Society, 2011, 133(23): 8786-8789.

[4]　BISWAS K, HE J Q, BLUM I D, et al. High-performance bulk thermoelectrics with all-scale hierarchical architectures [J]. Nature, 2012, 489(7416): 414-418.

[5]　RHYEE J S, LEE K H, LEE S M, et al. Peierls distortion as a route to high thermoelectric performance in In_4Se_3-delta crystals [J]. Nature, 2009, 459(7249): 965-968.

[6]　LIU H, SHI X, XU F, et al. Copper ion liquid-like thermoelectrics [J]. Nature Materials, 2012, 11(5): 422-425.

[7]　LI J, SUI J, PEI Y, et al. A high thermoelectric figure of merit ZT > 1 in Ba heavily doped BiCuSeO oxyselenides [J]. Energy & Environmental Science, 2012, 5(9): 8543-8547.

[8]　BARRETEAU C, BERARDAN D, AMZALLAG E, et al. Structural and electronic transport properties in Sr-doped BiCuSeO [J]. Chemistry of Materials, 2012, 24(16): 3168-3178.

[9]　LAN J L, ZHAN B, LIU Y C, et al. Doping for higher thermoelectric properties in p-type BiCuSeO oxyselenide [J]. Applied Physics Letters, 2013, 102(12): 123905.

[10]　REN G K, WANG S, ZHOU Z, et al. Complex electronic structure and

compositing effect in high performance thermoelectric BiCuSeO [J]. Nature Communications, 2019, 10: 2814.

[11] WANG S, LI H, LU R, et al. Metal nanoparticle decorated n-type Bi_2Te_3-based materials with enhanced thermoelectric performances [J]. Nanotechnology, 2013, 24(28): 285702.

[12] WANG S, YANG J, WU L, et al. On intensifying carrier impurity scattering to enhance thermoelectric performance in Cr-Doped Ce gamma Co_4Sb_{12} [J]. Advanced Functional Materials, 2015, 25(42): 6660-6670.

[13] PEI Y, WANG H, SNYDER G J. Band engineering of thermoelectric materials [J]. Advanced Materials, 2012, 24(46): 6125-6135.

[14] HEREMANS J P, JOVOVIC V, TOBERER E S, et al. Enhancement of thermoelectric efficiency in PbTe by distortion of the electronic density of states [J]. Science, 2008, 321(5888): 554-557.

[15] WU L, YANG J, WANG S, et al. Two-dimensional thermoelectrics with Rashba spin-split bands in bulk BiTeI [J]. Physical Review B, 2014, 90(19): 195-210.

[16] REN G K, WANG S Y, ZHU Y C, et al. Enhancing thermoelectric performance in hierarchically structured BiCuSeO by increasing bond covalency and weakening carrier-phonon coupling [J]. Energy & Environmental Science, 2017, 10(7): 1590-1599.

[17] HICKS L D, HARMAN T C, SUN X, et al. Experimental study of the effect of quantum-well structures on the thermoelectric figure of merit [J]. Physical Review B, 1996, 53(16): 10493-10496.

[18] LIU Y, ZHAO L D, ZHU Y, et al. Synergistically optimizing electrical and thermal transport properties of BiCuSeO via a dual-doping approach [J]. Advanced Energy Materials, 2016, 6(9): 1502423.

[19] SNYDER G J, TOBERER E S. Complex thermoelectric materials [J]. Nature Materials, 2008, 7(2): 105-114.

[20] LI J F, LIU W S, ZHAO L D, et al. High-performance nanostructured thermoelectric materials [J]. NPG Asia Materials, 2010, 2(4): 152-158.

[21] XIE H H, YU C, ZHU T J, et al. Increased electrical conductivity in fine-grained (Zr,Hf)NiSn based thermoelectric materials with nanoscale precipitates [J].

Applied Physics Letters, 2012, 100(25): 804.

[22] WANG H, PEI Y, LALONDE A D, et al. Heavily doped p-type PbSe with high thermoelectric performance: an alternative for PbTe [J]. Advanced Materials, 2011, 23(11): 1366-1370.

[23] SHI X, YANG J, SALVADOR J R, et al. Multiple-Filled skutterudites: high thermoelectric figure of merit through separately optimizing electrical and thermal transports [J]. Journal of the American Chemical Society, 2011, 133(20): 7837-7846.

[24] ZHAO L D, BERARDAN D, PEI Y L, et al. $Bi_{1-x}Sr_xCuSeO$ oxyselenides as promising thermoelectric materials [J]. Applied Physics Letters, 2010, 97(9): 092118.

[25] LAN J L, LIU Y C, ZHAN B, et al. Enhanced thermoelectric properties of Pb-doped BiCuSeO ceramics [J]. Advanced Materials, 2013, 25(36): 5086-5090.

[26] PEI Y L, HE J Q, LI J F, et al. High thermoelectric performance of oxyselenides: intrinsically low thermal conductivity of Ca-doped BiCuSeO [J]. NPG Asia Materials, 2013, 5:e47.

[27] LI F, WEI T R, KANG F Y, et al. Enhanced thermoelectric performance of Ca-doped BiCuSeO in a wide temperature range [J]. Journal of Materials Chemistry A, 2013, 1(38): 11942-11949.

[28] LAN J L, ZHAN B, LIU Y C, et al. Doping for higher thermoelectric properties in p-type BiCuSeO oxyselenide [J]. Applied Physics Letters, 2013, 102(12): 66.

[29] ZHAO L D, HE J, BERARDAN D, et al. BiCuSeO oxyselenides: new promising thermoelectric materials [J]. Energy & Environmental Science, 2014, 7(9): 2900-2924.

[30] LEE D S, AN T H, JEONG M, et al. Density of state effective mass and related charge transport properties in K-doped BiCuOSe [J]. Applied Physics Letters, 2013, 103(23): 232110.

[31] LI J, SUI J, PEI Y, et al. The roles of Na doping in BiCuSeO oxyselenides as a thermoelectric material [J]. Journal of Materials Chemistry A, 2014, 2(14): 4903-4906.

[32] LI J, SUI J, BARRETEAU C, et al. Thermoelectric properties of Mg doped p-type

BiCuSeO oxyselenides [J]. Journal of Alloys and Compounds, 2013, 551: 649-653.

[33]　PAN L, BÉRARDAN D, ZHAO L, et al. Influence of Pb doping on the electrical transport properties of BiCuSeO [J]. Applied Physics Letters, 2013, 102(2): 023902.

[34]　REN G K, LAN J L, BUTT S, et al. Enhanced thermoelectric properties in Pb-doped BiCuSeO oxyselenides prepared by ultrafast synthesis [J]. RSC Advances, 2015, 5(85): 69878-69885.

[35]　WEN Q, CHANG C, PAN L, et al. Enhanced thermoelectric performance of BiCuSeO by increasing Seebeck coefficient through magnetic ion incorporation [J]. Journal of Materials Chemistry A, 2017, 5(26): 13392-13399.

[36]　SHAO H, TAN X, LIU G Q, et al. A first-principles study on the phonon transport in layered BiCuOSe [J]. Scientific Reports, 2016, 6: 21035.

[37]　BERARDAN D, ZHAO L D, BARRETEAU C, et al. Low temperature transport properties of the BiCuSeO system [J]. Physica Status Solidi, 2012, 209(11): 2273-2276.

[38]　JI H S, TOGO A, KAVIANY M, et al. Low phonon conductivity of layered BiCuOS, BiCuOSe, and BiCuOTe from first principles [J]. Physical Review B, 2016, 94(11): 115203.

[39]　SAHA S K. Exploring the origin of ultralow thermal conductivity in layered BiOCuSe [J]. Physical Review B, 2015, 92(4): 041202.

[40]　HIRAMATSU H, YANAGI H, KAMIYA T, et al. Crystal structures, optoelectronic properties, and electronic structures of layered oxychalcogenides MCuOCh (M = Bi, La; Ch = S, Se, Te): Effects of electronic configurations of M^{3+} ions [J]. Chemistry of Materials, 2008, 20(1): 326-334.

[41]　LIU Y, LAN J, XU W, et al. Enhanced thermoelectric performance of a BiCuSeO system via band gap tuning [J]. Chemical Communications, 2013, 49(73): 8075-8077.

[42]　SUI J, LI J, HE J, et al. Texturation boosts the thermoelectric performance of BiCuSeO oxyselenides [J]. Energy & Environmental Science, 2013, 6(10): 2916-2920.

[43] PEI Y L, WU H, WU D, et al. High thermoelectric performance realized in a BiCuSeO system by improving carrier mobility through 3D modulation doping [J]. Journal of the American Chemical Society, 2014, 136(39): 13902-13908.

[44] PHILLIPS J. Bonds and bands in semiconductors[M]. Amsterdam: Elsevier Science, 2012.

[45] WANG H, PEI Y, LALONDE A D, et al. Weak electron-phonon coupling contributing to high thermoelectric performance in n-type PbSe [J]. Proceedings of the National Academy of Sciences of the United States of America, 2012, 109(25): 9705-9709.

[46] ZHAO L D, BERARDAN D, PEI Y L, et al. $Bi_{1-x}Sr_xCuSeO$ oxyselenides as promising thermoelectric materials [J]. Applied Physics Letters, 2010, 97(9): 092118.

[47] SU X, FU F, YAN Y, et al. Self-propagating high-temperature synthesis for compound thermoelectrics and new criterion for combustion processing [J]. Nature Communications, 2014, 5(1): 4908.

第 7 章　N 型 BiCuSeO 的研究进展

7.1　引言

从前面几章可知，截至本书成稿之时，P 型 BiCuSeO 的研究已经取得了较大进展，同时 P 型样品的最大 ZT 值已经可以达到 1.5。然而，有关 N 型氧硫族化合物热电材料的研究工作却进展缓慢，本章主要围绕 N 型氧硫族化合物的制备及性能优化展开。通过借鉴已有的关于 P 型氧硫族化合物的研究，研究人员通过理论预测、实验验证（如空位补偿、元素掺杂和复合第二相）等优化手段成功制备了一系列 N 型氧硫族化合物，发展了 N 型 $Bi_6Cu_2Se_4O_6$（$2BiCuSeO + 2Bi_2O_2Se$）热电材料，并尝试构筑了基于 N 型与 P 型 BiCuSeO 的器件。

7.2　N 型 BiCuSeO 的理论预测

通过理论计算发现，在同等载流子浓度的情况下，N 型 BiCuSeO 的热电性能要优于 P 型 BiCuSeO，但通过实验手段来提升样品中自由电子载流子浓度却有极大难度，现阶段阻碍 N 型 BiCuSeO 研究的主要原因便是其低载流子浓度。

Yang 等人[1]采用第一性原理计算研究了 BiCuSeO 材料的电子结构和电输运性能，报道了 BiCuSeO 的低导电性可能源于其强离子键，以及费米能级附近未形成 Cu-Se 导电通路。采用 VASP 计算了 BiCuSeO 费米能级附近的局部电荷密度，结果如图 7-1（a）～图 7-1（d）所示。图 7-1（a）和图 7-1（c）显示 V 点的价带顶附近电荷密度，等值面的范围从 −0.0085 到 0.1120，而等值面水平分别为 0.0025 和 0.0005。图 7-1（b）和图 7-1（d）为高对称点 Z 点的导带底附近电荷密度，等值面的范围从 0.0113 到 0.0339，图 7-1（b）和图 7-1（d）

中显示的等值面水平分别为 0.0025 和 0.0005。由图 7-1（a）可以看出，Bi 和 Se 原子的电荷密度相互连接，表明对 P 型 BiCuSeO 来说，其主要依赖价带顶的 Bi 和 Se 原子的相互作用导电。由图 7-1（b）导带底处可以看出 N 型 BiCuSeO 的导电性主要由 Bi 原子决定。对于 N 型和 P 型 BiCuSeO，在价带顶或导带底处，沿 c 方向，$[Bi_2O_2]^{2+}$ 层与 $[Cu_2Se_2]^{2-}$ 层之间没有电荷密度相互连接 [图 7-1（a）、图 7-1（b）]，这也说明 N 型和 P 型 BiCuSeO 沿平行于 ab 面方向上的电导率大于沿 c 方向上的电导率。将等值面水平设为 0.0005 时，在图 7-1（c）中没有观察到 P 型 BiCuSeO 的 Cu 和 Bi 原子的电荷密度连接。如图 7-1（d）所示，对于 N 型 BiCuSeO，Bi 和 Cu 原子附近的电荷密度在 c 方向上连接，说明了 N 型 BiCuSeO 在 c 方向上的导电性极有可能大于 P 型 BiCuSeO。图 7-1（e）～图 7-1（h）为计算得到的不同温度下 BiCuSeO 热电性能随载流子浓度变化的趋势。其中，从图 7-1（e）中可以看出在相同的温度和载流子浓度下，N 型 BiCuSeO 的电导率远大于 P 型 BiCuSeO 的电导率，在 920 K，当载流子浓度为 1×10^{21} cm^{-3} 时，N 型和 P 型 BiCuSeO 的电导率分别为 4.6×10^4 S·m^{-1} 和 0.8×10^4 S·m^{-1}。因此，虽然 P 型 BiCuSeO 的泽贝克系数大于 N 型 BiCuSeO，但是，N 型 BiCuSeO 的功率因子的最大值大于 P 型 BiCuSeO 功率因子的最大值 [见图 7-1（g）]。N 型 BiCuSeO 的最大功率因子在 780 K 和 920 K 分别为 0.68 mW·m^{-1}·K^{-2} 和 0.70 mW·m^{-1}·K^{-2}，与之对应的载流子浓度分别是 1.7×10^{20} cm^{-3} 和 1.6×10^{20} cm^{-3} 时，而 P 型 BiCuSeO 的最大功率因子在 780 K 和 920 K 分别为 0.46 mW·m^{-1}·K^{-2} 和 0.40 mW·m^{-1}·K^{-2}，与之对应的载流子浓度分别是 5.1×10^{20} cm^{-3} 和 5.7×10^{20} cm^{-3}。在 920 K 时，N 型 BiCuSeO 功率因子的最大值接近 P 型 BiCuSeO 最大值的 2 倍。图 7-1（h）给出了计算得到的 ZT 值，在 780 K 下，P 型和 N 型 BiCuSeO 的最大 ZT 值分别为 0.73 和 0.90，对应的载流子浓度为 3.3×10^{20} cm^{-3} 和 6.8×10^{19} cm^{-3}。对于 P 型 BiCuSeO，当载流子浓度从 2.8×10^{20} cm^{-3} 增加到 3.3×10^{20} cm^{-3} 时，计算得到的 ZT 值仅比实验值增加了 0.03，说明此时仅通过调节载流子浓度很难继续提高 P 型 BiCuSeO 的 ZT 值。在 920 K 时，计算得到 P 型和 N 型 BiCuSeO 的最大 ZT 值分别为 0.91 和 1.2，分别在载流子浓度为 3.2×10^{20} cm^{-3} 和 4.6×10^{19} cm^{-3} 时达到。综上所述，若能开发 N 型 BiCuSeO，经载流子浓度优化后，其 ZT 值相比 P 型 BiCuSeO 可以提升约 30%。

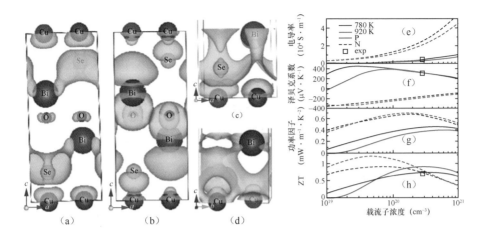

图 7-1　BiCuSeO 在费米能级附近的局部电荷密度和计算得到的热电参数

（a）在 V 点的价带，等值面水平为 0.0025；（b）在 Z 点的导带，等值面水平为 0.0025；

（c）在 V 点的价带，等值面水平为 0.0005；（d）在 Z 点的导带，等值面水平为 0.0005，电荷密度

单位为 Å^{-3}；（e）电导率；（f）泽贝克系数；（g）功率因子；（h）ZT 值

Shen 等人[2] 通过第一性原理研究了 Si、Ge、Sn 和 Pb 在 Bi 位掺杂对 BiCuSeO 电子结构的影响，发现不同于 Ge、Sn 和 Pb，Si 在 BiCuSeO 中以 N 型掺杂剂的形式存在。图 7-2（a）所示为理论计算得到的 Si 掺杂 BiCuSeO 的能带结构，导带底位于 Γ 和 Z 点之间，价带顶位于 M—Γ 和 Z—R 方向，费米能级从导带底穿过。图 7-2（b）所示为 Si 掺杂 BiCuSeO 的态密度图，与本征 BiCuSeO 相比，Si 掺杂 BiCuSeO 的费米能级从导带底穿过，证明了 Si 掺杂 BiCuSeO 的 N 型电输运性能，这表明 Si 以 +4 价在 Bi 位进行原子替换。图 7-2（c）所示为本征 BiCuSeO 和 Pb 掺杂、Si 掺杂的 BiCuSeO 的功率因子与弛豫时间的比值随载流子浓度变化的趋势，可以看出在 5.0×10^{20} cm^{-3} 到 1.5×10^{21} cm^{-3} 的载流子浓度范围内，相比本征与 Pb 掺杂的 BiCuSeO，Si 掺杂的 BiCuSeO 具有更大的功率因子，研究人员预测通过 Si 掺杂有望得到高性能的 N 型 BiCuSeO。

除了理论计算以外，Tan 和 Pan 等人 [3, 4] 分别在 Co 掺杂和 Fe 掺杂的样品中发现 BiCuSeO 的 N 型电输运性能。图 7-3（a）所示为 Co 取代 Cu 后 BiCuSeO 的泽贝克系数随温度的变化趋势，当掺杂量 $x < 0.15$ 时，Co 掺杂 BiCuSeO 的泽贝克系数在整个测试温区均为正值，掺杂样品表现出 P 型半导体的电输运行为。图 7-3（a）中插图显示，当掺杂量 $x = 0.15$ 时，BiCu$_{0.85}$Co$_{0.15}$SeO 的泽贝克

系数随着测试温度的升高在正负区间来回波动，说明在此掺杂量下样品中的空穴载流子和电子载流子浓度相差不大，两种载流子均不能在电输运中占据主导地位；当掺杂量 $x = 0.2$ 时，$BiCu_{0.8}Co_{0.2}SeO$ 的泽贝克系数在整个测试温区均为负数，虽然此时泽贝克系数绝对值较小，在 330 K 下也只有约 $-50\ \mu V \cdot K^{-1}$，但是电子已经取代了空穴的主导地位，说明 Co 掺杂有效提升了 BiCuSeO 中的电子载流子浓度。图 7-3（b）为 Fe 取代 Cu 后的 BiCuSeO 的泽贝克系数随温度的变化趋势，与 Co 元素掺杂后的趋势一致，当掺杂量 $x < 0.03$ 时，Fe 掺杂的 BiCuSeO 的泽贝克系数在整个测试温区内均为正值，掺杂样品表现出 P 型半导体的电输运行为；当掺杂量 $x = 0.03$ 时，$BiCu_{0.97}Fe_{0.03}SeO$ 样品的泽贝克系数在低温区（< 500 K）为负值，表现出 N 型电输运行为，随温度的升高迅速地转变为 P 型电输运行为；掺杂量 $x = 0.04$ 的样品的泽贝克系数具有和掺杂量为 $x = 0.03$ 的样品类似的趋势，在低温区（< 550 K）为负值，随着测试温度的升高又重新变回正值。这两组实验说明 Co 和 Fe 在 Cu 位的取代可以在一定程度上提升 BiCuSeO 中的电子载流子的浓度，但是提升的量级是非常有限的，要想在 BiCuSeO 中实现稳定的 N 型电输运性能，需要寻找其他手段。

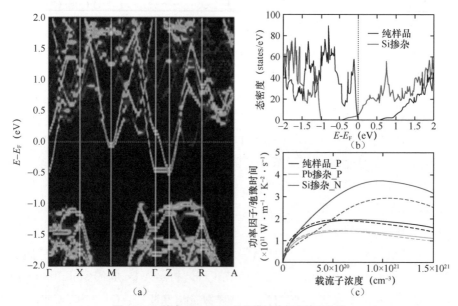

图 7-2　Si 掺杂 BiCuSeO 的能带结构与电输运性能

（a）能带结构；（b）Si 掺杂 BiCuSeO 的态密度图；（c）随载流子浓度变化的功率因子与弛豫时间的比值（实线代表 900 K，虚线代表 700 K）

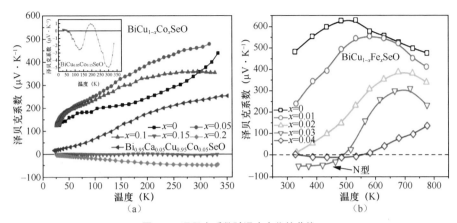

图 7-3　泽贝克系数随温度变化的曲线

（a）BiCu$_{1-x}$Co$_x$SeO（x = 0、0.05、0.1、0.15 和 0.2），插图为 BiCu$_{0.85}$Co$_{0.15}$SeO；（b）BiCu$_{1-x}$Fe$_x$SeO

（x =0、0.01、0.02、0.03 和 0.04）

7.3　N 型 BiCuSeO 的实验验证

除了理论验证外，研究人员还通过实验手段，验证了 BiCuSeO 的 N 型电输运性质。Zhang 等人[5]首先研究分析了 BiCuSeO 的相结构。图 7-4（a）～图 7-4（c）所示为 BiCuSeO 沿 a 轴、b 轴、c 轴的晶体结构俯视图。BiCuSeO 具体晶体结构请参见第 2 章[6]。

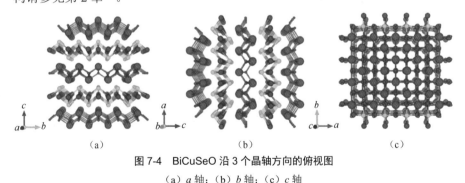

图 7-4　BiCuSeO 沿 3 个晶轴方向的俯视图

（a）a 轴；（b）b 轴；（c）c 轴

图 7-5（a）和图 7-5（b）分别为加入过量的 Bi 单质和 Cu 单质后的样品 XRD 图谱，从图 7-5（a）中可以看出加入过量 Bi 后的 XRD 图谱与标准的 BiCuSeO 吻合，说明 Bi 过量到 5% 时并不会在 BiCuSeO 中产生第二相。同样，图 7-5（b）所示为加入过量的 Cu 后的 XRD 图谱，可以看出当 Cu 过量到 5% 时同样不会在样品中产生第二相。

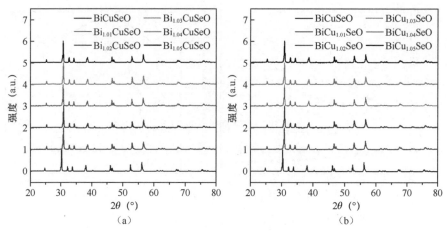

图 7-5　样品的粉末 XRD 图谱

(a) $Bi_{1+x}CuSeO$ ($x=0$、0.01、0.02、0.03、0.04 和 0.05)；(b) $BiCu_{1+x}SeO$ ($x=0$、0.01、0.02、0.03、0.04 和 0.05)

研究人员为便于直观了解 Bi 原子和 Cu 原子过量对本征 BiCuSeO 化合物的电输运性能的影响，测量了 Bi 和 Cu 过量样品的泽贝克系数和电导率随温度变化的曲线，如图 7-6 所示。图 7-6（a）为 $Bi_{1+x}CuSeO$（$x=0$、0.01、0.02、0.03、0.04 和 0.05）在 $300 \sim 873$ K 的泽贝克系数变化趋势，首先可以看出本征 BiCuSeO 的最小泽贝克系数约为 350 $\mu V \cdot K^{-1}$，该值与文献中报道的值相近[6]。随着 Bi 掺杂量的增加，Bi 过量的 BiCuSeO 样品的泽贝克系数在测试全温区内整体增加，泽贝克系数的增加是因为 Bi 原子过量抑制了样品中的 Bi 空位的产生，从而抑制了作为多子的空穴的产生，降低了载流子浓度。正如式（1-7）所示，当其他参数尤其是有效质量不变的情况下，样品的泽贝克系数和载流子浓度成反比，即样品中载流子浓度越高，对应的泽贝克系数越小。正是因为泽贝克系数和载流子浓度之间存在的这种关系，从图 7-6（a）中可以看出，随着额外的 Bi 原子掺杂量从 1% 增加至 4%，样品的泽贝克系数单调增加，即样品中的空穴载流子浓度逐渐减少，而当额外 Bi 原子的掺杂量增加至 5% 时，样品的泽贝克系数相对 4% 时有所下降，这说明在过量 4% 的 Bi 原子的样品中的空穴载流子浓度最低。同样的现象可以在 Cu 过量的样品中观察到，不同的是需要加入更多的 Cu 原子来抑制 BiCuSeO 中空位的产生。如图 7-6（b）所示，在整个测试温区内样品的泽贝克系数随着额外 Cu 原子的掺杂量增加而单调增加，这样的现象说明即使样品中含有 5% 的额外 Cu 原子，本征 BiCuSeO 中的空位仍然没有被完全抑制，这是因为与 Bi 原子相比，Cu 原子在

BiCuSeO 中的成键强度更弱而且具有更高的活性，具体的分析将在后文呈现。图 7-6（c）和图 7-6（d）分别为图 7-6（a）和图 7-6（b）中样品的电导率随温度变化的示意图，所有样品的电导率随温度的升高逐渐升高，体现出明显的简并半导体的电输运性能。从图 7-6（c）中同样可以看出，Bi 的过量引入明显抑制了相应样品中的空穴载流子的浓度，直观反映为，图中相应样品的电导率相比本征 BiCuSeO 样品的电导率显著降低。与 Bi 过量样品一致，图 7-6（d）中 Cu 过量样品相比本征 BiCuSeO 样品的电导率也显著降低。以上的测试结果说明单独加入过量的 Bi 和 Cu 均可以有效抑制样品中空穴载流子的产生。

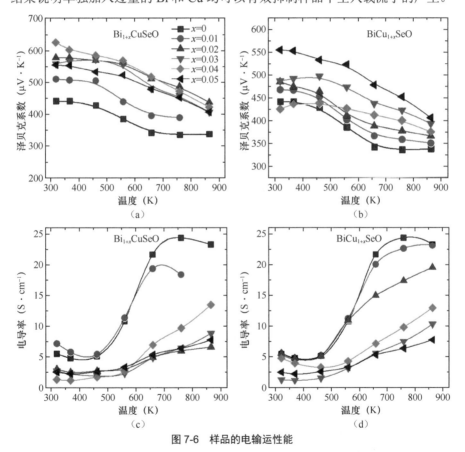

图 7-6　样品的电输运性能

（a）$Bi_{1+x}CuSeO$（$x = 0$、0.01、0.02、0.03、0.04 和 0.05）的泽贝克系数随温度的变化；

（b）$BiCu_{1+x}SeO$（$x = 0$、0.01、0.02、0.03、0.04 和 0.05）的泽贝克系数随温度的变化；

（c）$Bi_{1+x}CuSeO$（$x = 0$、0.01、0.02、0.03、0.04 和 0.05）的电导率随温度的变化；

（d）$BiCu_{1+x}SeO$（$x = 0$、0.01、0.02、0.03、0.04 和 0.05）的电导率随温度的变化

基于上面的结果，Bi 和 Cu 单过量均可以有效抑制空穴载流子浓度，并体现为泽贝克系数的整体增加和电导率的整体下降。很容易想到，当 Bi 和 Cu 同时过量时，也许会对空穴载流子浓度产生更强的抑制效果。当 Bi 过量 4% 时对相应样品的空穴载流子浓度的抑制效果最明显，当 Cu 过量 5% 时对相应样品的空穴载流子浓度的抑制效果最明显，因此选择 Bi 过量 4%、Cu 过量 5% 的样品进行进一步的实验。

图 7-7 所示为 Bi 和 Cu 同时过量与 Bi 和 Cu 单独过量样品的电输运性能随温度变化的对比图。图 7-7（a）所示为泽贝克系数随温度的变化，从图中可以看出，相比 $BiCu_{1.05}SeO$，Bi 和 Cu 双过量样品 $Bi_{1.04}Cu_{1.05}SeO$ 的泽贝克系数在 300 K 到 873 K 的全温区更大，300 K 的泽贝克系数最大，约为 641 $\mu V \cdot K^{-1}$，这说明 $Bi_{1.04}Cu_{1.05}SeO$ 中的空穴载流子浓度比 $BiCu_{1.05}SeO$ 中的空穴载流子浓度更低，Bi 和 Cu 双过量对样品中空穴载流子浓度的抑制效果比 $BiCu_{1.05}SeO$ 更明显。同时可以看出，相比 Bi 单过量的 $Bi_{1.04}CuSeO$，$Bi_{1.04}Cu_{1.05}SeO$ 的泽贝克系数在全温区范围内只有少量增加，这样的结果说明相比 Bi 过量的 $Bi_{1.04}CuSeO$，Cu 过量对于样品中空穴载流子浓度的抑制效果更明显，即样品中的 Cu 缺陷比 Bi 缺陷更多，且更容易生成。这与 Cu 在 BiCuSeO 中表现出的较强的活性有关。图 7-7（b）所示为电导率随温度的变化，可以看出从 300 K 到 873 K，电导率随温度的升高单调递增，Bi 和 Cu 过量的 $Bi_{1.04}Cu_{1.05}SeO$ 仍然保持了半导体的电输运性能，同时，相比 Bi 单过量的 $Bi_{1.04}CuSeO$ 和 Cu 单过量的 $BiCu_{1.05}SeO$ 样品，$Bi_{1.04}Cu_{1.05}SeO$ 在全温区的电导率明显下降，说明相比 Bi、Cu 单过量，Bi 和 Cu 双过量可以更有效抑制样品中的空穴载流子浓度。

过量的 Bi 和 Cu 只能通过填补本征空位来降低样品中的空穴载流子浓度，空穴载流子浓度降低的结果是电导率的降低，良好的热电材料需要尽可能高的电导率，因此在降低空穴载流子浓度的同时，应该拥有提升电子载流子浓度的手段。掺杂异价原子是一种常见的调节半导体电输运性能的方法，图 7-8 所示为 BiCuSeO 中掺杂卤族元素的效果示意，其中卤族元素 M（Cl、Br、I）在 BiCuSeO 中取代 Se 位，每发生一次这样的取代就会在样品中产生一个额外的电子，这些额外的电子会参与电输运，从而增加样品的电导率。

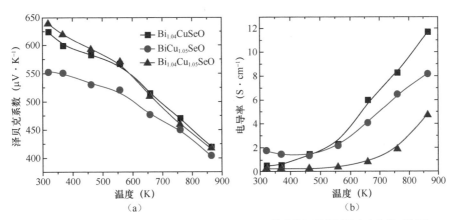

图 7-7 　 Bi₁.₀₄CuSeO、BiCu₁.₀₅SeO 和 Bi₁.₀₄Cu₁.₀₅SeO 的电输运性能随温度变化的对比图

（a）泽贝克系数；（b）电导率

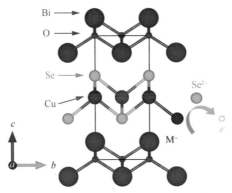

图 7-8 　 BiCuSeO 中掺杂卤族元素 M 示意

图 7-9 显示了掺杂卤族元素 I 和 Br 后的 Bi₁.₀₄Cu₁.₀₅SeO 的电输运性能随温度的变化。图 7-9（a）所示为样品 Bi₁.₀₄Cu₁.₀₅Se₁₋ₓIₓO（x = 0.01、0.02、0.03、0.04 和 0.05）自 300 K 至 873 K 的泽贝克系数，可以看出，即使只有 1% 的 I 元素通过掺杂进入样品，仍然可以使 Bi₁.₀₄Cu₁.₀₅Se₀.₉₉I₀.₀₁O 的泽贝克系数在大约 400 K 时由正转负，并且一直保持负值到约 600 K。泽贝克系数为负值说明在 400 ～ 600 K 这个温区内样品中的电子载流子在输运中占据主导地位，证明了 I 掺杂可以有效增加 Bi₁.₀₄Cu₁.₀₅SeO 样品中的电子载流子浓度，使其在一定范围内成为主导电输运的多子。当温度大于 600 K 时，随着温度的继续增加，可以看到泽贝克系数重新变为正值，泽贝克系数转为正值说明，随着温度升高至较高温度（> 600 K）时，空穴载流子

重新占据了主导地位，成为影响电输运的主要因素。空穴载流子浓度在高温处增加可能与 Cu 原子在晶格中具有较强的活性有关，当温度升高时，本就活跃的 Cu 原子离开格点产生了空位，从而在晶格中生成了新的空穴，使得空穴载流子重新成为多子。同样地，图 7-9（b）所示为 $Bi_{1.04}Cu_{1.05}Se_{1-x}Br_xO$（$x$ = 0.01、0.02、0.03、0.04 和 0.05）样品自 300 K 至 873 K 的泽贝克系数，从图中可以看出 Br 掺杂后的样品的泽贝克系数随温度的变化趋势与 I 掺杂样品的结果一致。所有掺杂 Br 元素的样品的泽贝克系数先由正值变为负值，然后在高温处（> 740 K）由负值转为正值，曲线总体形状为 U 形。掺杂 Br 元素的样品与掺杂 I 元素的样品的泽贝克系数的不同之处在于，掺杂 Br 元素的 $Bi_{1.04}Cu_{1.05}Se_{1-x}Br_xO$ 样品的泽贝克系数处于负值的温区更大，泽贝克系数的绝对值更大，这说明在 Br 和 I 等量掺杂的情况下，Br 元素的掺杂效果更好，这是因为 Br 的共价半径和 Se 的共价半径均为 120 pm，小于 I 的共价半径（139 pm），Br 原子更容易取代 Se 原子。图 7-9（c）和图 7-9（d）分别为样品 $Bi_{1.04}Cu_{1.05}Se_{1-x}I_xO$ 和 $Bi_{1.04}Cu_{1.05}Se_{1-x}Br_xO$ 的电导率随温度的变化，无论是 I 元素掺杂还是 Br 元素掺杂，均可以有效地将样品的泽贝克系数由正值转变成负值，但是样品的电导率随两种元素掺杂量的增加并没有明显改善，说明 Br 元素和 I 元素引入的电子并没有占据主导地位，样品本质上仍然呈现两种载流子共存的状态。

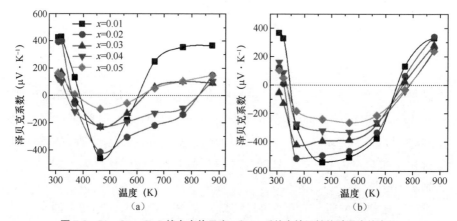

图 7-9　$Bi_{1.04}Cu_{1.05}SeO$ 掺杂卤族元素 I 和 Br 后的电输运性能随温度的变化
（a）$Bi_{1.04}Cu_{1.05}Se_{1-x}I_xO$ 的泽贝克系数；（b）$Bi_{1.04}Cu_{1.05}Se_{1-x}Br_xO$ 的泽贝克系数；

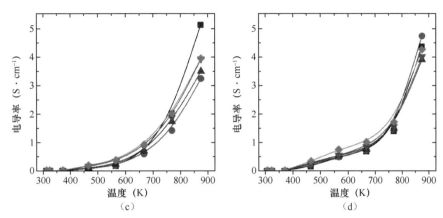

图 7-9　$Bi_{1.04}Cu_{1.05}SeO$ 掺杂卤族元素 I 和 Br 后的电输运性能随温度的变化（续）
（c）$Bi_{1.04}Cu_{1.05}Se_{1-x}I_xO$ 的电导率；（d）$Bi_{1.04}Cu_{1.05}Se_{1-x}Br_xO$ 的电导率

在之前的实验中，研究人员发现当 Bi 和 Cu 位元素过量后，再在 Se 位进行卤族元素掺杂可以使样品呈现出 N 型半导体的电输运性能，但是同时也可以看出，这种 N 型电输运性能只能在中温区的特定温度范围内体现，这是由于在 BiCuSeO 中 Bi 和 Cu 形成的空位很难弥补，且卤族元素在样品中稳定性较差，因此空穴载流子和电子载流子均无法在电输运中占据主导地位，处于相互竞争态势。因此，研究人员为了进一步提升样品中的电子载流子浓度，在尝试卤族元素掺杂后，进一步设想了一系列的掺杂可能，并进行了相关的掺杂实验，主要包括 Ag、Si、Sn 及 O 空位掺杂。

在半导体的掺杂实验中，Ag 是常见的可以代替 Cu 的掺杂元素，因此，我们首先想到了用 Ag 元素在 Cu 位进行置换，掺杂 Ag 元素属于同价态掺杂，不会在化合物中产生额外的载流子，由于 Cu 空位的存在使得样品中空穴载流子浓度过高，我们希望部分的 Ag 取代可以减少 Cu 缺陷的生成或者填补 Cu 缺陷，从而抑制样品中空穴载流子的生成。图 7-10 对比了样品 $Bi_{1.04}Cu_{1.04}Se_{0.99}Br_{0.01}O$、$Bi_{1.04}Cu_{0.98}Ag_{0.02}Se_{0.99}Br_{0.01}O$、$Bi_{1.04}Cu_{0.96}Ag_{0.04}Se_{0.99}Br_{0.01}O$、$Bi_{1.04}CuAg_{0.02}Se_{0.99}Br_{0.01}O$ 的电导率、泽贝克系数和功率因子随温度的变化，因为我们想知道 Ag 在 Cu 位的取代是否可以对样品的电导率产生影响[7]。从图 7-10（a）可以看出，Ag 掺杂对于样品整体的电导率影响非常有限，所有样品的电导率曲线基本一致，大小差异可以忽略。从图 7-10（b）中可以看出，在没有 Cu 过量 4% 的前提下，引入 Ag 元素不仅无法使样品的泽贝克系数全部变为负值，并且 $Bi_{1.04}Cu_{0.98}Ag_{0.02}Se_{0.99}Br_{0.01}O$ 和 $Bi_{1.04}Cu_{0.96}Ag_{0.04}Se_{0.99}Br_{0.01}O$ 的泽贝克系数在整个温区全为正值，只有 Ag 掺杂量为 0.02 的样品保留了部分 N 型电输运性能，结合图 7-10（a）和图 7-10（b），我们认为 Ag 元素无法成功取代 Cu 或者说 Ag 元素无法抑制 Cu 空位的生成，在无法提供额外电子的情况下，Ag 取代 Cu 位并没有达到预期效果。

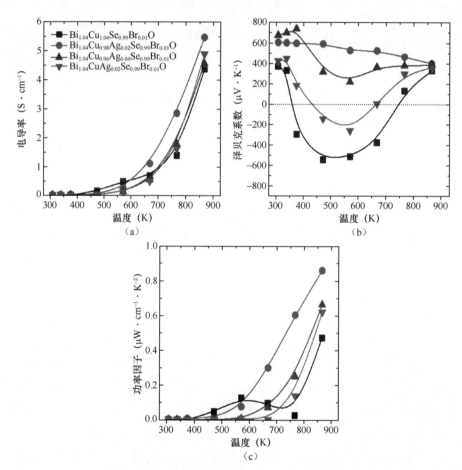

图 7-10　样品 $Bi_{1.04}Cu_{1.04}Se_{0.99}Br_{0.01}O$、$Bi_{1.04}Cu_{0.98}Ag_{0.02}Se_{0.99}Br_{0.01}O$、
$Bi_{1.04}Cu_{0.96}Ag_{0.04}Se_{0.99}Br_{0.01}O$、$Bi_{1.04}CuAg_{0.02}Se_{0.99}Br_{0.01}O$ 的电输运性能随温度的变化
（a）电导率；（b）泽贝克系数；（c）功率因子

　　Si 的常见价态为 +2 和 +4，在 BiCuSeO 中如果能将 +4 价的 Si 掺杂在 Bi 位，在理论上可以提升样品中电子载流子的浓度，基于这样的想法，研究人员进行了 Si 元素掺杂的相关实验，我们选择了超细的 Si 粉作为反应原料，充分研磨后压片封管，同时延长了一倍的反应时间来保证样品充分反应。图 7-11 所示为 BiCuSeO、$Bi_{0.98}Si_{0.02}CuSeO$、$Bi_{0.96}Si_{0.04}CuSeO$ 的电输运性能随温度的变化。从图 7-11（a）中可以看出，少量 Si 掺杂的样品 $Bi_{0.98}Si_{0.02}CuSeO$ 的泽贝克系数与未掺杂的样品相比几乎不变，基于图 7-11（b）的电导率可以得出相同结论，这说明 Si 掺杂量为 0.02 时，对样品的电输运性能影响很小。当 Si 的掺杂量为 0.04 时，样品的泽贝克系数显著下降，尤其是在室温附近，电导率却有所升高，这说明样品中的空穴载流子浓度在 Si 掺杂量达到 0.04 时得到了提升，即 Si 掺杂起到了和我们预期相反的效果。这是由于样品中的 Si 并没有以理想的 +4 价存在，而是以 +2 价掺杂在了 Bi 位。以 P 型掺杂剂存在的 Si 对于本征 BiCuSeO 的 P 型性能也几乎没有提升作用，从图 7-11（c）和图 7-11（d）中可以看出，Si 掺杂量为 0.04 的样品在高温段的功率因子高于本征 BiCuSeO，而两种掺杂样品的 ZT 值在整个测试温区要小于本征 BiCuSeO。综上所述，无论是合成 N 型还是 P 型半导体，Si 元素对于 BiCuSeO 来说并不是一种合适的掺杂剂。

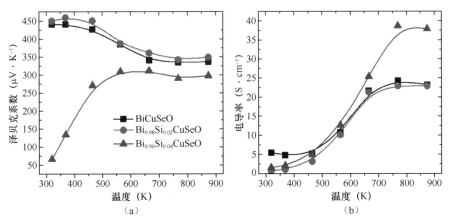

图 7-11　BiCuSeO、$Bi_{0.98}Si_{0.02}CuSeO$、$Bi_{0.96}Si_{0.04}CuSeO$ 的电输运性能随温度的变化

（a）泽贝克系数；（b）电导率；

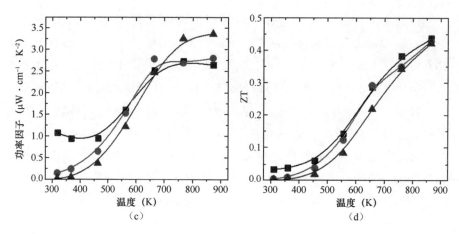

图 7-11　BiCuSeO、Bi$_{0.98}$Si$_{0.02}$CuSeO、Bi$_{0.96}$Si$_{0.04}$CuSeO 的电输运性能随温度的变化（续）
（c）功率因子；（d）ZT 值

　　与 Si 一样，Sn 也有两个价态 +2 和 +4，因此研究人员同样尝试用 Sn 在 Bi 位进行掺杂来改善样品的电输运性能。如图 7-12 所示，在 Bi$_{1.04-x}$Sn$_x$Cu$_{1.04}$Se$_{0.96}$I$_{0.04}$O 的 Bi 位掺杂了 Sn 元素，从图 7-12（a）中可以看出当 $x = 0.025$ 时，样品的泽贝克系数几乎没有发生变化。随着掺杂量 x 的提升，在整个温区内，样品的泽贝克系数的绝对值逐渐减小，这说明掺杂 Sn 元素后样品中的载流子浓度得到了提升。但同时可以从图 7-12（b）中看出，这种载流子浓度的相对提升对于样品电导率的提升作用非常小，且主要表现在空穴载流子占主导的高温段（> 600 K）。因此，最终体现在功率因子上的结果是，$x > 0.025$ 的样品在 N 型温区的功率因子要小于 Bi$_{1.04}$Cu$_{1.04}$Se$_{0.96}$I$_{0.04}$O 样品的功率因子，如图 7-12（c）所示。这组实验说明，Sn 并不是合成 N 型 BiCuSeO 的理想掺杂元素。

　　除了引入外来元素进行掺杂，使用氧空位自掺杂也是一个值得研究的方向。从理论上讲，在 BiCuSeO 中引入氧空位可以增加 N 型样品中的电子载流子的浓度，从而有望实现提升电导率。在图 7-13 中，研究人员合成了 Bi$_{1.04}$CuSe$_{0.96}$I$_{0.04}$O 和 Bi$_{1.04}$CuSe$_{0.96}$I$_{0.04}$O$_{0.97}$ 这两个样品，并将其电输运性能进行了对比。在图 7-13（a）中，比较了氧空位自掺杂前后的样品的泽贝克系数，可以看出自掺杂前后样品的泽贝克系数的趋势变化不大，只是自掺杂后的样品在负区间的泽贝克系数的绝对值减小，说明样品中的载流子浓度有所升高。图 7-13（b）所示为 Bi$_{1.04}$CuSe$_{0.96}$I$_{0.04}$O 和 Bi$_{1.04}$CuSe$_{0.96}$I$_{0.04}$O$_{0.97}$ 在 300 K 到

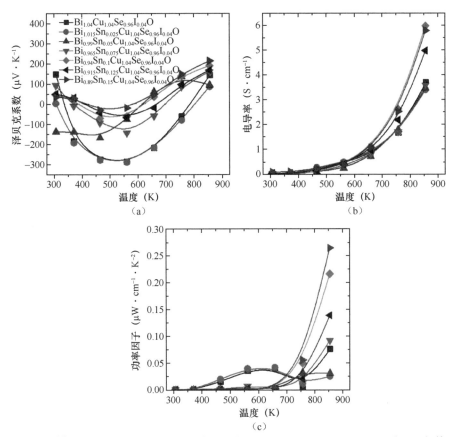

图 7-12　样品 $Bi_{1.04-x}Sn_xCu_{1.04}Se_{0.96}I_{0.04}O$（$x$= 0、0.025、0.05、0.075、0.1、0.125 和 0.15）的
电输运性能随温度的变化
（a）泽贝克系数；（b）电导率；（c）功率因子

873 K 的电导率的对比图，我们发现 $Bi_{1.04}CuSe_{0.96}I_{0.04}O_{0.97}$ 在整个测试温
区要高于 $Bi_{1.04}CuSe_{0.96}I_{0.04}O$ 的电导率，但是整体提升幅度非常小。综上，
$Bi_{1.04}CuSe_{0.96}I_{0.04}O_{0.97}$ 的功率因子要小于 $Bi_{1.04}CuSe_{0.96}I_{0.04}O$ 的功率因子，如
图 7-13（c）所示。这样的结果说明氧空位自掺杂对 $Bi_{1.04}CuSe_{0.96}I_{0.04}O$ 的电导
率影响十分微小，但显著降低了泽贝克系数的绝对值，因此氧空位自掺杂对合
成 N 型 BiCuSeO 来说并不是一个可行的方法。

从上述的实验结果可以看出，相比卤族元素掺杂，通过其他元素掺杂来
实现（提升）BiCuSeO 化合物的 N 型电输运性能非常困难，空穴载流子在样
品中占据主导地位，引入电子载流子困难重重。

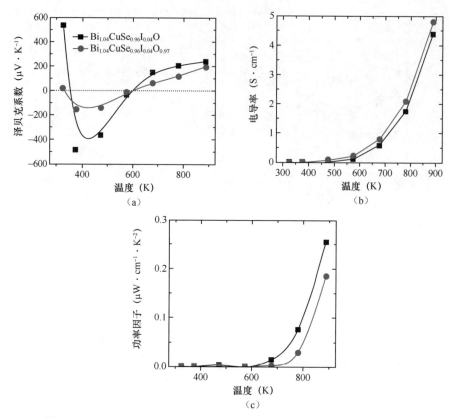

图 7-13 $Bi_{1.04}CuSe_{0.96}I_{0.04}O$ 和 $Bi_{1.04}CuSe_{0.96}I_{0.04}O_{0.97}$ 的电输运性能随温度的变化

（a）泽贝克系数；（b）电导率；（c）功率因子

　　复合具有高电导率的第二相也是一种提升材料热电性能的有效方法，因此选取高电导率的化合物作为第二相来提升整体的电导率。$AgSnSe_2$ 是一种电输运性能十分优异的 N 型热电材料，和大部分热电材料中热输运性能和电输运性能相互矛盾的情形一样，其热导率同样很高。而 N 型 $Bi_{1.04}Cu_{1.05}Se_{0.96}I_{0.04}O$ 具有较低的电输运性能和较低的热输运性能，因此，研究人员将两种化合物以质量比 $Bi_{1.04}Cu_{1.05}Se_{0.96}I_{0.04}O$ ∶ $AgSnSe_2$ = 9∶1 进行机械混合，经 SPS 处理后形成致密复合相，期望将两种化合物的电输运性能和热输运性能折中，使得样品具有相对较高的热电性能。图 7-14 所示为复合前后的 $Bi_{1.04}Cu_{1.05}Se_{0.96}I_{0.04}O$ 电输运性能随温度变化的示意。从图 7-14（a）中的电导率可以看出复合 $AgSnSe_2$ 后的样品的电导率提升数倍，增强效果十分明显，但泽贝克系数绝对值的降低也是十分显著的。如图 7-14（b）所示，在低温段，复合相的泽贝克系数在低于 475 K 的温区内虽然仍然保持为负值，但是只有 -10 μV·K⁻¹ 左右。综合考虑电导率和泽贝克系数的影响，我们得到了复合前后样品的功率因子，结果如图 7-14（c）所示，可以看到复合相在大于 475 K 的温区的功率因子有一定提升，且在此温区以下可以保持 N 型电输运性能，然而，在大于 475 K 的温区，复合相已经重新转变为 P 型电输运性能。整体来说，复合 $AgSnSe_2$ 对于增强 N 型 $Bi_{1.04}Cu_{1.05}Se_{0.96}I_{0.04}O$ 样品的电输运性能来说，效果并不明显。

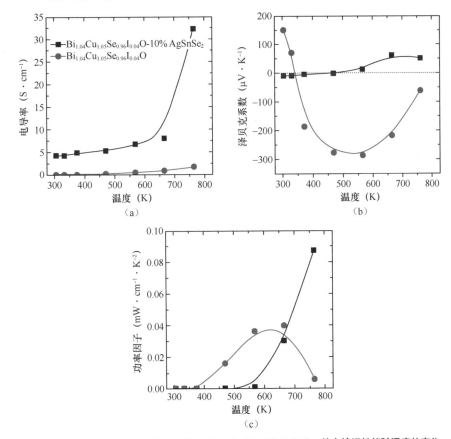

图 7-14　$Bi_{1.04}Cu_{1.05}Se_{0.96}I_{0.04}O$ 和 $Bi_{1.04}Cu_{1.05}Se_{0.96}I_{0.04}O$ -10% $AgSnSe_2$ 的电输运性能随温度的变化
（a）电导率；（b）泽贝克系数；（c）功率因子

我们同时尝试复合高导电金属粉末以提升样品的热电性能，按照一定的质量比，我们将 Cu、Al、Ag 这 3 种元素的金属粉末和氧硫族化合物进行机械混合，经 SPS 处理后形成致密相，对其进行热电性能测试。图 7-15 所示为复合 5%、10% 和 15%（质量分数）Cu 单质后的样品的电输运性能和热输运性能。从图 7-15（a）可以看出，在整个测试温区，所有复合 Cu 单质后的样品的泽贝克系数均为正值，并没有表现出我们期望的 N 型电输运性能。从图 7-15（b）中看出，复合 Cu 单质后样品的电导率相比图 7-14（a）均有所提升，其中复合 15% Cu 单质的样品的电导率在 673 K 可以达到 950 S·cm^{-1}。复合 Cu 单质后的样品的功率因子相比 $Bi_{1.04}Cu_{1.05}Se_{0.96}I_{0.04}O$ 有显著提升，其中 $Bi_{1.04}Cu_{1.05}Se_{0.96}I_{0.04}O$-10%Cu 样品的功率因子在 573 K 为 1.4 μW·cm^{-1}·K^{-2}，如图 7-15（c）所示。复合 Cu 单质后的样品的热导率也显著升高，如图 7-15（d）所示，其在 620 K 左右的热导率达到了 4 W·m^{-1}·K^{-1}，远高于未复合样品的热导率。从已有的数据中，我们发现 Cu 单质复合对于制备 N 型 $Bi_{1.04}Cu_{1.05}Se_{0.96}I_{0.04}O$ 样品没有丝毫帮助，因此并没有开展进一步的测试研究。

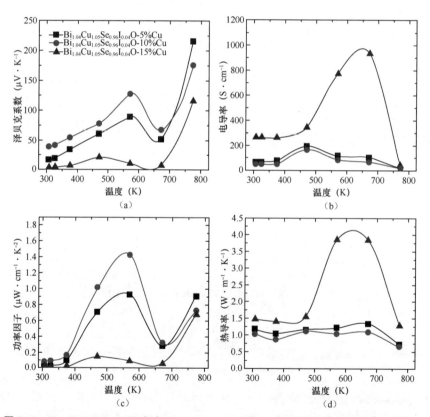

图 7-15　$Bi_{1.04}Cu_{1.05}Se_{0.96}I_{0.04}O$ 复合 5%、10%、15% 的 Cu 单质后的热电性能随温度的变化
（a）泽贝克系数；（b）电导率；（c）功率因子；（d）热导率

在复合 Cu 单质的实验中我们发现，当复合样品不具备 N 型电输运性能，或者说其泽贝克系数为正值时，其他数据分析对我们之后的研究并没有意义。因此在复合 Al 和 Ag 单质的实验中，我们首先给出了复合后样品随温度变化的泽贝克系数。图 7-16 所示为 $Bi_{1.04}Cu_{1.05}Se_{0.99}Br_{0.01}O$ 复合 5%、10%、15%（质量分数）的 Al 单质后样品的泽贝克系数随温度的变化，可以看出在小于 500 K 的温区内，样品泽贝克系数均为负值，体现出 N 型电输运性能，当温度大于 500 K 时，泽贝克系数几乎同时转为正值，即随着温度的升高，样品呈现 N-P 转变的特性。由于复合 Al 单质后的样品在 500 K 以下的泽贝克系数绝对值很小，只有 20～30 μV·K^{-1}，因此研究人员选择将 $Bi_{1.04}Cu_{1.05}Se_{0.99}Br_{0.01}O$ 的泽贝克系数单独取出，并以插图的形式表现。复合前的 $Bi_{1.04}Cu_{1.05}Se_{0.99}Br_{0.01}O$ 在负区间的泽贝克系数绝对值的最大值（约 550 μV·K^{-1}）远大于复合 Al 单质后样品的泽贝克系数，但是，不同于 Cu 单质复合的样品，Al 单质复合至少可以在一定的温区内保证样品的 N 型电输运性能。

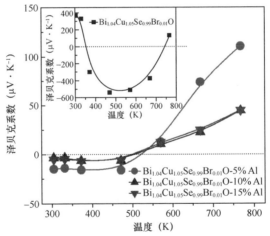

图 7-16　$Bi_{1.04}Cu_{1.05}Se_{0.99}Br_{0.01}O$ 复合 5%、10%、15% 的 Al 单质后泽贝克系数随温度的变化，插图为随温度变化的 $Bi_{1.04}Cu_{1.05}Se_{0.99}Br_{0.01}O$ 的泽贝克系数

在图 7-17 中研究人员比较了 $Bi_{1.04}Cu_{1.05}Se_{0.99}Br_{0.01}O$ 在复合 5%、10%、15%（质量分数）的 Al 单质前后样品的热电性能随温度的变化。图 7-17（a）展示了复合前后样品的电导率随温度的变化，温区为 300 K 到 773 K。可以看出采用 3 种质量分数的 Al 单质复合，均可以有效提高样品的电导率，当 Al 单质的复合质量分数只有 5% 时，样品的电导率在 773 K 由复合前的不到 2 S·cm^{-1}

提高到了 10 S·cm^{-1}；当 Al 单质的复合质量分数增加到 10% 和 15% 时，样品的电导率提升更加明显。在 773 K 时，复合 10% 和 15% 的 Al 单质的样品的电导率分别达到了 40 S·cm^{-1} 和 37 S·cm^{-1}，相比 $Bi_{1.04}Cu_{1.05}Se_{0.99}Br_{0.01}O$，电输运性能提升明显，是复合前样品电导率（2 S·cm^{-1}）的近 20 倍。虽然 Al 单质复合可以大大提高样品 $Bi_{1.04}Cu_{1.05}Se_{0.99}Br_{0.01}O$ 的电导率，但是由于其泽贝克系数的降低更加明显，尤其在 N 型区间，所以样品最终的功率因子反而有所降低。如图 7-17（b）所示，在小于 700 K 的温区内，$Bi_{1.04}Cu_{1.05}Se_{0.99}Br_{0.01}O$ 的功率因子要远大于复合 Al 单质后样品的功率因子，而在大于 700 K 的温区，复合 Al 单质后样品的泽贝克系数已经转为正值，因此其对应的功率因子并不具备参考价值。Al 单质复合在显著提升样品的电导率的同时显著提升了样品的热导率，如图 7-17（c）所示，可以看出虽然复合 5% 的 Al 单质的样品的热导率和 $Bi_{1.04}Cu_{1.05}Se_{0.99}Br_{0.01}O$ 的热导率接近，但是随着 Al 单质质量分数增加到 10% 和 15%，样品的热导率在整个测试温区内显著增加，质量分数为 10% 和 15% 的样品的热导率在室温处最大，分别为 1.75 W·m^{-1}·K^{-1} 和 2.1 W·m^{-1}·K^{-1}。虽然 Al 单质复合有效提升了样品 $Bi_{1.04}Cu_{1.05}Se_{0.99}Br_{0.01}O$ 的电导率，但是泽贝克系数绝对值下降、热导率提升更加明显。因此，在小于 700 K 的温区（包括呈现 N 型电输运性能的 300 K 至 500 K），未经复合的 $Bi_{1.04}Cu_{1.05}Se_{0.99}Br_{0.01}O$ 的 ZT 值优于复合样品的 ZT 值。这样的实验结果说明，Al 单质对于提升 $Bi_{1.04}Cu_{1.05}Se_{0.99}Br_{0.01}O$ 样品的电导率的作用十分明显，但作为第二相，其并不能提高样品的整体热电性能。

除了 Cu 和 Al 单质的复合外，研究人员还选择了 5%、10%、15% 和 20%（均为质量分数）的 Ag 单质对样品 $Bi_{1.04}Cu_{1.05}Se_{0.99}Br_{0.01}O$ 进行复合，因为 Ag 单质的导电性相比 Cu 单质和 Al 单质来说更加优异。和前文的 Al 单质复合一样，在这部分同样先对泽贝克系数进行讨论以确定其呈现 N 型电输运性能的温区。从图 7-18 中可以看出，不同于 Cu 单质和 Al 单质复合的样品，用 Ag 单质复合后的所有样品的泽贝克系数在 300 K 到 873 K 的温区内均为负值，体现出 N 型电输运性能；但在复合样品中，由于载流子浓度的提升，泽贝克系数的绝对值相比 $Bi_{1.04}Cu_{1.05}Se_{0.99}Br_{0.01}O$ 显著降低，只有不到 100 μV·K^{-1}。从泽贝克系数来看，Ag 单质复合可以使样品在整个温区呈现出 N 型电输运性能。

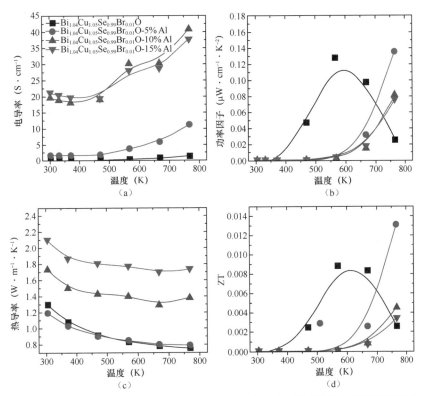

图 7-17　$Bi_{1.04}Cu_{1.05}Se_{0.99}Br_{0.01}O$ 复合 5%、10%、15% 的 Al 单质前后的热电性能随温度变化

（a）电导率；（b）功率因子；（c）热导率；（d）ZT 值

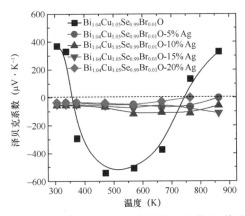

图 7-18　$Bi_{1.04}Cu_{1.05}Se_{0.99}Br_{0.01}O$ 复合 5%、10%、15% 和 20% 的 Ag 单质前后的泽贝克系数随温度的变化

在图 7-19 中我们比较了 $Bi_{1.04}Cu_{1.05}Se_{0.99}Br_{0.01}O$ 在复合 5%、10%、15% 和 20%（质量分数）的 Ag 单质前后的热电性能随温度的变化。图 7-19（a）展示了复合前后的样品的电导率随温度的变化，温区为 300 K 到 873 K。和 Al 单质一样，用 4 种质量分数的 Ag 单质复合均可有效提高样品的电导率，当 Ag 单质的质量分数只有 5% 时，样品在 300 K 的电导率由复合前的不到 1 S·cm^{-1} 显著提高到近 100 S·cm^{-1}；当 Ag 单质的质量分数增加到 10% 时，样品在 300 K 的电导率提升到近 230 S·cm^{-1}；进一步增加 Ag 单质的质量分数至 15% 和 20% 时，样品的电导率提升更加明显，尤其是 300 K 下，分别提升至 520 S·cm^{-1} 和 1400 S·cm^{-1}。Ag 单质复合对于样品电导率的提升效果要明显高于 Cu 单质和 Al 单质。虽然 Ag 单质复合会降低样品 $Bi_{1.04}Cu_{1.05}Se_{0.99}Br_{0.01}O$ 的泽贝克系数，但是由于其对电导率的贡献十分突出，所以复合样品的功率因子提升明显，尤其是在小于 700 K 的温区内，如图 7-19（b）所示，复合 Ag 单质后的样品的功率因子要远大于 $Bi_{1.04}Cu_{1.05}Se_{0.99}Br_{0.01}O$ 的功率因子，在 300 K，复合 10%、15% 和 20% 的 Ag 单质的样品的功率因子分别达到了 0.8 μW·cm^{-1}·K^{-2}、1.4 μW·cm^{-1}·K^{-2} 和 1.8 μW·cm^{-1}·K^{-2}，远高于同温度点的 $Bi_{1.04}Cu_{1.05}Se_{0.99}Br_{0.01}O$。Ag 单质复合同样显著提升了样品的热导率，如图 7-19（c）所示，可以看出当质量分数较小（5% 和 10%）时，用 Ag 单质复合的样品的热导率和 $Bi_{1.04}Cu_{1.04}Se_{0.99}Br_{0.01}O$ 的热导率接近，在 300 K 处略微增加到 1.35 W·m^{-1}·K^{-1} 和 1.56 W·m^{-1}·K^{-1}，相比 $Bi_{1.04}Cu_{1.04}Se_{0.99}Br_{0.01}O$ 在同温度点的 1.3 W·m^{-1}·K^{-1}，增加并不明显。但是，随着质量分数增加到 15% 和 20%，复合样品的热导率在整个测试温区内显著提升，样品的热导率在 300 K 处最大，分别为 1.95 W·m^{-1}·K^{-1} 和 2.3 W·m^{-1}·K^{-1}，其值为 $Bi_{1.04}Cu_{1.05}Se_{0.99}Br_{0.01}O$ 在同温度点热导率的约 2 倍，这主要归因于复合样品中的载流子浓度的增加显著提升了复合样品中的电子热导率。Ag 单质复合对样品 $Bi_{1.04}Cu_{1.05}Se_{0.99}Br_{0.01}O$ 电导率的提升作用巨大，但是泽贝克系数下降及热导率提升也十分明显。最终，ZT 值如图 7-19（d）所示，在小于 700 K 的温区内，用 10%、15%、20% 的 Ag 单质复合的样品的 ZT 值均高于未复合的 $Bi_{1.04}Cu_{1.05}Se_{0.99}Br_{0.01}O$ 的 ZT 值，在 473 K，15% 的 Ag 单质复合的样品的 ZT 值最大，约为 0.04。综上所述，Ag 单质作为第二相，其对于提升 $Bi_{1.04}Cu_{1.05}Se_{0.99}Br_{0.01}O$ 样品的电导率的作用十分明显，同时复合后的样品的泽贝克系数在整个测试温区内为负值，说明 Ag 单质复合对于合成 N 型 BiCuSeO

是一个行之有效的方法。

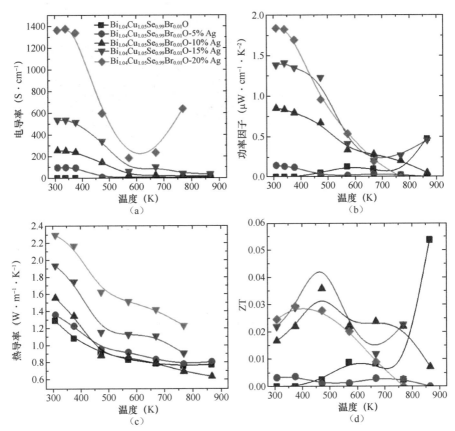

图 7-19 $Bi_{1.04}Cu_{1.05}Se_{0.99}Br_{0.01}O$ 复合 5%、10%、15% 和 20% 的 Ag 单质前后的热电性能随温度的变化

（a）电导率；（b）功率因子；（c）热导率；（d）ZT 值

图 7-20（a）给出了复合 20% 的 Ag 单质的样品的低分辨 SEM 图，在选定范围内进行了 SEM 面扫描分析，得到各种元素（Bi、Ag、Cu 和 Se）的分布，如图 7-20（b）所示，Ag 在 $Bi_{1.04}Cu_{1.05}Se_{0.99}Br_{0.01}O$ 基体中以微米级颗粒存在，图中红色圆圈标示出的为样品中的 Ag 颗粒，除 Ag 以外的其他元素较为均匀地分布在基体中。微米尺度的 Ag 单质作为一种优良的导体弥散地分布在基体样品中，极大地提高了样品的电导率。

图 7-20　$Bi_{1.04}Cu_{1.05}Se_{0.99}Br_{0.01}O$-20% Ag 的 SEM 图和元素分析
（a）低分辨 SEM 图；（b）能谱分析

　　热电材料的热稳定性是一个重要的特性，样品只有热稳定性优异，才能具有较好的循环使用特性，进而降低成本。通过多次的升降温循环测试可以评估样品经多次升温后的化学稳定性。为了研究卤族元素掺杂后的 $Bi_{1.04}Cu_{1.05}SeO$ 样品的热稳定性，研究人员分别选取了掺杂 Cl、Br 和 I 的样品进行升降温循环泽贝克系数测试，并且选择了 3 组对照样品，分别为 BiCuSeO、$PbSe_{0.99}Br_{0.01}$ 和 $SnSe_{0.99}Br_{0.01}$。对同一个样品在一次装样的情况下，使用电性能测试设备 ZEM 进行多次升降温循环测试，来观察样品在多次升降温循环后能否保持数据的一致性。

　　图 7-21 所示为样品 BiCuSeO、$Bi_{1.04}Cu_{1.05}Se_{0.99}Cl_{0.01}O$、$Bi_{1.04}Cu_{1.05}Se_{0.99}Br_{0.01}O$

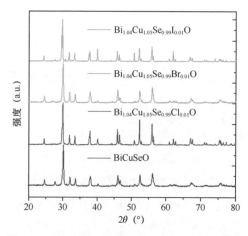

图 7-21　BiCuSeO、$Bi_{1.04}Cu_{1.05}Se_{0.99}Cl_{0.01}O$、$Bi_{1.04}Cu_{1.05}Se_{0.99}Br_{0.01}O$ 和 $Bi_{1.04}Cu_{1.05}Se_{0.99}I_{0.01}O$ 的
粉末 XRD 图谱

和 $Bi_{1.04}Cu_{1.05}Se_{0.99}I_{0.01}O$ 的粉末 XRD 图谱，从图中可以看出 $Bi_{1.04}Cu_{1.05}Se_{0.99}Cl_{0.01}O$、$Bi_{1.04}Cu_{1.05}Se_{0.99}Br_{0.01}O$ 和 $Bi_{1.04}Cu_{1.05}Se_{0.99}I_{0.01}O$ 的 XRD 图谱中的衍射峰与 BiCuSeO 的衍射峰一一对应，没有观察到明显的杂峰，这说明 Bi 过量 4%、Cu 过量 5%、卤族元素（Cl、Br、I）掺杂 1% 并不会在样品中产生明显的第二相。

图 7-22 所示为 $Bi_{1.04}Cu_{1.05}Se_{0.99}Cl_{0.01}O$、$Bi_{1.04}Cu_{1.05}Se_{0.99}Br_{0.01}O$、$Bi_{1.04}Cu_{1.05}Se_{0.99}I_{0.01}O$、BiCuSeO、$PbSe_{0.99}Br_{0.01}$、$SnSe_{0.99}Br_{0.01}$ 这 6 种不同的样品的泽贝克系数在升降温循环测试中的变化，所有的实线表示升温测试过程，相同标记的虚线表示对应的降温测试过程。图 7-22（a）所示为样品 $Bi_{1.04}Cu_{1.05}Se_{0.99}Cl_{0.01}O$ 的泽贝克系数在 1 次升降温循环测试中的点线图，可以看出在升温过程中 $Bi_{1.04}Cu_{1.05}Se_{0.99}Cl_{0.01}O$ 的泽贝克系数与前面介绍的掺杂 Br 和 I 的样品的趋势一致，都是先由 P 型电输运性能转变成 N 型电输运性能，其泽贝克系数绝对值的最大值在 573 K 可以达到 350 $\mu V \cdot K^{-1}$。随后，随着温度升高，新的 Cu 缺陷和卤族元素缺陷逐渐产生，样品逐渐呈现出 P 型电输运性能。从虚线的降温趋势来看，经过一次升温过程的 $Bi_{1.04}Cu_{1.05}Se_{0.99}Cl_{0.01}O$ 在降温过程中的泽贝克系数均为正值，即表现出 P 型半导体特性，在高温处产生的这种缺陷具有不可逆性，并不会随着温度降低而复原。这种情况说明该样品的热稳定性较差，离应用较远。图 7-22（b）所示为样品 $Bi_{1.04}Cu_{1.05}Se_{0.99}Br_{0.01}O$ 的泽贝克系数在 8 次升降温循环测试中的点线图。在第一次升温过程中，样品的泽贝克系数和前面测试的结果基本一致，曲线整体呈 U 形，其泽贝克系数的绝对值在 573 K 达到最大约 380 $\mu V \cdot K^{-1}$。不同于 1% 的 Cl 元素掺杂的 $Bi_{1.04}Cu_{1.05}Se_{0.99}Cl_{0.01}O$ 在第一次降温测试时泽贝克系数全部变为正值，1% 的 Br 元素掺杂的 $Bi_{1.04}Cu_{1.05}Se_{0.99}Br_{0.01}O$ 在经过第一次升温后，其在第一次降温过程和第二次升温过程中的泽贝克系数的变化趋势基本一致，说明经过第一次升降温循环测试，$Bi_{1.04}Cu_{1.05}Se_{0.99}Br_{0.01}O$ 的化学结构基本保持稳定。但是这种稳定并不能长久保持，从图 7-22（b）中可以看出自第二次升温测试阶段结束以后，在第二次降温测试阶段，样品的泽贝克系数的绝对值在整个测试温区相比第二次升温过程的减小了，并且这样的趋势在随后的循环测试中重复出现，直到经过 8 次升降温循环测试之后，样品的泽贝克系数在整个温区变为正值。这样的测试结果说明 Br 掺杂的样品 $Bi_{1.04}Cu_{1.05}Se_{0.99}Br_{0.01}O$ 的可重复性要强于 Cl 掺杂的 $Bi_{1.04}Cu_{1.05}Se_{0.99}Cl_{0.01}O$，这其实不难理解，Br 原子与 Se 原子的共价半径均为 120 pm，而 Cl 原子的共价半径为 102 pm，要小于 Se 原子（120 pm）。

图 7-22（c）所示为 1% 的 I 掺杂的 $Bi_{1.04}Cu_{1.05}Se_{0.99}I_{0.01}O$ 的泽贝克系数在 8 次升降温循环测试中的点线图，整体上看 I 掺杂的 $Bi_{1.04}Cu_{1.05}Se_{0.99}I_{0.01}O$ 的泽贝克系数与图 7-22（b）中 Br 掺杂的 $Bi_{1.04}Cu_{1.05}Se_{0.99}Br_{0.01}O$ 的变化趋势一致，其泽贝克系数的绝对值在 473 K 达到最大约 470 $\mu V \cdot K^{-1}$。同样经过 8 次升降温循环测试后，$Bi_{1.04}Cu_{1.05}Se_{0.99}I_{0.01}O$ 的泽贝克系数全部变为正值，空穴载流子重新占据主导地位。不同的是，从第四次循环测试开始，之后的降温测试阶段的泽贝克系数相比其对应的升温阶段的泽贝克系数的绝对值的下降趋势更明显，即在第四次升降温测试之后，样品的热稳定性越来越差。这说明虽然 1% 的 I 掺杂的效果要优于 1% 的 Cl 掺杂的样品，但是三者中热稳定性相对最优的样品为 1% 的 Br 掺杂的 $Bi_{1.04}Cu_{1.05}Se_{0.99}Br_{0.01}O$。作为对比，对样品 BiCuSeO、$PbSe_{0.99}Br_{0.01}$ 和 $SnSe_{0.99}Br_{0.01}$ 进行了同样的升降温循环测试，图 7-22（d）所示为 BiCuSeO 的 4 次升降温循环的测试结果。从图中可以看出，经过 4 次的升降温测试，BiCuSeO 的泽贝克系数从 300 K 的 620 $\mu V \cdot K^{-1}$ 逐渐降低到 873 K 的 400 $\mu V \cdot K^{-1}$，随温度升高逐渐降低的趋势并没有随着测试次数的增加而改变，说明了在该测试条件下 BiCuSeO 的热稳定性良好。图 7-22（e）和图 7-22（f）为掺杂 Br 元素后的热电材料 PbSe 和 SnSe 的泽贝克系数，可以看出掺杂 Br 元素的 $PbSe_{0.99}Br_{0.01}$ 和 $SnSe_{0.99}Br_{0.01}$ 与 BiCuSeO 一样，在升降温循环测试中具有良好的热稳定性。

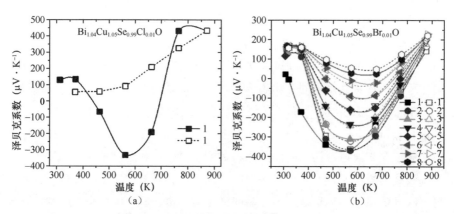

图 7-22　泽贝克系数在升降温循环测试中的变化

（a）$Bi_{1.04}Cu_{1.05}Se_{0.99}Cl_{0.01}O$；（b）$Bi_{1.04}Cu_{1.05}Se_{0.99}Br_{0.01}O$；

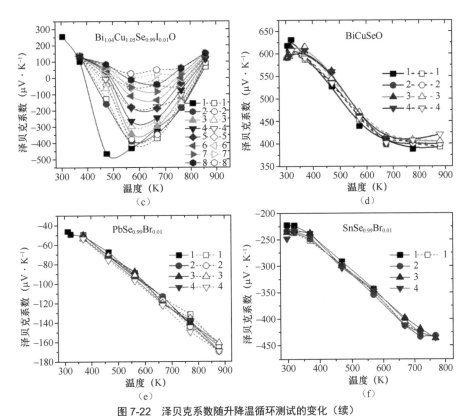

图 7-22　泽贝克系数随升降温循环测试的变化（续）

（c）$Bi_{1.04}Cu_{1.05}Se_{0.99}I_{0.01}O$；（d）BiCuSeO；（e）$PbSe_{0.99}Br_{0.01}$；（f）$SnSe_{0.99}Br_{0.01}$

图 7-23 给 出 了 基 于 图 7-22 测试结果得到的 $Bi_{1.04}Cu_{1.05}Se_{0.99}M_{0.01}O$（M = Cl、Br、I）的泽贝克系数随温度变化的曲线，可以看出卤族元素掺杂的样品的泽贝克系数随温度升高先由正值转变为负值，再由负值转变为正值，对应的导电类型转换为 P-N-P。在泽贝克系数由正值转为负值时，样品中发生了电子掺杂，这时卤族元素 Cl、Br、I 在 Se 位掺杂产生的额外电子为多子，随着温度的升高，Cu 元

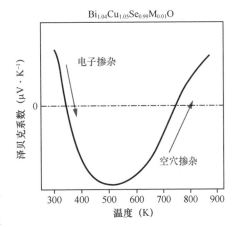

图 7-23　$Bi_{1.04}Cu_{1.05}Se_{0.99}M_{0.01}O$（M = Cl、Br、I）的泽贝克系数随温度变化的曲线

素形成空位并生成了新的空穴，新生成的空穴使得样品中空穴重新占据了主导地位，呈现出 P 型电输运性能。因此，泽贝克系数的这一 U 形变化趋势本质上是样品中电子和空穴竞争多子地位的过程，同时说明了卤族元素虽然可以在一定程度上改变样品的电输运性能，但这种改变并不十分有效。

为了验证上面提到的电子和空穴竞争产生的泽贝克系数的这一 U 形变化趋势，我们对样品 $Bi_{1.04}Cu_{1.05}Se_{0.99}M_{0.01}O$（M = Cl、Br、I）分别进行了变温霍尔测试，测试温区从 300 K 到 873 K，测试磁场为 0.9 T，测试的结果汇总在表 7-1 中。从表中可以看出本征 BiCuSeO 的载流子浓度在整个温区内变化不大，数值均在 $10^{17}\,cm^{-3}$ 量级，仅在最高温 873 K 有小幅提升，说明对本征的 BiCuSeO 而言，升温对样品的载流子浓度影响较小；对本征的 BiCuSeO 来说，升温有助于载流子迁移率的提升。在 873 K 时，样品的载流子迁移率为 $323\,cm^2 \cdot V^{-1} \cdot s^{-1}$，是 300 K 时的 2 倍多，这说明本征 BiCuSeO 中随升温而提升的电导率主要源于载流子迁移率的提升。至于多子类型，毫无疑问，由于样品中 Bi 和 Cu 缺陷的存在，BiCuSeO 在整个温区内保持了 P 型电输运性能。相比之下，$Bi_{1.04}Cu_{1.05}Se_{0.99}M_{0.01}O$（M = Cl、Br、I）的载流子浓度随温度的变化较为明显。在 373 K 时，卤族元素掺杂的样品的载流子浓度均到达最低点，数值分别为 $0.827 \times 10^{17}\,cm^{-3}$、$0.15 \times 10^{17}\,cm^{-3}$、$0.24 \times 10^{17}\,cm^{-3}$。同时，在 373 K 时，样品中的载流子迁移率也非常低，数值分别为 $3.29\,cm^2 \cdot V^{-1} \cdot s^{-1}$、$2.45\,cm^2 \cdot V^{-1} \cdot s^{-1}$、$1.43\,cm^2 \cdot V^{-1} \cdot s^{-1}$，虽然随着温度的升高载流子迁移率有提升，但是相比本征 BiCuSeO 仍然很低，这解释了 $Bi_{1.04}Cu_{1.05}Se_{0.99}M_{0.01}O$（M = Cl、Br、I）具有很低的电导率的原因。从多子类型来看，$Bi_{1.04}Cu_{1.05}Se_{0.99}M_{0.01}O$（M = Cl、Br、I）在 300 K 的多子均为空穴，样品为 P 型半导体；373 K 至 773 K 的测试结果表明其为 N 型半导体，多子为电子；在 873 K，多子为空穴，样品重新变为 P 型半导体。这样的结果与测试的泽贝克系数的变化趋势一致，说明 $Bi_{1.04}Cu_{1.05}Se_{0.99}M_{0.01}O$（M = Cl、Br、I）中的载流子浓度较低，空穴和电子随温度的变化相互竞争。

为了进一步了解卤族元素（Cl、Br、I）掺杂对 $Bi_{1.04}Cu_{1.05}Se_{0.99}M_{0.01}O$（M = Cl、Br、I）能带结构的影响，基于 BiCuSeO 的晶体结构，我们运用 DFT 计算得到了 BiCuSeO 和卤族元素掺杂的 $Bi_{1.04}Cu_{1.05}Se_{0.99}M_{0.01}O$（M = Cl、Br、I）在室温的能带结构[8-10]。

表7-1　BiCuSeO和$Bi_{1.04}Cu_{1.05}Se_{0.99}M_{0.01}O$（M = Cl、Br、I）的载流子信息

$T(\text{K})$	BiCuSeO			$Bi_{1.04}Cu_{1.05}Se_{0.99}Cl_{0.01}O$			$Bi_{1.04}Cu_{1.05}Se_{0.99}Br_{0.01}O$			$Bi_{1.04}Cu_{1.05}Se_{0.99}I_{0.01}O$		
	n ($\times10^{17}\,\text{cm}^{-3}$)	μ_H ($\text{cm}^2\cdot\text{V}^{-1}\cdot\text{s}^{-1}$)	载流子类型	n ($\times10^{17}\,\text{cm}^{-3}$)	μ_H ($\text{cm}^2\cdot\text{V}^{-1}\cdot\text{s}^{-1}$)	载流子类型	n ($\times10^{17}\,\text{cm}^{-3}$)	μ_H ($\text{cm}^2\cdot\text{V}^{-1}\cdot\text{s}^{-1}$)	载流子类型	n ($\times10^{17}\,\text{cm}^{-3}$)	μ_H ($\text{cm}^2\cdot\text{V}^{-1}\cdot\text{s}^{-1}$)	载流子类型
300	2.83	153	P	1.07	1.79	P	1.143	2.13	P	2.16	1.95	P
373	2.22	135	P	0.827	3.29	N	0.15	2.45	N	0.24	1.43	N
473	2.77	91	P	6.76	6.77	N	2.12	2.75	N	7.84	0.613	N
573	2.29	150	P	17.8	1.40	N	1.65	7.20	N	23.8	3.31	N
673	2.75	186	P	24.5	7.09	N	8.47	5.02	N	38.1	3.94	N
773	2.68	256	P	23.7	16.6	N	71.8	1.52	N	25.5	16.7	N
873	3.42	323	P	47.5	24.1	P	76.50	2.70	P	40.4	31.0	P

图 7-24（a）所示为本征 BiCuSeO 的电子能带结构示意，导带底位于 Γ—Z 方向（Z 点），价带顶位于 Z—R 方向，BiCuSeO 为间接带隙半导体，计算的结果与文献中记载的一致。N 型 $Bi_{1.04}Cu_{1.05}Se_{0.99}M_{0.01}O$（M = Cl、Br、I）和 P 型本征 BiCuSeO 一样具有间接带隙，但能带结构不同。在 P 型本征 BiCuSeO 中，导带底位于 Z 点，价带顶位于 Γ—R 方向，而 N 型 $Bi_{1.04}Cu_{1.05}Se_{0.99}M_{0.01}O$（M = Cl、Br、I）的能带结构基本相同，其导带底均位于 Γ 点，价带顶位于 X 点。通过计算，我们得到 $Bi_{1.04}Cu_{1.05}Se_{0.99}Cl_{0.01}O$、$Bi_{1.04}Cu_{1.05}Se_{0.99}Br_{0.01}O$、$Bi_{1.04}Cu_{1.05}Se_{0.99}I_{0.01}O$ 的禁带宽度分别为 0.62 eV、0.63 eV 和 0.64 eV。这些值均小于 BiCuSeO 的禁带宽度 0.8 eV [6]。在图 7-24（b）～图 7-24（d）中我们可以清楚地看到，在 $Bi_{1.04}Cu_{1.05}Se_{0.99}M_{0.01}O$（M = Cl、Br、I）的电子能带结构中，费米能级 E_F 均穿过导带底，说明电子已经进入导带中参与电输运，表现出 N 型电输运性能。对比图 7-24（a），P 型本征 BiCuSeO 的费米能级位于禁带的中间，样品

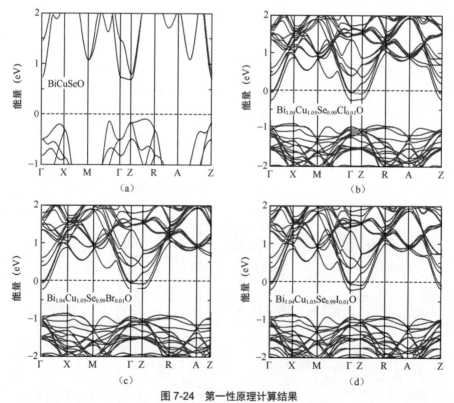

图 7-24 第一性原理计算结果

（a）BiCuSeO 的能带结构；（b）$Bi_{1.04}Cu_{1.05}Se_{0.99}Cl_{0.01}O$ 的能带结构；（c）$Bi_{1.04}Cu_{1.05}Se_{0.99}Br_{0.01}O$ 的能带结构；（d）$Bi_{1.04}Cu_{1.05}Se_{0.99}I_{0.01}O$ 的能带结构

中的电输运主要靠空穴的迁移。这再次证明卤族元素 Cl、Br 和 I 掺杂是实现
BiCuSeO 的 N 型电输运性能的一种有效途径。

　　禁带附近（包括导带底和价带顶）的态密度分布对元素掺杂工作具有
重要的指导作用，尤其是对多元体系的化合物来说。为了更加直观地了解各
种元素在价带顶和导带底处对能带的贡献，我们分别计算得到了 BiCuSeO
和 $Bi_{1.04}Cu_{1.05}Se_{0.99}M_{0.01}O$（M = Cl、Br、I）的投影态密度（Projected Density of
State，PDOS），结果如图 7-25 所示。图 7-25（a）所示为 BiCuSeO 的投影态
密度，BiCuSeO 为 P 型半导体，主要关注其价带顶的态密度分布情况。从
图 7-25（a）可以看出，元素 Se 在 BiCuSeO 价带顶处的贡献最大，其次为
Cu，最后为 Bi 和 O，说明在 Se 位和 Cu 位进行掺杂将有较大可能增强其 P
型电输运性能。Se 原子在 BiCuSeO 中的价态为 -2，在 Se 位进行 P 型掺杂
需要选择 -3 价的元素；而 Cu 原子在 BiCuSeO 中的价态为 +1，在 Cu 位没
有合适的 P 型掺杂元素，因此在 Se 位和 Cu 位没有合适的 P 型掺杂剂。通常
选择在 Bi 位掺杂 +2 价的元素如 Pb、Ba 等，得到 P 型样品。图 7-25（b）～
图 7-25（d）分别为 $Bi_{1.04}Cu_{1.05}Se_{0.99}M_{0.01}O$（M = Cl、Br、I）的投影态密度示意，
可以看出虽然卤族元素掺杂可以将费米能级提高到导带，从而使得样品具有 N
型电输运性能，但是卤族元素对能带结构的影响主要在深层能级，并不能改
变导带底的能带结构，对导带底的影响非常小，几乎可以忽略不计，这和卤族
元素掺杂的 N 型 $Bi_{1.04}Cu_{1.05}Se_{0.99}M_{0.01}O$（M = Cl、Br、I）热电性能的改善效果
不佳的结果相吻合。同时，从图中可以看出元素 Bi 在 BiCuSeO 的导带底的贡

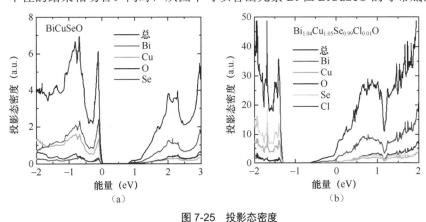

图 7-25　投影态密度
（a）BiCuSeO；（b）$Bi_{1.04}Cu_{1.05}Se_{0.99}Cl_{0.01}O$；

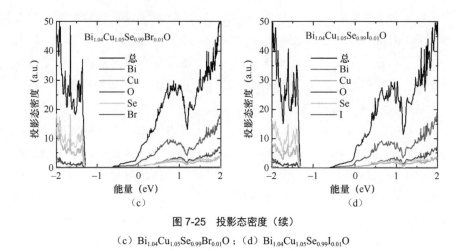

图 7-25 投影态密度（续）

（c）Bi$_{1.04}$Cu$_{1.05}$Se$_{0.99}$Br$_{0.01}$O；（d）Bi$_{1.04}$Cu$_{1.05}$Se$_{0.99}$I$_{0.01}$O

献最大，远高于元素 Cu、Se 和 O 的贡献，说明在 Bi 位进行高价元素（＞+3）掺杂将有较大可能增强其 N 型电输运性能，这样的结果对我们后续在 Bi$_6$Cu$_2$Se$_4$O$_6$ 中掺杂 Ti、Zr 和 Ce 具有重要的指导作用。

图 7-26 所示为使用紫外分光仪测得的电子吸收光谱，用 Kubelka-Munk 方程将测试得到的反射率转换为吸收值来估算样品的禁带宽度，公式如下：

$$\frac{\alpha}{S_a} = (1-R)^2 / 2R \tag{7-1}$$

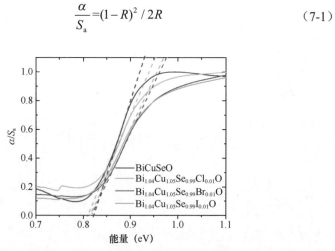

图 7-26 BiCuSeO、Bi$_{1.04}$Cu$_{1.05}$Se$_{0.99}$Cl$_{0.01}$O、Bi$_{1.04}$Cu$_{1.05}$Se$_{0.99}$Br$_{0.01}$O 和 Bi$_{1.04}$Cu$_{1.05}$Se$_{0.99}$I$_{0.01}$O 的电子吸收光谱

其中，α 和 S_a 分别为吸收系数和散射系数，R 为反射率。图 7-26 中的

吸收光谱的切线与 x 轴的交点的取值为禁带宽度。可以看出样品 BiCuSeO 的禁带宽度约为 0.84 eV，而实验表明，掺杂卤族元素的 $Bi_{1.04}Cu_{1.05}Se_{0.99}M_{0.01}O$（M = Cl、Br、I）的禁带宽度分别为 0.81 eV、0.82 eV 和 0.83 eV，测试结果与第一性原理计算结果趋势一致，证明掺杂卤族元素 Cl、Br、I 可以在一定程度上改变 BiCuSeO 的能带结构。

一般来说，在晶格类型一致、晶格常数接近的条件下，化学键越长，掺杂元素相对越不稳定，因此直观来看，可以通过简单比较掺杂卤族元素前后的化学键长来解释卤族元素掺杂效果不佳、样品循环性能差的原因。表 7-2 给出了正常 BiCuSeO 中 Cu-Se 的键长和 $Bi_{1.04}Cu_{1.05}Se_{0.99}M_{0.01}O$ 中的 Cu-Cl、Cu-Br 和 Cu-I 的键长。从表中可以看出在掺杂后样品的对应位置处的键的键长显著增加，BiCuSeO 中的 Cu-Se 键为 2.527 Å，而 $Bi_{1.04}Cu_{1.05}Se_{0.99}M_{0.01}O$ 中的 Cu-Cl、Cu-Br 和 Cu-I 的键长分别增加到 3.397 Å、3.218 Å 和 3.117 Å，键长增长了 23% ～ 34%。横向对比，在 SnSe 中掺杂卤族元素 Br 后，Sn-Se 键长为 2.781 Å，而 Sn-Br 键长为 3.083 Å，化学键长改变仅约 10%；在 PbSe 中掺杂卤族元素 Br 后，这一改变更小，从 Pb-Se 键长的 3.05 Å 增加到 Pb-Br 键长的 3.27 Å，化学键长仅改变约 7%。这样的横向比较说明，同样是卤族元素，掺杂效果因体系不同而呈现较大差异。这也解释了为什么掺杂卤族元素后的 $Bi_{1.04}Cu_{1.05}Se_{0.99}M_{0.01}O$（M = Cl、Br、I）的热稳定性较差，同时说明 Br 在 SnSe 和 PbSe 中相对较为稳定，因此在 SnSe 和 PbSe 中没有出现类似 $Bi_{1.04}Cu_{1.05}Se_{0.99}M_{0.01}O$（M = Cl、Br、I）中的 P-N-P 转变。

表7-2　BiCuSeO、$Bi_{1.04}Cu_{1.05}Se_{0.99}M_{0.01}O$（M = Cl、Br、I）、$SnSe_{0.99}Br_{0.01}$ 和 $PbSe_{0.99}Br_{0.01}$ 中的键长对比

化合物	化学键	键长（Å）
BiCuSeO	Cu-Se	2.527
$Bi_{1.04}Cu_{1.05}Se_{0.99}Cl_{0.01}O$	Cu-Cl	3.397
$Bi_{1.04}Cu_{1.05}Se_{0.99}Br_{0.01}O$	Cu-Br	3.218
$Bi_{1.04}Cu_{1.05}Se_{0.99}I_{0.01}O$	Cu-I	3.117
SnSe	Sn-Se	2.781
$SnSe_{0.99}Br_{0.01}$	Sn-Br	3.083
PbSe	Pb-Se	3.05
$PbSe_{0.99}Br_{0.01}$	Pb-Br	3.27

为了进一步证实我们的分析，我们计算了能量积分晶体轨道哈密顿布居数（Integrated-Crystal Orbital Hamilton Population，ICOHP），以对各个键的强弱进行估计，ICOHP 为负值，当 ICOHP 绝对值越大，其对应的键的强度越强[11]，计算结果如图 7-27 所示。图中实线与 x 轴的交点即 -ICOHP，可以看出 BiCuSeO 中 Bi-O 键的 ICOHP 为 -2.38 eV，Cu-Se 键的 ICOHP 为 -1.09 eV，说明在本征的 BiCuSeO 中，Bi-O 的键合强度要高于 Cu-Se 的键合强度，$Bi_{1.04}Cu_{1.05}Se_{0.99}M_{0.01}O$（M = Cl、Br、I）中的键 Cu-M（M = Cl、Br、I）的 ICOHP 分别为 -0.13 eV、-0.25 eV 和 -0.36 eV，其绝对值远小于 Cu-Se 键的 ICOHP 的绝对值，说明卤族元素在 $Bi_{1.04}Cu_{1.05}Se_{0.99}M_{0.01}O$（M = Cl、Br、I）中以微弱的结合键存在。同时可以发现，随着卤族元素的相对原子质量逐渐增加，Cu-M 键的 ICOHP 的绝对值也逐渐增大，键合强度逐渐增强，这很好地解释了之前升降温循环测试中泽贝克系数测试的结果。即，只经过一个升降温循环测试，$Bi_{1.04}Cu_{1.05}Se_{0.99}Cl_{0.01}O$ 的 N 型电输运性能便消失不见，而元素 Br 和 I 掺杂的样品在多次循环后，N 型电输运性能才逐渐消失，说明相比化学键 Cu-Br 和 Cu-I，化学键 Cu-Cl 相对微弱。

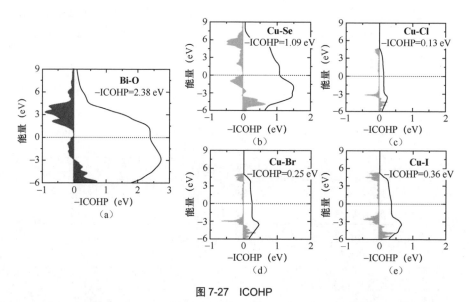

图 7-27 ICOHP

（a）BiCuSeO 的 Bi-O 键；（b）BiCuSeO 的 Cu-Se 键；（c）$Bi_{1.04}Cu_{1.05}Se_{0.99}Cl_{0.01}O$ 的 Cu-Cl 键；
（d）$Bi_{1.04}Cu_{1.05}Se_{0.99}Br_{0.01}O$ 的 Cu-Br 键；（e）$Bi_{1.04}Cu_{1.05}Se_{0.99}I_{0.01}O$ 的 Cu-I 键

7.4　$Bi_6Cu_2Se_4O_6$（$2BiCuSeO + 2Bi_2O_2Se$）热电材料

作为两种已经被广泛研究的氧硫族化合物热电材料，BiCuSeO 和 Bi_2O_2Se 均可以通过简单的固相反应合成。P 型 BiCuSeO 和 N 型 Bi_2O_2Se 因具有较低的热导率，在热电研究领域受到广泛关注[12-17]。BiCuSeO 具有二维层状结构，由 $[Bi_2O_2]^{2+}$ 绝缘层和 $[Cu_2Se_2]^{2-}$ 导电层沿着 c 轴方向交替堆叠而成[4, 18]。除了层状结构引起的声子散射外，Bi^{3+} 孤对电子产生的非谐性[14]和 Cu^+ 的局部振动对声子的散射作用[19]共同导致了 P 型 BiCuSeO 的低导热性。另一种常见的氧硫族化合物热电材料 Bi_2O_2Se 同样具有二维层状结构，由 $[Bi_2O_2]^{2+}$ 绝缘层和 $[Se]^{2-}$ 导电层沿 c 轴方向交替堆叠而成[20]。值得注意的是，由于其本征样品中 Se 空位的存在，本征 Bi_2O_2Se 中的电子载流子为多子[21]，同时可呈现 N 型半导体电输运性能[22]。

BiCuSeO 具有非常优异的热导率，而 Bi_2O_2Se 中的 Se 空位可以向化合物中提供电子，从而提升其电导率，这两点是 N 型热电材料需要兼具的。那么能否将两者的优点进行结合，在保证材料具有极低热导率的同时引入 Se 空位产生电子，从而使样品呈现 N 型电输运性能？答案是肯定的，为了充分发挥 BiCuSeO 和 Bi_2O_2Se 样品各自的优点，我们在 Rosseinsky 等人[23]的研究基础上，采用同样的固相反应方法，将 BiCuSeO 和 Bi_2O_2Se 按照化学计量比 1∶1 合成了一种新的氧硫族化合物 $Bi_6Cu_2Se_4O_6$。需要注意的是这里提到的 1∶1 并非将一份 BiCuSeO 和一份 Bi_2O_2Se 进行混合，然后进行固相反应，而是指样品 $Bi_6Cu_2Se_4O_6$ 中相当于含有一份 BiCuSeO 和一份 Bi_2O_2Se。事实上，制备 $Bi_6Cu_2Se_4O_6$ 只需将 Bi、Cu、Se、Bi_2O_3 的比例进行调节，这将在下面的结构分析部分进行介绍。这样得到的 $Bi_6Cu_2Se_4O_6$ 的性能确实和预期的一样，由于其具有比 BiCuSeO 和 Bi_2O_2Se 更复杂的层状结构，从而表现出极低的热导率。在此基础上进行卤族元素掺杂，使得 $Bi_6Cu_2Se_4O_6$ 成功具有了 N 型电输运性能。最终，由于极低的热导率和卤族元素掺杂的影响，N 型 $Bi_6Cu_2Se_{3.2}Br_{0.8}O_6$ 和 $Bi_6Cu_2Se_{3.6}Cl_{0.4}O_6$ 分别在 823 K 和 873 K 达到了最大 ZT 值——0.15 和 0.11。

7.4.1　$Bi_6Cu_2Se_4O_6$（$2BiCuSeO + 2Bi_2O_2Se$）概述

图 7-28 显示了 BiCuSeO、$Bi_6Cu_2Se_4O_6$ 和 Bi_2O_2Se 沿 a 方向的晶体结构，其中左边为 BiCuSeO 的晶体结构，中间为 $Bi_6Cu_2Se_4O_6$ 的晶体结构，右边

为 Bi_2O_2Se 的晶体结构，可以看出 3 种化合物均具有沿 c 轴方向堆叠的层状结构。不同的是各个化合物的堆叠方式不同，左边的 BiCuSeO 由 $[Bi_2O_2]^{2+}$ 层和 $[Cu_2Se_2]^{2-}$ 层逐层堆叠而成，右边的 Bi_2O_2Se 由 $[Se]^{2-}$ 层和 $[Bi_2O_2]^{2+}$ 层逐层堆叠而成，中间的 $Bi_6Cu_2Se_4O_6$ 中不仅包含 BiCuSeO 中的 $[Bi_2O_2]^{2+}$ 层和 $[Cu_2Se_2]^{2-}$ 层，并且具有 Bi_2O_2Se 的 $[Se]^{2-}$ 层，这 3 种不同类型的层状结构共同组成了 $Bi_6Cu_2Se_4O_6$ 的晶体结构。通过图 7-28 中的箭头指向可以直观地看出，$Bi_6Cu_2Se_4O_6$ 可以由 BiCuSeO 和 Bi_2O_2Se 以 1∶1 的比例堆叠而成。$Bi_6Cu_2Se_4O_6$ 中导电的 $[Se]^{2-}$ 层和 $[Cu_2Se_2]^{2-}$ 层可以为载流子提供输运的路径，而绝缘的 $[Bi_2O_2]^{2+}$ 层可以有效地散射声子。后文还将介绍卤族元素（Br、Cl）掺杂后，卤族元素取代 Se 原子在晶格中提供额外的电子，使 $Bi_6Cu_2Se_{4-x}M_xO_6$（M = Br、Cl）的 N 型电输运性能得到提升。

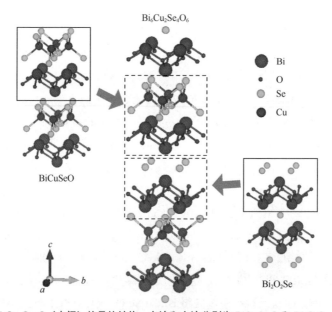

图 7-28　$Bi_6Cu_2Se_4O_6$（中间）的晶体结构，左边和右边分别为 BiCuSeO 和 Bi_2O_2Se 的晶体结构

7.4.2　卤族元素对 $Bi_6Cu_2Se_4O_6$ 热电性能的影响机制

图 7-29（a）和图 7-29（b）分别为掺杂 Br 和 Cl 后的 $Bi_6Cu_2Se_{4-x}Br_xO_6$（x = 0.2、0.4、0.6、0.8 和 1.0）和 $Bi_6Cu_2Se_{4-x}Cl_xO_6$（x = 0.2、0.4、0.6 和 0.8）的粉末 XRD 图谱，扫描范围为 $20°\sim 80°$，步长为 $6°\cdot min^{-1}$，图中的标准卡片来自 Rosseinsky 等人 [24] 的计算结果。从图 7-29（a）中可以看出，当 Br 元素

的掺杂量 $x < 0.8$ 时，所有衍射峰均可以与标准卡片很好地匹配，$Bi_6Cu_2Se_{4-x}Br_xO_6$ 在这种情况下不会产生杂相；当 Br 元素的掺杂量 $x = 0.8$ 时，样品 $Bi_6Cu_2Se_{3.2}Br_{0.8}O_6$ 中开始产生少量的杂相，杂相主要为未反应完全的 Bi_2O_3；当 Br 元素的掺杂量 $x = 1$ 时，$Bi_6Cu_2Se_3BrO_6$ 中的杂相非常明显，主要包括 Bi_2O_3 和 Bi_3Se_4，在图中，以正三角标注的为 Bi_3Se_4 杂峰，以倒三角标注的为 Bi_2O_3 杂峰。这样的结果可以说明 $Bi_6Cu_2Se_{3.2}Br_{0.8}O_6$ 样品已经到达了 Br 元素的掺杂极限。图 7-29（b）为 $Bi_6Cu_2Se_{4-x}Cl_xO_6$ 的 XRD 图谱，可以看出当 Cl 元素的掺杂量 $x < 0.8$ 时，所有衍射峰均可以与标准卡片很好地匹配，样品中没有明显的杂相生成。但当 Cl 掺杂量 $x = 0.8$ 时，样品中出现了杂相，杂相成分主要为未反应完全的 Bi_2O_3 和固相反应中生成的 $Bi_{24}O_{31}Cl_{10}$，其杂峰分别以倒三角和菱形在图中进行了标注，这样的结果说明 $Bi_6Cu_2Se_{3.4}Cl_{0.6}O_6$ 样品已经到达了 Cl 元素的掺杂极限。

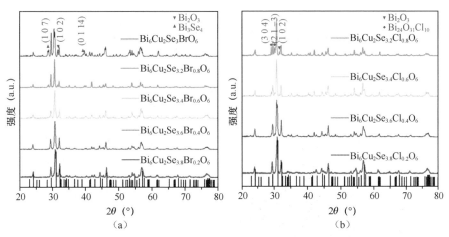

图 7-29　样品的粉末 XRD 图谱（主要杂相在图中进行了标注）

（a）$Bi_6Cu_2Se_{4-x}Br_xO_6$；（b）$Bi_6Cu_2Se_{4-x}Cl_xO_6$

微观结构的差异会对样品宏观性能产生影响，观察样品的显微结构可以了解样品的致密度、微观结构和元素分布等信息，有助于全面了解新合成的化合物。图 7-30（a）和图 7-30（b）为 $Bi_6Cu_2Se_{3.2}Br_{0.8}O_6$ 和 $Bi_6Cu_2Se_{3.4}Cl_{0.6}O_6$ 样品在放大 10 000 倍后的断口形貌。选择这两个样品是因为它们分别已经达到了 Br 元素和 Cl 元素的掺杂极限，与其他样品相比，这两个样品的热电性能最好。从图 7-30（a）的断口形貌可以清晰地看出样品中的晶粒尺寸在 10 μm 左右，这是因为 $Bi_6Cu_2Se_4O_6$ 自身的结构为层状，其单个晶粒具有明显的生长取向。图 7-30（b）中的 $Bi_6Cu_2Se_{3.4}Cl_{0.6}O_6$ 样品显示的层状结构与图 7-30（a）中的 $Bi_6Cu_2Se_{3.2}Br_{0.8}O_6$ 基本一致，晶粒尺寸在 10 μm 左右，且层状结构明显。明显的层状结构会使得经过热压烧结的样品在微观上的取向更加明显，从而使得样品在宏观热电性能上表现出显著的差异，这也是织构工艺可以明显提升层状材料热电性能的理论基础。

SEM 成分映射分析可以给出元素在断面上的大致分布，从而判断给定样品中是否存在第二相。图 7-30（c）和图 7-30（d）分别对应图 7-30（a）和图 7-30（b）中断面的 SEM 成分映射分析结果。除了无法观测 O 元素以外，可以看出元素 Bi、Cu、Se、Br 和 Cl 均匀分布在选定的面扫描区间内，证明 $Bi_6Cu_2Se_{3.2}Br_{0.8}O_6$ 和 $Bi_6Cu_2Se_{3.4}Cl_{0.6}O_6$ 中没有第二相存在。

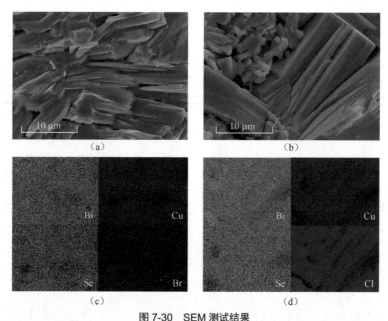

图 7-30　SEM 测试结果
（a）$Bi_6Cu_2Se_{3.2}Br_{0.8}O_6$ 的断口形貌；（b）$Bi_6Cu_2Se_{3.4}Cl_{0.6}O_6$ 的断口形貌；
（c）$Bi_6Cu_2Se_{3.2}Br_{0.8}O_6$ 对应部位的面扫描分析；
（d）$Bi_6Cu_2Se_{3.4}Cl_{0.6}O_6$ 对应部位的面扫描分析（所有图像均为放大 10 000 倍的结果）

利用傅里叶变换红外光谱仪 IRAffinity-1S 测得了样品的电子吸收光谱，吸收谱线的切线与 x 轴的交点为样品的禁带宽度。从图 7-31（a）可以看出

样品 $Bi_6Cu_2Se_{3.8}Br_{0.2}O_6$ 的禁带宽度约为 0.47 eV，随着 Br 的掺杂量 x 增加，$Bi_6Cu_2Se_{4-x}Br_xO_6$ 样品的禁带宽度逐渐增大，最终增加到 $Bi_6Cu_2Se_3BrO_6$ 中的 0.49 eV。$Bi_6Cu_2Se_{4-x}Cl_xO_6$ 中也呈现同样趋势，掺杂量 x 越大，禁带宽度越宽，从 0.49 eV 增加到 0.50 eV，如图 7-31（b）所示。这样的实验结果与第一性原理计算结果一致[24]，证明卤族元素（Br、Cl）掺杂可以在一定程度上改变能带结构。

我们已经知道 $Bi_6Cu_2Se_4O_6$ 具有和 BiCuSeO、Bi_2O_2Se 类似的层状结构，层状结构的存在使样品沿层状方向的热电性能与垂直于层状方向的热电性能存在差异，在之前的实验中，BiCuSeO 和 Bi_2O_2Se 的电输运性能和热输运性能测试均需要沿相同的方向进行。作为一种新的层状热电化合物，同样需要在垂直于烧结压力和平行于烧结压力两个方向对其测试，从而得到最优性能。

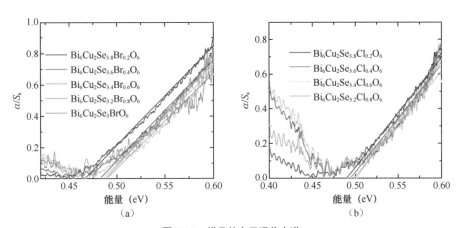

图 7-31　样品的电子吸收光谱

（a）$Bi_6Cu_2Se_{4-x}Br_xO_6$（$x = 0.2$、0.4、0.6、0.8 和 1.0）；（b）$Bi_6Cu_2Se_{4-x}Cl_xO_6$（$x = 0.2$、0.4、0.6 和 0.8）

图 7-32 所示为沿垂直（⊥）和平行（//）于烧结压力方向测得的 Br 掺杂的 $Bi_6Cu_2Se_{4-x}Br_xO_6$（$x = 0.2$、0.4、0.6、0.8 和 1.0）的电导率、泽贝克系数、功率因子和热导率，其中垂直于烧结压力方向的结果用实线表示，平行于烧结压力方向的结果用虚线表示。图 7-32（a）所示为样品 $Bi_6Cu_2Se_{4-x}Br_xO_6$ 随温度变化的电导率，整体来看，对于同一个样品，实线的电导率在整个测试温区内均高于虚线电导率，说明样品沿垂直于烧结压力方向的电输运性能更优。以样品 $Bi_6Cu_2Se_3BrO_6$ 为例，在 300 K，垂直于烧结压力方向的电导率约为 82 S·cm⁻¹，

而平行于烧结压力方向的电导率仅约为 41 S·cm^{-1}；在 873 K 时，垂直于烧结压力方向的电导率约为 35 S·cm^{-1}，平行于烧结压力方向的电导率仅约为 20 S·cm^{-1}。可以看出，即使是同一个样品，沿着不同的方向测试，其电导率差异较大。在图 7-32（a）所示的其他样品中，因选择的测试方向不同，电导率呈现的结果也不同。这其实不难理解，$Bi_6Cu_2Se_4O_6$ 本身具有层状结构，因此其晶粒在形成的过程中会具有一定的取向。SPS 为样品测试前的最后一道工序，其本质是通过高温、高压使得样品粉末致密化形成块体，在这一过程中，片层状的晶粒会趋向沿垂直于施加高压的方向进行排列[25]，我们已经知道 $Bi_6Cu_2Se_4O_6$ 中 $[Se]^{2-}$ 层和 $[Cu_2Se_2]^{2-}$ 层具有较好的导电性，同一样品在垂直于烧结压力方向将表现出更高的电导率。

图 7-32（b）所示为样品 $Bi_6Cu_2Se_{4-x}Br_xO_6$ 的泽贝克系数。与电导率趋势不同，同一样品的泽贝克系数在两个不同方向上的测试结果并没有明显的差异。从图 7-32（b）中可以看出，实线与虚线在整个测试温区内基本重合，这是因为样品沿不同烧结压力方向上没有载流子浓度的差异，仅有载流子迁移率的区别。当样品的掺杂量 $x = 0.2$ 时，$Bi_6Cu_2Se_{3.8}Br_{0.2}O_6$ 的泽贝克系数在 300 K 到 700 K 为正值，300 K 时约为 530 μV·K^{-1}；当温度继续升高时，泽贝克系数转为负值，这说明掺杂 Br 元素无法形成稳定的 N 型半导体；当掺杂量 $x = 0.4$ 时，可以发现在整个测试温区内，样品的泽贝克系数为负值，泽贝克系数的绝对值的最大值约为 350 μV·K^{-1}，说明 Br 掺杂可以有效增加样品中的电子载流子浓度，从而使样品呈现出 N 型电输运性能；当掺杂量 $x > 0.4$ 时，$Bi_6Cu_2Se_{3.4}Br_{0.6}O_6$ 和 $Bi_6Cu_2Se_{3.2}Br_{0.8}O_6$ 的泽贝克系数在整个测试区间为负值，体现出稳定的 N 型电输运性能，这两个样品的泽贝克系数绝对值接近（均约为 100 μV·K^{-1}），且在整个温区内小于 $Bi_6Cu_2Se_{3.6}Br_{0.4}O_6$ 的泽贝克系数绝对值，说明相比 $x=0.4$ 的 Br 掺杂，$x=0.6$ 和 0.8 的 Br 掺杂可以明显提升样品中的电子载流子浓度。

图 7-32（c）所示为通过电导率和泽贝克系数计算得到的样品 $Bi_6Cu_2Se_{4-x}Br_xO_6$ 的功率因子，可以用功率因子来直观地比较不同样品的热电性能，尤其是电输运性能的差异。从图 7-32（c）中可以看出，在相同的样品中，样品在垂直于烧结压力方向的功率因子远高于平行于烧结压力方向的功率因子。最终，当温度为 773 K 时，在 $Bi_6Cu_2Se_{3.2}Br_{0.8}O_6$ 中，沿垂直于烧结压力方向得到了最大功率因子，约为 1.2 μW·cm^{-1}·K^{-2}。

　　图 7-32（d）所示为样品 $Bi_6Cu_2Se_{4-x}Br_xO_6$ 在整个测试温区内的热导率，在垂直和平行于烧结压力的两个方向上分别测试了样品的热扩散系数 D，并结合样品的比热和密度计算出了样品的热导率。可以看出图 7-32（d）中同一样品在垂直于烧结压力方向的热导率均高于平行于烧结压力方向的热导率。这主要源于垂直于烧结压力方向上有较高电子热导率和较弱的层间散射。

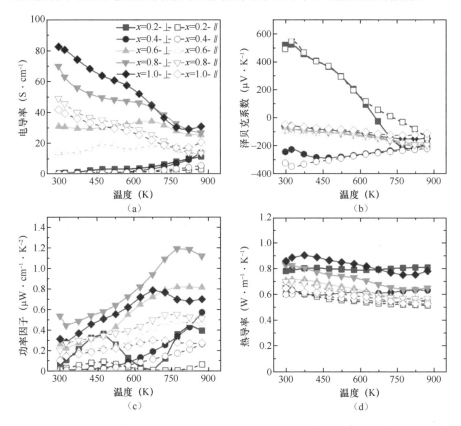

图 7-32　$Bi_6Cu_2Se_{4-x}Br_xO_6$（x = 0.2、0.4、0.6、0.8 和 1.0）的热电性能随温度的变化曲线（实线表示样品沿垂直于烧结压力方向的测量结果，虚线表示样品沿平行于烧结压力方向的测量结果）
（a）电导率；（b）泽贝克系数；（c）功率因子；（d）热导率

　　Rosseinsky 等人[24] 选择 Cl 元素作为掺杂剂，我们同样选定 Cl 掺杂，制备了一组样品 $Bi_6Cu_2Se_{4-x}Cl_xO_6$（x = 0.2、0.4、0.6 和 0.8），并对其热电性能进行测试。

　　图 7-33 为沿垂直和平行于烧结压力方向上测量的 $Bi_6Cu_2Se_{4-x}Cl_xO_6$（x = 0.2、0.4、0.6 和 0.8）的电导率、泽贝克系数、功率因子和热导率，其中垂

直于烧结压力方向的结果用实线表示，平行于烧结压力方向的结果用虚线表示。图 7-33（a）所示为样品 $Bi_6Cu_2Se_{4-x}Cl_xO_6$ 随温度变化的电导率，对于同一个样品，可以看出实线电导率在整个测试温区内均高于虚线电导率。以样品 $Bi_6Cu_2Se_{3.2}Cl_{0.8}O_6$ 为例，在 300 K，其在垂直于烧结压力方向的电导率约为 72 S·cm^{-1}，平行于烧结压力方向的电导率仅约为 34 S·cm^{-1}；在 773 K 时，垂直于烧结压力方向的电导率约为 28 S·cm^{-1}，平行于烧结压力方向的电导率仅约为 17 S·cm^{-1}。同样地，对于同一个样品，沿着不同的方向测试，电导率也可以有将近两倍的差异。原理与在 $Bi_6Cu_2Se_{4-x}Br_xO_6$ 中所述的一致。

图 7-33（b）所示为样品 $Bi_6Cu_2Se_{4-x}Cl_xO_6$ 随温度变化的泽贝克系数。与电导率趋势不同，同一样品的泽贝克系数在两个不同方向上的测试结果并没有明显的差异。从图 7-33（b）中可以看出，实线与虚线在整个测试温区内基本重合，原因和 Br 掺杂样品一样。不同于 Br 掺杂样品，在少量的 Cl 掺杂（$x = 0.2$）情况下，$Bi_6Cu_2Se_{3.8}Cl_{0.2}O_6$ 的泽贝克系数从 300 K 到 873 K 为负值，说明 $x = 0.2$ 的 Cl 元素掺杂可以有效地调节 $Bi_6Cu_2Se_4O_6$ 中的电子载流子浓度，并使其形成稳定的 N 型半导体；当掺杂量 $x > 0.2$ 时，$Bi_6Cu_2Se_{3.6}Cl_{0.4}O_6$、$Bi_6Cu_2Se_{3.4}Cl_{0.6}O_6$ 和 $Bi_6Cu_2Se_{3.2}Br_{0.8}O_6$ 的泽贝克系数在整个测试温区内为负值，体现出稳定的 N 型电输运性能。但是，这 3 个样品的泽贝克系数绝对值数值接近，且在整个温区内小于 $Bi_6Cu_2Se_{3.8}Cl_{0.2}O_6$ 的泽贝克系数绝对值，说明相比 $x=0.2$ 的 Cl 掺杂，$x = 0.4$、0.6 和 0.8 的 Cl 掺杂可以明显提升样品中的电子载流子浓度，但同时说明，在 $Bi_6Cu_2Se_{3.6}Cl_{0.4}O_6$ 中无法通过继续增加 Cl 元素的含量来提升样品中的电子载流子的浓度。

同样的趋势也可以在功率因子曲线中观察到，图 7-33（c）所示为通过电导率和泽贝克系数计算得到的样品 $Bi_6Cu_2Se_{4-x}Cl_xO_6$ 随温度变化的功率因子。从图 7-33（c）中可以看出，在相同的样品中，垂直于烧结压力方向的功率因子远高于平行于烧结压力方向的功率因子。最终，在沿垂直于 $Bi_6Cu_2Se_{3.4}Cl_{0.6}O_6$ 烧结压力方向得到最大功率因子，当温度为 723 K 时，最大功率因子约为 0.83 $\mu W \cdot cm^{-1} \cdot K^{-2}$。

图 7-33（d）所示为样品 $Bi_6Cu_2Se_{4-x}Cl_xO_6$ 在整个测试温区内的热导率，分别沿垂直于烧结压力和平行于烧结压力两个方向测得。可以看出样品沿垂直于烧结压力方向的热导率均高于平行于烧结压力方向的热导率。在垂直于 $Bi_6Cu_2Se_{3.2}Cl_{0.8}O_6$ 的烧结压力方向，温度为 300 K 时，测得热导率最高为

1.0 W·m^{-1}·K^{-1}；而在平行于 Bi$_6$Cu$_2$Se$_{3.8}$Cl$_{0.2}$O$_6$ 的烧结压力方向，温度为 773 K 时，测得热导率最低为 0.5 W·m^{-1}·K^{-1}。相比 Br 元素掺杂的样品，Cl 元素掺杂样品的热导率整体更高。

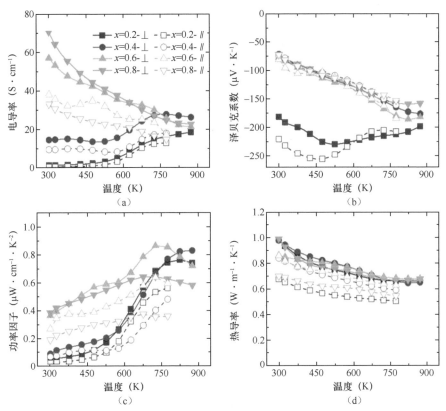

图 7-33　Bi$_6$Cu$_2$Se$_{4-x}$Cl$_x$O$_6$（x = 0.2、0.4、0.6 和 0.8）的热电性能随温度的变化曲线（实线表示样品沿垂直于烧结压力方向的测量结果，虚线表示样品沿平行于烧结压力方向的测量结果）
（a）电导率；（b）泽贝克系数；（c）功率因子；（d）热导率

　　图 7-34（a）和图 7-34（b）分别为样品 Bi$_6$Cu$_2$Se$_{4-x}$Br$_x$O$_6$（x = 0.2、0.4、0.6、0.8 和 1.0）和 Bi$_6$Cu$_2$Se$_{4-x}$Cl$_x$O$_6$（x = 0.2、0.4、0.6 和 0.8）在两个测试方向上的 ZT 值随温度的变化。对于 Bi$_6$Cu$_2$Se$_{4-x}$Br$_x$O$_6$，由于其在垂直于烧结压力方向具有较好的电输运性能，且两方向上的热导率差异较小，同一样品在垂直于烧结压力方向具有比平行于烧结压力方向更高的 ZT 值，最大 ZT 值在 823 K 达

到 0.15。在 $Bi_6Cu_2Se_{4-x}Cl_xO_6$ 中观察到相同的趋势,如图 7-34(b)所示,样品在垂直于烧结压力方向具有比平行于烧结压力方向更高的 ZT 值,最终,最大 ZT 值在 873 K 达到 0.11。通过对比图 7-34(a)和图 7-34(b),可以发现 Br 掺杂的 $Bi_6Cu_2Se_{4-x}Br_xO_6$ 比 Cl 掺杂的 $Bi_6Cu_2Se_{4-x}Cl_xO_6$ 具有更高的 ZT 值。

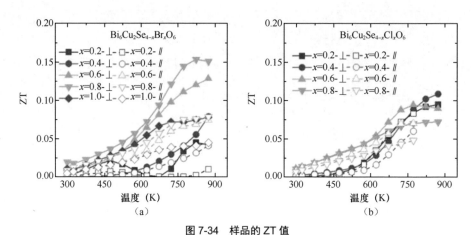

图 7-34 样品的 ZT 值

(a)$Bi_6Cu_2Se_{4-x}Br_xO_6$(x=0.2、0.4、0.6、0.8 和 1.0);(b)$Bi_6Cu_2Se_{4-x}Cl_xO_6$(x = 0.2、0.4、0.6 和 0.8)

通过前面内容,我们已经发现 $Bi_6Cu_2Se_4O_6$ 氧硫族化合物的热导率很低,$Bi_6Cu_2Se_{4-x}Cl_xO_6$(x = 0.2、0.4、0.6 和 0.8)的热导率处在 0.5 W·m^{-1}·K^{-1} 到 1.0 W·m^{-1}·K^{-1} 之间,$Bi_6Cu_2Se_{4-x}Br_xO_6$(x = 0.2、0.4、0.6、0.8 和 1.0)的热导率更低。图 7-35(a)所示为 $Bi_6Cu_2Se_{4-x}Br_xO_6$ 在垂直于烧结压力方向上的晶格热导率,当掺杂量 x = 0.2 时,$Bi_6Cu_2Se_{3.8}Br_{0.2}O_6$ 的晶格热导率只有 0.8 W·m^{-1}·K^{-1} 左右,并且随着温度的升高,晶格热导率几乎没有变化;当掺杂量 x = 0.6 时,样品 $Bi_6Cu_2Se_{3.4}Br_{0.6}O_6$ 的晶格热导率在 873 K 时达到最低为 0.5 W·m^{-1}·K^{-1}。图 7-35(b)所示为 $Bi_6Cu_2Se_{4-x}Br_xO_6$ 在平行于烧结压力方向上的晶格热导率,可以看出,平行方向的晶格热导率在整个测试温区内小于垂直方向的晶格热导率,这是由于沿垂直 $[Bi_2O_2]^{2+}$ 层、$[Se]^{2-}$ 层和 $[Cu_2Se_2]^{2-}$ 层方向上的声子输运会受到较强的层间散射,从而降低样品的热导率。图 7-35(c)所示为 $Bi_6Cu_2Se_{4-x}Br_xO_6$ 在垂直于烧结压力方向上的电子热导率。随着掺杂量 x 的增加,样品的电子热导率逐渐增加,尤其是在中低温区,其中 $Bi_6Cu_2Se_3BrO_6$ 的电子热导率在 573 K 时为 0.06 W·m^{-1}·K^{-1}。图 7-35(d)所示为 $Bi_6Cu_2Se_{4-x}Br_xO_6$ 在平行于烧结压力

方向上的电子热导率，随着掺杂量 x 的增加，样品的电子热导率逐渐增加，中低温区内增加明显，其中 $Bi_6Cu_2Se_3BrO_6$ 的电子热导率在 573 K 为 0.033 $W \cdot m^{-1} \cdot K^{-1}$。

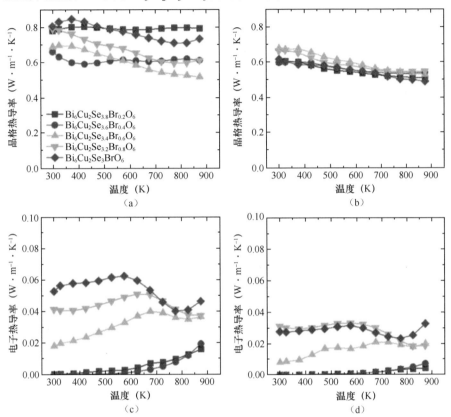

图 7-35 $Bi_6Cu_2Se_{4-x}Br_xO_6$（x = 0.2、0.4、0.6、0.8 和 1.0）的晶格热导率和电子热导率随温度变化

（a）垂直于烧结压力方向上的晶格热导率；（b）平行于烧结压力方向上的晶格热导率；

（c）垂直于烧结压力方向上的电子热导率；（d）平行于烧结压力方向上的电子热导率

图 7-36（a）所示为 $Bi_6Cu_2Se_{4-x}Cl_xO_6$（x = 0.2、0.4、0.6 和 0.8）在垂直于烧结压力方向上的晶格热导率，当掺杂量 x = 0.2 时，$Bi_6Cu_2Se_{3.8}Cl_{0.2}O_6$ 的晶格热导率在 300 K 时最大，约为 0.95 $W \cdot m^{-1} \cdot K^{-1}$，并且晶格热导率随着温度的升高逐渐降低；不同掺杂量样品的晶格热导率随温度变化不大，样品 $Bi_6Cu_2Se_{3.6}Cl_{0.4}O_6$ 的晶格热导率在 873 K 时达到最低约 0.6 $W \cdot m^{-1} \cdot K^{-1}$，Cl 掺杂的样品相比同等掺杂量的 Br 掺杂样品的晶格热导率较高。图 7-36（b）所示为 $Bi_6Cu_2Se_{4-x}Cl_xO_6$ 在平行于烧结压力方向上的晶格热导率，可以看出，沿平行于烧结压力方向的晶格热导率在整个测试温区内小于垂直于烧结压力方向的晶格热导率，原因在

Br 掺杂的样品中已经给出，是由于层间声子散射的贡献。图 7-36（c）所示为 $Bi_6Cu_2Se_{4-x}Cl_xO_6$ 在垂直于烧结压力方向上的电子热导率，随着掺杂量 x 的增加，样品的电子热导率逐渐增加，其中 $Bi_6Cu_2Se_{3.2}Cl_{0.8}O_6$ 的电子热导率在 300 K 时最高，为 0.045 $W \cdot m^{-1} \cdot K^{-1}$。图 7-36（d）所示为 $Bi_6Cu_2Se_{4-x}Cl_xO_6$ 在平行于烧结压力方向上的电子热导率，随着掺杂量 x 的增加，样品的电子热导率几乎逐渐增加，其中，$Bi_6Cu_2Se_{3.4}Cl_{0.6}O_6$ 的电子热导率在 473 K 为 0.03 $W \cdot m^{-1} \cdot K^{-1}$。

为了深入了解 $Bi_6Cu_2Se_4O_6$ 氧硫族化合物具有低热导率的原因，采用在热电材料中常用的计算相关弹性系数的方法对其进行研究。通过超声脉冲回波法直接获得样品中的纵向声速（v_l）和横向声速（v_s），然后通过相应公式计算得到平均声速（v_m）、弹性模量（E）、泊松比（v_p）以及格林艾森常数（γ）[14, 26-28] 等重要参数。

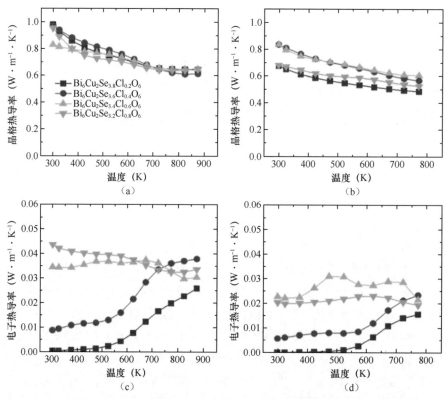

图 7-36 $Bi_6Cu_2Se_{4-x}Cl_xO_6$（x = 0.2、0.4、0.6 和 0.8）的晶格热导率和电子热导率随温度变化

（a）垂直于烧结压力方向上的晶格热导率；（b）平行于烧结压力方向上的晶格热导率；

（c）垂直于烧结压力方向上的电子热导率；（d）平行于烧结压力方向上的电子热导率

为了便于和 BiCuSeO、Bi$_2$O$_2$Se 的弹性系数进行对比，研究人员参考了 BiCuSeO 的相关数据 [6] 和 Bi$_2$O$_2$Se 的相关数据 [22]，结果如表 7-3 所示。可以看出，Bi$_6$Cu$_2$Se$_{4-x}$Br$_x$O$_6$（x = 0.2、0.4、0.6、0.8 和 1.0）的纵向声速为 2814 ～ 3131 m·s^{-1}，横向声速为 1561 ～ 1776 m·s^{-1}，计算得到的平均声速为 1739 ～ 1974 m·s^{-1}，不同样品间的差异较小，说明 Br 掺杂对不同样品的声速影响较小。Bi$_6$Cu$_2$Se$_{4-x}$Cl$_x$O$_6$（x = 0.2、0.4、0.6 和 0.8）的各声速数据与 Br 掺杂样品的基本一致，其中 Br 掺杂和 Cl 掺杂样品的平均声速要小于 BiCuSeO 的平均声速 2107 m·s^{-1}，且与 Bi$_2$O$_2$Se 的 1844 m·s^{-1} 相近。弹性模量是描述固体材料抵抗形变能力的物理量，一般来说，弹性模量越大，固体材料越难发生形变，我们称材料越“刚”；弹性模量越小，固体材料越容易发生形变，称这种材料越“软”。一般来说，“软”的材料更受热电领域的关注，其可以较好地散射声子，使得材料具有较低热导率。格林艾森常数与样品的非谐性密切相关，格林艾森常数越大，则样品非谐性越强，晶格热导率相对越低，Bi$_6$Cu$_2$Se$_{4-x}$Br$_x$O$_6$ 和 Bi$_6$Cu$_2$Se$_{4-x}$Cl$_x$O$_6$ 的格林艾森常数均大于 BiCuSeO 的（1.50），体现出较强的非谐性。

表7-3　样品的声速（v_1、v_s、v_m）、弹性模量（E）、泊松比（v_p）、格林艾森常数（γ）和德拜温度（θ_D）的对比表

样品	v_1(m·s^{-1})	v_s(m·s^{-1})	v_m(m·s^{-1})	E(GPa)	v_p	γ	θ_D(K)
Bi$_6$Cu$_2$Se$_{3.8}$Br$_{0.2}$O$_6$	2824	1600	1779	53.0	0.26	1.56	210
Bi$_6$Cu$_2$Se$_{3.6}$Br$_{0.4}$O$_6$	3000	1664	1854	56.6	0.27	1.64	219
Bi$_6$Cu$_2$Se$_{3.4}$Br$_{0.6}$O$_6$	2814	1561	1739	49.2	0.27	1.64	205
Bi$_6$Cu$_2$Se$_{3.2}$Br$_{0.8}$O$_6$	2900	1633	1817	54.8	0.27	1.58	214
Bi$_6$Cu$_2$Se$_3$BrO$_6$	3131	1776	1974	64.5	0.26	1.56	233
Bi$_6$Cu$_2$Se$_{3.8}$Cl$_{0.2}$O$_6$	3000	1611	1799	52.6	0.29	1.75	212
Bi$_6$Cu$_2$Se$_{3.6}$Cl$_{0.4}$O$_6$	2837	1564	1743	50.2	0.28	1.66	206
Bi$_6$Cu$_2$Se$_{3.4}$Cl$_{0.6}$O$_6$	2928	1597	1781	53.3	0.29	1.70	210
Bi$_6$Cu$_2$Se$_{3.2}$Cl$_{0.8}$O$_6$	2975	1700	1889	58.2	0.26	1.54	223
BiCuSeO	3290	1900	2107	76.5	0.25	1.50	243
Bi$_2$O$_2$Se	3541	1637	1844	59.9	0.36	2.25	296

除了弹性性质以外，样品具有较低的德拜温度（θ_D），这通常也意味着其

具有较低的热导率。样品的德拜温度可由以下公式计算得到 [26, 27]:

$$\theta_D = \frac{h}{k_B}\left(\frac{3N}{4\pi V}\right)^{\frac{1}{3}} v_m \qquad (7\text{-}2)$$

其中,h 和 k_B 分别是普朗克常数和玻耳兹曼常数;N 是单胞内的原子数;V 是单胞体积。与 BiCuSeO 相比,Br、Cl 掺杂后的 $Bi_6Cu_2Se_4O_6$ 氧硫族化合物的德拜温度更低,这与化合物表现出的低热导率的结果相符。为了直观地比较 BiCuSeO、Bi_2O_2Se 和 $Bi_6Cu_2Se_4O_6$ 这 3 种氧硫族化合物的总热导率,我们在图 7-37(a)中对这 3 种化合物进行了对比,可以看出,即使从不同的方向进行测试,Br、Cl 掺杂的 $Bi_6Cu_2Se_4O_6$ 的总热导率均小于 BiCuSeO 和 Bi_2O_2Se 的总热导率,并且差异在中低温段更加明显。

当声子平均自由程(λ)与化合物的晶体层间距的大小相近时,晶体可以对声子进行有效散射,进而降低样品的晶格热导率,$Bi_6Cu_2Se_4O_6$ 的声子平均自由程 λ 可以通过如下公式获得 [27]:

$$\lambda = 3D/v_m \qquad (7\text{-}3)$$

其中,D 和 v_m 分别是热扩散系数和平均声速。图 7-37(b)展示了通过式(7-3)计算得到的 $Bi_6Cu_2Se_{4-x}Br_xO_6$ 和 $Bi_6Cu_2Se_{4-x}Cl_xO_6$ 的声子平均自由程。可以看出,$Bi_6Cu_2Se_{4-x}Br_xO_6$ 的声子平均自由程约为 6 Å,而 $Bi_6Cu_2Se_{4-x}Cl_xO_6$ 的声子平均自由程约为 8 Å,掺杂卤族元素后的 $Bi_6Cu_2Se_4O_6$ 的声子平均自由程小于 BiCuSeO(约 8.5 Å)和 Bi_2O_2Se(约 10 Å),并且与 $Bi_6Cu_2Se_4O_6$ 的晶格常数($a = b = 3.92$ Å,$c = 29.97$ Å)量级接近。在图 7-37(c)中,$[Bi_2O_2]^{2+}$-$[Cu_2Se_2]^{2-}$ 层间距和 $[Bi_2O_2]^{2+}$-$[Se]^{2-}$ 层间距约为 4 Å,这样的层间距与声子平均自由程非常接近,因此会在层间对声子输运产生强烈的散射,从而导致低的总热导率。之前的研究已经发现 Bi^{3+} 孤对电子产生的非谐性 [14] 和 Cu^{2+} 的局域振动 [19] 共同导致了 BiCuSeO 的低总热导率,Song 等人 [29] 最近的研究发现 Bi_2O_2Se 的层间耦合可以导致低总热导率。与 BiCuSeO 和 Bi_2O_2Se 相比,$Bi_6Cu_2Se_4O_6$ 既有 BiCuSeO 中的 $[Bi_2O_2]^{2+}$-$[Cu_2Se_2]^{2-}$ 夹层,又有 Bi_2O_2Se 中的 $[Bi_2O_2]^{2+}$-$[Se]^{2-}$ 夹层,同时具备两者的优势,声子散射更强,因此具有更低的总热导率。

高价态元素掺杂是合成 N 型半导体常用的方法。在 BiCuSeO 的相关实验中,我们发现,Cu 元素本身活性较强,在 Cu 位进行高价态掺杂非常困难,因此我们尝试在 Bi 位进行高价态掺杂。我们选取了 3 种 +4 价的元素 Ti、Zr 和 Ce 进行了实验，通过固相反应分别合成了样品 $Bi_{5.95}Ti_{0.05}Cu_2Se_{3.6}Cl_{0.4}O_6$、$Bi_{5.9}Ti_{0.1}Cu_2Se_{3.6}Cl_{0.4}O_6$、$Bi_{5.95}Zr_{0.05}Cu_2Se_{3.6}Cl_{0.4}O_6$、$Bi_{5.9}Zr_{0.1}Cu_2Se_{3.6}Cl_{0.4}O_6$、$Bi_{5.95}Ce_{0.05}Cu_2Se_{3.6}Cl_{0.4}O_6$ 和 $Bi_{5.9}Ce_{0.1}Cu_2Se_{3.6}Cl_{0.4}O_6$，并对样品的热电性能进行了测试。

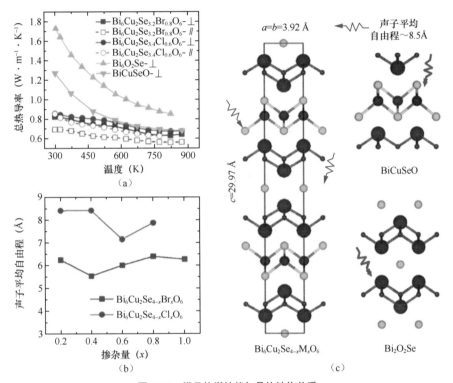

图 7-37　样品热学性能与晶体结构关系

（a）$Bi_6Cu_2Se_{3.2}Br_{0.8}O_6$、$Bi_6Cu_2Se_{3.4}Cl_{0.6}O_6$、BiCuSeO 和 Bi_2O_2Se 的总热导率对比；（b）$Bi_6Cu_2Se_{4-x}Br_xO_6$（$x=0.2$、0.4、0.6、0.8 和 1.0）和 $Bi_6Cu_2Se_{4-x}Cl_xO_6$（$x=0.2$、0.4、0.6 和 0.8）的声子平均自由程；（c）$Bi_6Cu_2Se_{4-x}M_xO_6$、BiCuSeO 和 Bi_2O_2Se 的晶体结构

图 7-38 所示为用元素 Ti、Zr 和 Ce 掺杂后样品的 XRD 图谱，可以看出掺杂后样品的 XRD 的衍射峰与计算值一一对应，没有观察到明显的杂峰，这说明 Ti、Zr 和 Ce 成功取代了 Bi 的位置，并且不会在样品中产生第二相。

在样品 $Bi_6Cu_2Se_{3.6}Cl_{0.4}O_6$ 中，虽然沿平行于烧结压力方向测得的总热导率相比垂直方向低 [见图 7-33（d）]，但是沿垂直于烧结压力方向测得的电导率是平行方向电导率的近 2 倍 [见图 7-33（a）]，最终沿垂直于烧结压力方向测得的 ZT 值要优于平行方向的 ZT 值（见图 7-34）。因此，在该部分的测试中，我们主要研究掺杂 Ti、Zr 和 Ce 后样品沿垂直于烧结压力方向的热电性能。

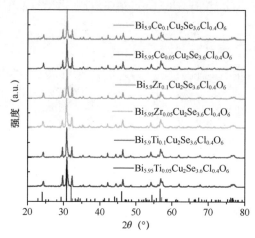

图 7-38　掺杂 Ti、Zr 和 Ce 后样品的粉末 XRD 图谱

图 7-39（a）所示为掺杂 Ti、Zr 和 Ce 后样品随温度变化的电导率。可以看出，相比 $Bi_6Cu_2Se_{3.6}Cl_{0.4}O_6$，掺杂了高价元素 Ti、Zr 和 Ce 的样品的电导率在整个测试温区显著提升，尤其是在中低温段，提升更加明显，掺杂量 $x = 0.1$（掺 Zr）时的效果最好，在 300 K 的电导率最高达到 113 S·cm^{-1}，这个数值是同温度点下 $Bi_6Cu_2Se_{3.6}Cl_{0.4}O_6$ 的十几倍，说明掺杂 Zr 可以有效提升样品中的载流子浓度。掺杂量 $x = 0.05$（掺 Ce）的掺杂效果其次，在 300 K 的电导率最高达到约 62 S·cm^{-1}，这个数值是同温度点下 $Bi_6Cu_2Se_{3.6}Cl_{0.4}O_6$ 的好几倍，其他样品的掺杂效果相对较差，但是电导率增强效果也比较明显，可以看出掺杂高价态的 Ti、Zr 和 Ce 均可以有效提升 $Bi_6Cu_2Se_{3.6}Cl_{0.4}O_6$ 的电导率，特别是在中低温段。

图 7-39（b）所示为样品随温度变化的泽贝克系数，从图中可以看出掺杂 Ti、Zr 和 Ce 的样品的泽贝克系数与 $Bi_6Cu_2Se_{3.6}Cl_{0.4}O_6$ 在整个测试温区内的变化趋势一致，且数值变化不大。

图 7-39（c）所示为样品随温度变化的功率因子，由于掺杂高价态 Ti、Zr 和 Ce 元素的样品的泽贝克系数变化不明显且电导率提升较大，因此掺杂样品的功率因子相比 $Bi_6Cu_2Se_{3.6}Cl_{0.4}O_6$ 有很大提升。其中，样品 $Bi_{5.9}Zr_{0.1}Cu_2Se_{3.6}Cl_{0.4}O_6$

的功率因子提升最明显，在 773 K，其最大值为 1.2 $\mu W \cdot cm^{-1} \cdot K^{-2}$，是 $Bi_6Cu_2Se_{3.6}Cl_{0.4}O_6$ 在同温度点的功率因子的约两倍。由于掺杂高价元素后，样品电导率的提升在中低温段更加明显，因此中低温段的功率因子提升更明显。在 300 K，样品 $Bi_{5.9}Zr_{0.1}Cu_2Se_{3.6}Cl_{0.4}O_6$ 的功率因子为 0.6，这个数值是同温度点下 $Bi_6Cu_2Se_{3.6}Cl_{0.4}O_6$ 的 6 倍多。其他样品功率因子的增幅虽然比不上 $Bi_{5.9}Zr_{0.1}Cu_2Se_{3.6}Cl_{0.4}O_6$，但也有明显提升。因此，在 Bi 位掺杂高价态 Ti、Zr 和 Ce 元素可以有效提升样品 $Bi_6Cu_2Se_{3.6}Cl_{0.4}O_6$ 的电输运性能。

图 7-39（d）所示为样品随温度变化的总热导率。在热电材料中，由载流子浓度的提升导致的电导率的提升过程通常会伴随电子热导率的提升，进而提升总热导率。从图 7-39（d）中掺杂 Ti 和 Zr 的样品的总热导率可以看到这样的趋势，掺杂 Ti 和 Zr 的 4 个样品的总热导率在整个测试温区内相比 $Bi_6Cu_2Se_{3.6}Cl_{0.4}O_6$ 均有提高，尤其是掺杂量 $x = 0.1$ 的 Zr 元素掺杂样品，其总热导率在 300 K 时达到了 1.15 $W \cdot m^{-1} \cdot K^{-1}$，高于同温度点的 $Bi_6Cu_2Se_{3.6}Cl_{0.4}O_6$；在高温处，其总热导率 0.75 $W \cdot m^{-1} \cdot K^{-1}$ 高于同温度点的 $Bi_6Cu_2Se_{3.6}Cl_{0.4}O_6$。我们同时发现，在 Bi 位掺杂 Ce 可以在提升样品电导率的同时降低总热导率，从图 7-39（d）中可以看到掺杂量 x 为 0.05 和 0.1 的样品的总热导率在整个测试温区要小于 $Bi_6Cu_2Se_{3.6}Cl_{0.4}O_6$ 的总热导率，尤其是 $Bi_{5.95}Ce_{0.05}Cu_2Se_{3.6}Cl_{0.4}O_6$，其总热导率在 300 K 时为 0.88 $W \cdot m^{-1} \cdot K^{-1}$，低于同温度点的 $Bi_6Cu_2Se_{3.6}Cl_{0.4}O_6$；在高温处，其总热导率为 0.6 $W \cdot m^{-1} \cdot K^{-1}$，低于同温度点的 $Bi_6Cu_2Se_{3.6}Cl_{0.4}O_6$。

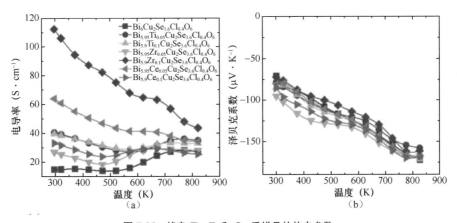

图 7-39　掺杂 Ti、Zr 和 Ce 后样品的热电参数

（a）电导率；（b）泽贝克系数；

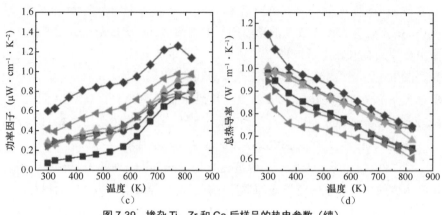

图 7-39　掺杂 Ti、Zr 和 Ce 后样品的热电参数（续）

（c）功率因子；（d）总热导率

图 7-40 所示为掺杂 Ti、Zr 和 Ce 后样品随温度变化的 ZT 值，可以看出有两个样品的 ZT 值提升明显，其中一个样品为 $Bi_{5.9}Zr_{0.1}Cu_2Se_{3.6}Cl_{0.4}O_6$，虽然掺杂 Zr 的样品的热导率提升较大，但是其电输运性能的提升更加明显，因此最终 ZT 值提升较多，最大 ZT 值在 773 K 达到 0.13。另一个 ZT 值提升较大的样品为 $Bi_{5.95}Ce_{0.05}Cu_2Se_{3.6}Cl_{0.4}O_6$，其电导率的提升虽然不如 $Bi_{5.9}Zr_{0.1}Cu_2Se_{3.6}Cl_{0.4}O_6$ 明显，但是 Ce 的掺杂进一步降低了样品的总热导率，所以其最终 ZT 值提升明显，在 823 K 时，其最大 ZT 值甚至高于 $Bi_{5.9}Zr_{0.1}Cu_2Se_{3.6}Cl_{0.4}O_6$ 在同温度点的 ZT 值，达到了 0.14。

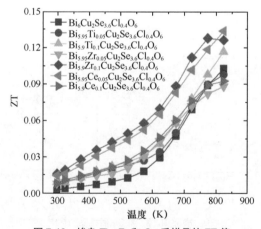

图 7-40　掺杂 Ti、Zr 和 Ce 后样品的 ZT 值

本节介绍了一种新型的 N 型氧硫族化合物 $Bi_6Cu_2Se_4O_6$，并对其晶体结构进行了一定的分析，由于其同时具有 BiCuSeO 和 Bi_2O_2Se 中的两种层状结构，因此 $Bi_6Cu_2Se_4O_6$ 具有较低的热导率，这有利于其在热电材料领域的应用。首先使用卤族元素 Cl 和 Br 在 Se 位进行掺杂，发现 Cl 和 Br 可以有效提升 $Bi_6Cu_2Se_4O_6$ 的电输运性能，在进一步实验中，通过用高价态元素 Ti、Zr 和 Ce 来掺杂，进一步提升了样品的电输运性能。这一系列的实验证明 $Bi_6Cu_2Se_4O_6$ 作为一种新型的 N 型氧硫族化合物，其在热电领域具有一定的研究意义。

7.5　基于 N 型 BiCuSeO 的器件构筑尝试

热电材料的应用主要包括两部分——基于泽贝克效应的温差发电和基于佩尔捷效应的热电制冷，图 7-41（a）和图 7-41（b）分别示出两种热电器件的基本原理，可以看出，简易的热电器件可以看作用电串联和热并联方式将 N 型元件和 P 型元件组合在一起的热电偶。

图 7-41（a）所示为温差发电机的原理，简易的温差发电机由一个热电偶组成，该热电偶由 N 型（电子过剩的材料）和 P 型（电子缺乏的材料）元素组成。将这些元素进行电串联、热并联，当有热量从热电偶一侧输入，同时从另一侧输出时，热电偶两端会产生一个电压，电压大小与温度梯度成正比。

图 7-41（b）所示为热电制冷（制热）机的原理，当有直流电经过热电偶时，由于外部电流的驱动作用，当载流子由高势能端向低势能端迁移时，这个势能差将以热能形式释放，热电器件为放热端。反之，当载流子由低势能端向高势能端迁移时，这个势能差将从周围环境中补充，热电器件为吸热端。

热电器件的工作效率和温度（工作温度梯度和温度绝对值）有着重要的关联。我们都知道，当热电器件的两端存在温差时，热电器件可以在闭合回路中产生直流电。然而，现有的商用热电材料的最大 ZT 值只有 1 左右，且发电效率通常不超过 5%，这样的低热电转换效率严重制约了热电材料的应用。热电材料现阶段常应用于航空航天领域，或者对器件的可靠性、无机械做功部件和无使用噪声等有特殊要求的小众领域。即使在这些领域，热电材料也通常被限制在诸如小型制冷器件、小范围制冷、微功率电源、专用制冷器件或专用电源等极小的应用范围内。热电装置在温差发电中的最大效率表示为 η_p，可以

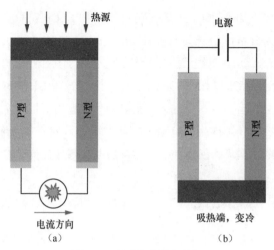

图 7-41 单个热电器件示意
（a）温差发电机；（b）热电制冷机

由如下关系式得到：

$$\eta_{\mathrm{p}} = \left(\frac{T_{\mathrm{h}} - T_{\mathrm{c}}}{T_{\mathrm{h}}} \right) \cdot \left[\frac{\left(1 + Z^{*}\overline{T}\right)^{1/2} - 1}{\left(1 + Z^{*}\overline{T}\right)^{1/2} + 1} \right] \tag{7-4}$$

其中，Z^{*} 为热电装置中 P 型 /N 型热电偶的最佳 Z 值（Z 为 ZT 中的 Z），T_{h} 和 T_{c} 分别代表热电器件热端和冷端的温度，$\overline{T}$ 为 T_{h} 和 T_{c} 的平均值。从式（7-4）的前半部分可以看出，η_{p} 与 T_{h} 和 T_{c} 的差值呈正相关关系，类似于卡诺效率，而后半部分说明 ZT_{ave} 值对于热电转换效率的重要性，即 ZT_{ave} 值越大，最大效率 η_{p} 越高。在热电制冷的应用中，制冷效率 η_{c} 可以由如下关系式得到：

$$\eta_{\mathrm{c}} = \frac{Q_{\mathrm{c}}}{P} = \frac{T_{\mathrm{c}}}{T_{\mathrm{h}} - T_{\mathrm{c}}} \cdot \left[\frac{\left(1 + Z^{*}\overline{T}\right)^{1/2} - \dfrac{T_{\mathrm{h}}}{T_{\mathrm{c}}}}{\left(1 + Z^{*}\overline{T}\right)^{1/2} + 1} \right] \tag{7-5}$$

其中，P 为输入电能，Q_{c} 为冷却能力。同样地，在同一温度下，ZT_{ave} 值越大，制冷效率也越高。

图 7-42 所示为热电转换效率与温差、ZT 值的关系，从图中可以看出，无

论是发电还是制冷，当温差一定时，ZT 值越大，热电转换效率越高。当温差为 400 K、ZT 值为 2.0 时，热电转换效率只有不到 20%，而在同样的温差下，当 ZT 值为 5.0 时，热电转换效率可以达到近 27%。因此，提升热电材料的 ZT 值是热电材料研究的重点。

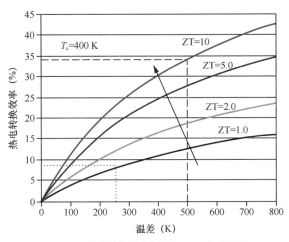

图 7-42　热电转换效率与温差、ZT 值的关系

在实际的应用中，单一的一组热电器件无法满足工业生产的需求，通常将几组或几百组的热电器件（单组 P 型 /N 型热电偶）通过一定的方式串联成一个热电模块。基于热电器件的基本原理，人们制作了不同类型的热电器件以适应不同的应用场景，如管式热电模块、Y 型热电模块、π 型热电模块和基于薄膜热电材料制作的柔性热电模块。由于本书中使用 π 型连接来搭建热电模块，因此只对 π 型热电模块进行简要介绍。图 7-43 所示为 π 型热电模块示意，单个 P 型和 N 型元件之间通过灰色的导电部件进行串联，同时，P 型和 N 型元件之间应保持一定间距，可以加入绝缘材料以避免元件直接相连，同时有必要在整个模块之外覆盖其他材料，以保护热电模块免受工作环境的影响。实际应用时的模块设计，需要考虑更加全面，如内部材料的热膨胀系数应该尽量接近，以防止热电模块在组装和使用过程中由于热循环产生的内部应力而失效；内部材料和热电设备外部材料（连接材料、界面材料）之间的相互扩散以及升华也需要着重考虑。总而言之，热电模块的设计需要系统、全面考虑，从而使热电模块的转换效率接近理论转换效率。

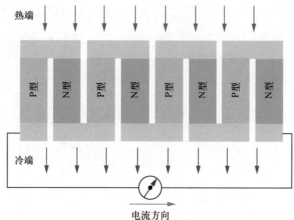

图 7-43　π 型热电模块示意

对于热电器件的搭建，首先要选择合适的 P 型和 N 型氧硫族化合物材料。对于 P 型元件，在已有的实验结果中，$Bi_{0.88}Ca_{0.06}Pb_{0.06}CuSeO$ 的最大 ZT 值在 873 K 已经达到了 1.5，因此本书选用 $Bi_{0.88}Ca_{0.06}Pb_{0.06}CuSeO$ 作为热电器件的 P 型元件材料；而对于 N 型元件，前文中已经进行了详细的探讨，将选用 $Bi_6Cu_2Se_{3.2}Br_{0.8}O_6$，其最大 ZT 值在 823 K 可以达到 0.15。虽然 N 型 $Bi_6Cu_2Se_{3.2}Br_{0.8}O_6$ 的最大 ZT 值只有 P 型 $Bi_{0.88}Ca_{0.06}Pb_{0.06}CuSeO$ 的十分之一，但这已经是实验上得到的最佳样品。

研究人员将经 SPS 处理后的 $Bi_6Cu_2Se_{3.2}Br_{0.8}O_6$ 和 $Bi_{0.88}Ca_{0.06}Pb_{0.06}CuSeO$ 样品分别切成 8 个 8 mm× 3 mm× 3 mm 的长方体元件，然后按照图 7-44（a）中的热电模块示意图进行组装，从图中可以看出整个热电模块的上部分和下部分分别为两块 2 mm 厚的正方形 Al_2N_3 陶瓷片。选择 Al_2N_3 陶瓷片的原因在于其具有较好的导热性能，可以将热端吸收的热量均匀地分布在 P 型和 N 型元件上。用导电银胶将铜片与 Al_2N_3 陶瓷片粘合在一起，铜片通过导电银胶将每个分立的 P 型和 N 型元件通过电串联连接在一起。为了防止载流子产生横向输运现象，不同的 P 型和 N 型元件之间以空气作为绝缘层，并不直接接触，最后选出两个端点引出铜片作为测试引线。图 7-44（b）所示为基于氧硫族化合物制作的热电模块的俯视图，正方形 Al_2N_3 陶瓷片作为基板将整个模块的共 16 个 P 型和 N 型元件固定在一起，左边的铜片作为引线，方便进行测试。从图 7-44（c）中的热电模块侧视图可以看出，P 型和 N 型元件相互分离，没有接触。

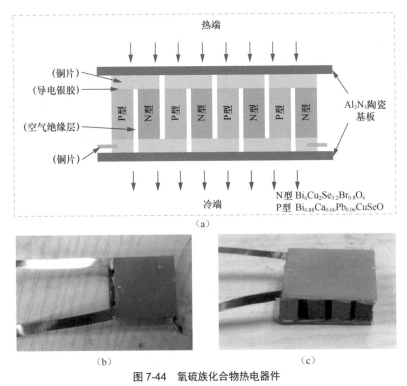

图 7-44　氧硫族化合物热电器件

（a）热电模块示意图；（b）实物图（俯视）；（c）实物图（侧视）

研究人员对氧硫族化合物热电器件进行了简单的电输运性能测试，如图 7-45 所示，以酒精灯为热源对氧硫族化合物热电器件的热端进行加热，同时在器件的铜引线处接入万用表进行直流电测试，其中红线接正极，黑线接负极。在实验中，当酒精灯开始接近热电器件热端时，万用表即刻产生示数，表明样品组装成功，随着加热时间增加，万用表示数也逐渐增加，最大示数可以达到 380 μA。

这个简易的测试证明我们基于氧硫族化合物热电器件成功组装了热电回路，同时证明了基于 P 型 $Bi_{0.88}Ca_{0.06}Pb_{0.06}CuSeO$ 和 N 型 $Bi_6Cu_2Se_{3.2}Br_{0.8}O_6$ 组装热电模块的可行性。与此同时要注意，由于 N 型 $Bi_6Cu_2Se_{3.2}Br_{0.8}O_6$ 的 ZT 值较低，我们组装的热电模块性能受限，需要进一步寻找更高性能的 N 型氧硫族化合物。

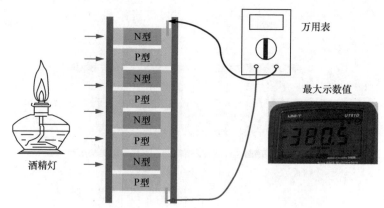

图 7-45　以酒精灯为热源测试氧硫族化合物热电器件

7.6　本章小结

　　研究人员以 BiCuSeO 和 $Bi_6Cu_2Se_4O_6$ 为研究对象进行 N 型氧硫族化合物的相关研究，进一步证明本征 BiCuSeO 的 P 型电输运性能源自其 Bi 和 Cu 位的空位的存在。在 Bi 和 Cu 同时过量的 $Bi_{1.04}Cu_{1.05}SeO$ 中，用卤族元素在 Se 位掺杂来增加样品中的电子载流子浓度，成功实现了 P 型 $Bi_{1.04}Cu_{1.05}SeO$ 向 N 型 $Bi_{1.04}Cu_{1.05}Se_{1-x}M_xO$（M = Cl、Br、I）的转变，但样品仅在中温区表现出 N 型电输运性能，在室温附近和高温区表现出 P 型电输运性能。泽贝克系数曲线整体呈现 U 形。新型氧硫族化合物热电材料 $Bi_6Cu_2Se_4O_6$ 是一种和 BiCuSeO 结构类似的同类物。$Bi_6Cu_2Se_{4-x}M_xO_6$（M = Br、Cl，$x=0$、0.2、0.4、0.6、0.8 和 1.0）可以在整个测试温区内表现出 N 型电输运性能。采用之前文献报道的 $Bi_{0.88}Ca_{0.06}Pb_{0.06}CuSeO$ 作为 P 型元件，采用 $Bi_6Cu_2Se_{3.2}Br_{0.8}O_6$ 作为 N 型元件，成功组装了基于氧硫族化合物的热电器件，并在实验中测得电流最大为 380 μA 的信号。我们也期待后续开展更多关于 N 型氧硫族化合物 BiCuSeO 的研究工作。

7.7　参考文献

[1]　YANG J, YANG G, ZHANG G, et al. Low effective mass leading to an improved ZT value by 32% for n-type BiCuSeO: a first-principles study [J]. Journal of

Materials Chemistry A, 2014, 2(34): 13923-13931.

[2]　SHEN J H, CHEN Y. Silicon as an unexpected n-type dopant in BiCuSeO thermoelectrics [J]. Acs Applied Materials & Interfaces, 2017, 9(33): 27372-27376.

[3]　TAN S G, GAO C H, WANG C, et al. Realization of n-type BiCuSeO through Co doping [J]. Solid State Sciences, 2019, 98: 106019.

[4]　PAN L, LANG Y D, ZHAO L, et al. Realization of n-type and enhanced thermoelectric performance of p-type BiCuSeO by controlled iron incorporation [J]. Journal of Materials Chemistry A, 2018, 6(27): 13340-13349.

[5]　ZHANG X, FENG D, HE J, et al. Attempting to realize n-type BiCuSeO [J]. Journal of Solid State Chemistry, 2018, 258: 510-516.

[6]　ZHAO L D, HE J, BERARDAN D, et al. BiCuSeO oxyselenides: new promising thermoelectric materials [J]. Energy & Environmental Science, 2014, 7(9): 2900-2924.

[7]　QIAN X, WU H, WANG D, et al. Synergistically optimizing interdependent thermoelectric parameters of n-type PbSe through introducing a small amount of Zn [J]. Materials Today Physics, 2019, 9: 100102.

[8]　BLOCHL P. Projector augmented-wave method [J]. Physical Review B, 1994, 50(24): 17953.

[9]　KRESSE G, JOUBERT D. From ultrasoft pseudopotentials to the projector augmented-wave method [J]. Physical Review B, 1999, 59(3): 1758.

[10]　PERDEW J P, BURKE K, ERNZERHOF M. Generalized gradient approximation made simple [J]. Physical Review Letters, 1996, 77(18): 3865.

[11]　TANG G, YANG C, STROPPA A, et al. Revealing the role of thiocyanate anion in layered hybrid halide perovskite $(CH_3NH_3)_2Pb(SCN)_2I_2$ [J]. Journal of Chemical Physics, 2017, 146(22): 224702.

[12]　RULEOVA P, DRASAR C, LOSTAK P, et al. Thermoelectric properties of Bi_2O_2Se [J]. Materials Chemistry and Physics, 2010, 119(1): 299-302.

[13]　LI F, WEI T R, KANG F Y, et al. Enhanced thermoelectric performance of Ca-doped BiCuSeO in a wide temperature range [J]. Journal of Materials Chemistry A, 2013, 1(38): 11942-11949.

[14] PEI Y L, HE J Q, LI J F, et al. High thermoelectric performance of oxyselenides: Intrinsically low thermal conductivity of Ca-doped BiCuSeO [J]. NPG Asia Materials, 2013, 5:e47.

[15] PEI Y L, WU H J, WU D, et al. High thermoelectric performance realized in a BiCuSeO system by improving carrier mobility through 3D modulation doping [J]. Journal of the American Chemical Society, 2014, 136(39): 13902-13908.

[16] LI G D, HAO S Q, MOROZOV S I, et al. Grain boundaries softening thermoelectric oxide BiCuSeO [J]. ACS Applied Materials & Interfaces, 2018, 10(7): 6772-6777.

[17] VIENNOIS R, HERMET P, BEAUDHUIN M, et al. Lattice dynamics study of thermoelectric oxychalcogenide BiCuChO (Ch = Se, S) [J]. Journal of Physical Chemistry C, 2019, 123(26): 16046-16057.

[18] LIU Y C, LAN J L, ZHAN B, et al. Thermoelectric properties of Pb-Doped BiCuSeO ceramics [J]. Journal of the American Ceramic Society, 2013, 96(9): 2710-2713.

[19] VAQUEIRO P, AL ORABI R A R, LUU S D N, et al. The role of copper in the thermal conductivity of thermoelectric oxychalcogenides: Do lone pairs matter? [J]. Physical Chemistry Chemical Physics, 2015, 17(47): 31735-31740.

[20] ZHAN B, BUTT S, LIU Y C, et al. High-temperature thermoelectric behaviors of Sn-doped n-type Bi_2O_2Se ceramics [J]. Journal of Electroceramics, 2015, 34(2): 175-179.

[21] PAN L, ZHAO L, ZHANG X X, et al. Significant optimization of electron-phonon transport of n-type Bi_2O_2Se by mechanical manipulation of Se vacancies via shear exfoliation [J]. ACS Applied Materials & Interfaces, 2019, 11(24): 21603-21609.

[22] TAN X, LIU Y C, HU K R, et al. Synergistically optimizing electrical and thermal transport properties of Bi_2O_2Se ceramics by Te-substitution [J]. Journal of the American Ceramic Society, 2018, 101(1): 326-333.

[23] GIBSON Q D, DYER M S, WHITEHEAD G F S, et al. $Bi_4O_4Cu_{1.7}Se_{2.7}Cl_{0.3}$: Intergrowth of BiOCuSe and Bi_2O_2Se Stabilized by the Addition of a Third Anion [J]. Journal of the American Chemical Society, 2017, 139(44): 15568-15571.

[24] GIBSON Q D, DYER M S, ROBERTSON C, et al. $Bi_{2+2n}O_{2+2n}Cu_{2-\delta}Se_{2+n-\delta}X_\delta$ (X =

Cl, Br): A three-anion homologous series [J]. Inorganic Chemistry, 2018, 57(20): 12489-12500.

[25] SUI J H, LI J, HE J Q, et al. Texturation boosts the thermoelectric performance of BiCuSeO oxyselenides [J]. Energy & Environmental Science, 2013, 6(10): 2916-2920.

[26] KUROSAKI K, KOSUGA A, MUTA H, et al. Ag_9TlTe_5: a high-performance thermoelectric bulk material with extremely low thermal conductivity [J]. Applied Physics Letters, 2005, 87(6): 061919.

[27] WAN C L, PAN W, XU Q, et al. Effect of point defects on the thermal transport properties of $(La_xGd_{1-x})_2Zr_2O_7$: experiment and theoretical model [J]. Physical Review B, 2006, 74(14): 144109.

[28] CHO J Y, SHI X, SALVADOR J R, et al. Thermoelectric properties and investigations of low thermal conductivity in Ga-doped Cu_2GeSe_3 [J]. Physical Review B, 2011, 84(8): 085207.

[29] SONG H Y, GE X J, SHANG M Y, et al. Intrinsically low thermal conductivity of bismuth oxychalcogenides originating from interlayer coupling [J]. Physical Chemistry Chemical Physics, 2019, 21(33): 18259-18264.

第8章 结语和展望

8.1 引言

1980 年，BiCuSeO 作为超导体被发现，后来成为富有潜力的热电材料，尤其是某些特定服役条件要求其具有较好的高温稳定性，氧硫族化合物 BiCuSeO 因具备抗氧化性和热稳定性、无毒、储量丰富、成本低等特性，一直备受关注。经过国内外热电材料研究人员的共同努力，已形成了诸多关于 BiCuSeO 热电性能的提升策略。本书总结了比较具有代表性的研究策略：P 型 BiCuSeO 载流子浓度优化策略，P 型 BiCuSeO 载流子迁移率提升策略，Pb 协同优化 P 型 BiCuSeO 的热电输运机制，基于 N 型 BiCuSeO 的器件构筑策略。当然，除了本书介绍的策略外，还有一些具有影响力的研究策略，比如磁性复合策略 [1]、热输运机理研究策略 [2]。下面给大家简单介绍这些策略。

8.2 其他研究策略

研究人员 [1] 提出了一种磁性复合策略，即利用磁性离子获得显著增强的泽贝克系数、高电导率和低热导率，以优化 BiCuSeO 的热电性能。如图 8-1 所示，研究人员发现 Ba、Ni 共掺样品与单掺 Ba 样品相比，其泽贝克系数显著增加，这是由于磁性镍离子引入自旋熵引起的。同时，采用 Ba 和 Ni 共掺策略可以提高电导率。显著增强的泽贝克系数与增强的电导率使得样品的功率因子增加。

另外，双原子点缺陷也增强了声子散射，继而产生了较低的晶格热导率（$0.54\ \mathrm{W \cdot m^{-1} \cdot K^{-1}}$），如图 8-2 所示。增强的功率因子结合降低的热导率使 $\mathrm{Bi_{0.875}Ba_{0.125}Cu_{0.85}Ni_{0.15}SeO}$ 在 923 K 时的 ZT 值达到 0.97，如图 8-3 所示。该研究为设计有潜力的磁性热电材料提供了新的途径和策略。

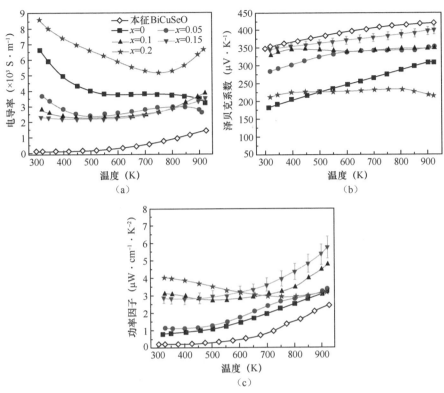

图 8-1 Bi$_{0.875}$Ba$_{0.125}$Cu$_{1-x}$Ni$_x$SeO、本征 BiCuSeO 样品的电输运性能的温度依赖性

（a）电导率；（b）泽贝克系数；（c）功率因子

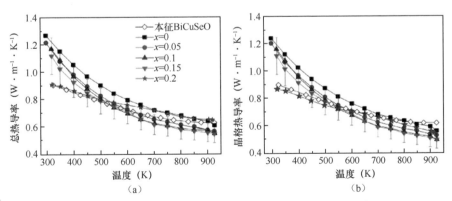

图 8-2 Bi$_{0.875}$Ba$_{0.125}$Cu$_{1-x}$Ni$_x$SeO 和本征 BiCuSeO 样品的热导率

（a）总热导率；（b）晶格热导率

研究人员进一步揭示了磁性复合对泽贝克系数的影响机理。他们发现在

923 K 下，$Bi_{0.875}Ba_{0.125}Cu_{0.85}Ni_{0.15}SeO$ 的泽贝克系数为 403 $\mu V \cdot K^{-1}$，在相同温度下明显大于文献报道的其他元素掺杂的 BiCuSeO 样品，如图 8-4（a）所示[3-7]。例如，该值大约是以前报道的三维调制掺杂 $Bi_{0.875}Ba_{0.125}CuSeO$[4] 和 Ca、Pb 共掺 BiCuSeO 样品 ZT 值的两倍[7]。研究人员在 293 K 以下的低温段也观察到泽贝克系数的大幅增加，如图 8-4（b）所示。我们对图 8-4（b）中 15 ~ 293 K 温区内 $Bi_{0.875}Ba_{0.125}Cu_{0.85}Ni_{0.15}SeO$ 与 $Bi_{0.875}Ba_{0.125}CuSeO$ 的泽贝克系数进行了比较。在 $Bi_{0.875}Ba_{0.125}Cu_{0.85}Ni_{0.15}SeO$ 中，观察到泽贝克系数与温度存在典型的线性依赖关系，显示了费米 - 液体行为[8]。研究人员发现泽贝克系数（300 K）从 $Bi_{0.875}Ba_{0.125}CuSeO$ 的 115 $\mu V \cdot K^{-1}$ 增加到 $Bi_{0.875}Ba_{0.125}Cu_{0.85}Ni_{0.15}SeO$ 的 314 $\mu V \cdot K^{-1}$，通过加入磁性过渡金属 Ni，300 K 时的泽贝克系数增加了约 173%。

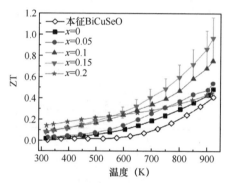

图 8-3　$Bi_{0.875}Ba_{0.125}Cu_{1-x}Ni_xSeO$ 和本征 BiCuSeO 样品的 ZT 值与温度的关系

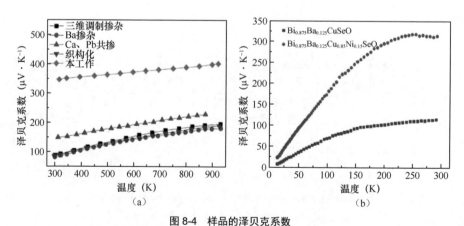

图 8-4　样品的泽贝克系数

（a）$Bi_{0.875}Ba_{0.125}Cu_{0.85}Ni_{0.15}SeO$ 的泽贝克系数与参考文献中样品的比较；

（b）在 15 ~ 293 K 的低温段，$Bi_{0.875}Ba_{0.125}Cu_{0.85}Ni_{0.15}SeO$ 和 $Bi_{0.875}Ba_{0.125}CuSeO$ 的泽贝克系数

研究人员计算了不同温度下的泽贝克系数。图 8-5（a）中的两条实线是基于多价带模型的理论计算值，将其与不同温度（300 K 和 923 K）下不同镍掺杂量（$x = 0 \sim 0.15$）样品的实验泽贝克系数进行了比较。图 8-5（a）中最右边的点表示 Ba 取代 Bi 的空穴掺杂，此时尚未有 Ni 掺杂。随着越来越多的 Ni 取代 Cu，空穴载流子浓度减小。泽贝克系数与载流子浓度之间的理论关系已经被用来验证带结构的变化，如带收敛的特征[9, 10]。计算出的本征 BiCuSeO 的能带结构显示出一些轻价带和重价带的收敛性[11]。研究人员分析带收敛图可知，不能通过空穴掺杂来优化带收敛以增强热电势[12]，因为没有进一步的带收敛的空间。然而，从图 8-5（a）中可以看出。Ba 和 Ni 共掺样品在 300 K 下的泽贝克系数位于红色理论线上方。随着温度的升高，实验数值与理论数值之间的差值变大，例如，在 923 K 时，实验数值与理论数值之间的差距相比 300 K 更大。值得说明的是，在 300 K 处计算的理论数值与 Mg 掺杂 BiSeCuO 的实验数值相吻合[13]，表明研究人员的计算在处理非磁性离子替代方面是可靠的。因此研究人员努力寻找其他原因，而不是用带收敛图来解释泽贝克系数增强的现象。他们定义了 $\Delta S = S_{exp} - S_{cal}$ 为实验泽贝克系数与理论泽贝克系数之间的差值，并在图 8-5（b）中显示了 ΔS 与温度和 Ni 掺杂量的依赖性。泽贝克系数的差值在 Ni 掺杂量较高时更明显，923 K 的差值大于 300 K 的差值。

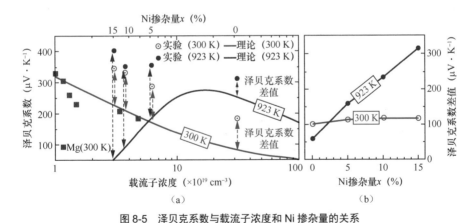

图 8-5 泽贝克系数与载流子浓度和 Ni 掺杂量的关系

（a）BiCuSeO 在 300 K 和 923 K 时的泽贝克系数与载流子浓度的关系；（b）泽贝克系数差值 ΔS 与 Ni 掺杂量关系

磁性 Ni 离子的显著特征是，电子自旋构型在真实空间中的简并性可以产生自旋熵。Ni 离子未配对时的 3d 电子可以产生额外的自旋熵，引起总自旋熵和泽贝克系数的增加。在自旋熵图中 [14]，对一个自旋 s，自旋熵贡献了一个高达 $(k_B/q) \ln(2s+1) \approx 87\ln(2s+1)$ $\mu V \cdot K^{-1}$ 的泽贝克系数 [8, 14]。自旋熵对泽贝克系数的贡献可以表示为 $\Delta S \sim x \cdot f(T, B)$[14]，其中 x 为 Ni 掺杂量，T 为温度，B 为磁感应强度，f 为 T 和 B 的单调函数。针对 Ni 和 Ba 掺杂的 BiCuSeO 的自旋熵图，研究人员发现了以下几点：（1）自旋熵与磁性离子密度呈线性关系（x 为 Ni 掺杂量），由图 8-5（b）可以看出，在 300 K 和 923 K 处的 ΔS 与 x 呈线性依赖关系；（2）热激发释放自旋熵，从图 8-5（b）中也观察到 ΔS 的温度依赖性；（3）磁场抑制自旋熵，研究人员的磁热电实验结果显示了类似的温度依赖行为。

如图 8-6 所示，研究人员观察到磁场使得泽贝克系数明显下降，这证实了自旋熵对泽贝克系数的贡献很大。这种场抑制行为被认为是自旋熵的典型特征，磁场去除了自旋简并度，使得自旋熵降低。事实上，一个足以提高 Ni 离子自旋简并度的磁场可以将自旋熵降至零。以上证据表明，泽贝克系数的显著增强主要归因于磁性 Ni 离子引入的自旋熵。功率因子（PF）可通过提高泽贝克系数进行优化。与本征 BiCuSeO 和 Ba 单掺样品相比，Ni 和 Ba 共掺样品的 PF 显著增强。$Bi_{0.875}Ba_{0.125}Cu_{0.85}Ni_{0.15}SeO$ 的最大 PF 为 5.7 $\mu W \cdot cm^{-1} \cdot K^{-2}$（923 K），约为本征 BiCuSeO（2.3 $\mu W \cdot cm^{-1} \cdot K^{-2}$）的 2.5 倍。

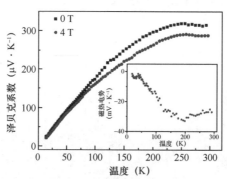

图 8-6　$Bi_{0.875}Ba_{0.125}Cu_{0.85}Ni_{0.15}SeO$ 的泽贝克系数与温度的依赖关系，插图显示了磁热电势与温度的关系

研究人员还进行了纳米第二相对热输运影响的机理研究 [2]。纳米结构常用来提高材料的热电性能，从实验的角度来看，这些纳米第二相既可以通过掺杂偶然获得，也可以通过纳米复合材料得到，关于它们对局部热输运的影响机理仍有进一步研究的空间。因此，研究人员以 Pb 掺杂的 BiCuSeO 和 BiCuSeO-rGO（rGO：还原氧化石墨烯）为研究对象，通过定量扫描热显微镜结合有限

元模拟揭示了第二相对局部热输运的影响。结果表明，Pb 掺杂有效降低了
BiCuSeO 的热导率，而石墨烯第二相则略微提高了热导率。该工作为调整
BiCuSeO 的热输运性能提供了指导。

　　研究人员采用图 8-7（a）中定量扫描热显微镜[15, 16]来阐明第二相对热导
率的影响。该装置的关键部件是一个惠斯通桥，它包括一个微制的热探针[17-19]
（热探针作为一个臂），两个阻力恒定的臂，以及用于平衡惠斯通桥电压的可变
电阻。当热探针接触样品表面时，样品与热探针之间发生热传导，导致热探针
温度下降。温度与热探针电阻有很好的相关性，如图 8-7（b）所示。因此可以
基于桥接电压精确测量、定量表征热导率，仪器的温度分辨率约为 0.2 K。

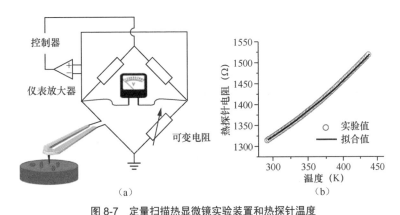

图 8-7　定量扫描热显微镜实验装置和热探针温度

（a）实验装置原理示意；（b）热探针温度与热探针电阻之间的关系

　　研究人员采用有限元法（Finite Element Method，FEM）对该过程进行了
模拟，如图 8-8 所示。考虑热探针、空气和样品之间发生的热传导，不考虑热
辐射和热对流造成的热损失，它们与总热导率相比可以忽略不计[15]。在 3 V
驱动电压激发下，空气中热探针周围的温度分布如图 8-8（a）所示。随着驱动
电压的增加，通过桥接电压测量的热探针电阻以非线性的方式增加，可以通过
模拟很好捕获电阻值，如图 8-8（b）所示。当热探针与热导率为 $1\ W \cdot m^{-1} \cdot K^{-1}$
的样品接触时，热探针-样品的热传导导致热探针温度下降，如图 8-8（c）所示。
在恒定的 3 V 驱动电压下，当热探针接触到不同校准样品时，热探针电阻的变
化与有限元模拟结果吻合，如图 8-8（d）所示。对于每个校准样品，测量热
探针尖端随机接触 5 个点时的电阻变化，然后取平均值，得到实验值。在整个
实验中，热探针尖端与样品之间的接触力保持不变。很明显，热导率较低的材

料，特别是热导率为 $1W \cdot m^{-1} \cdot K^{-1}$ 左右以及热导率更低的材料，它们对测量更敏感。对于这些材料，热探针的温度下降幅度较小，因此图 8-8（d）中曲线的斜率更大。

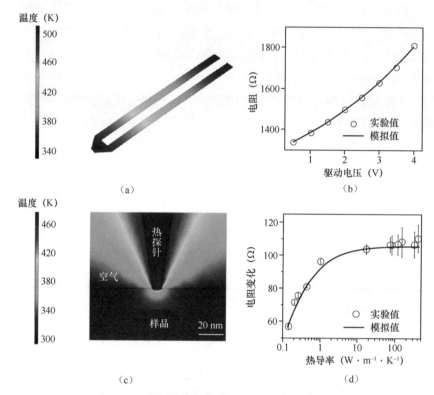

图 8-8　3V 驱动电压下热探针的有限元模拟与校准

（a）空气中热探针周围的温度分布；（b）空气中热探针电阻与驱动电压的关系；（c）与热导率为 $1 W \cdot m^{-1} \cdot K^{-1}$ 的均匀样品接触的热探针的截面温度分布；（d）探针电阻变化

研究人员研究了嵌入还原氧化石墨烯第二相的 BiCuSeO 的热导率，如图 8-9 所示。首先用固相烧结法制备 BiCuSeO 粉末，然后将其与 0.4%（质量分数）的还原氧化石墨烯粉末混合，接着进行 SPS 处理。图 8-9（a）中的 SEM 图像和图 8-9（b）、图 8-9（c）中的 Bi 和 C 的元素分布图清楚地显示了 BiCuSeO 和 rGO 两相，并且图 8-9（d）中的光学显微镜图像也给出明显的两相对比结果。图 8-9（e）展示了一个较粗糙的表面，因为还原氧化石墨烯很难抛光。图 8-9（f）中惠斯通桥电压分布清楚地揭示了两相对比，基体 BiCuSeO 有较大的桥式电压下降，表明其在接触热探针时温度下降较多，因此具有较高的热导率。图 8-9（g）所示为电阻变化的分布，通过图 8-8（d）中的校准曲线将其转换为图 8-9（h）中的热导率。从图 8-9（i）中两相的热导率分布的直方图可以看出，BiCuSeO 的热导率为（1.21 ± 0.02）W·m^{-1}·K^{-1}，rGO 的热导率为（1.10 ± 0.05）W·m^{-1}·K^{-1}，两者都与文献报道的各自的体积值高度一致[20-22]。观察表明，还原氧化石墨烯第二相对 BiCuSeO 的热导率影响不大，因此研究人员转向 Pb 掺杂对 BiCuSeO 热导率影响的研究。

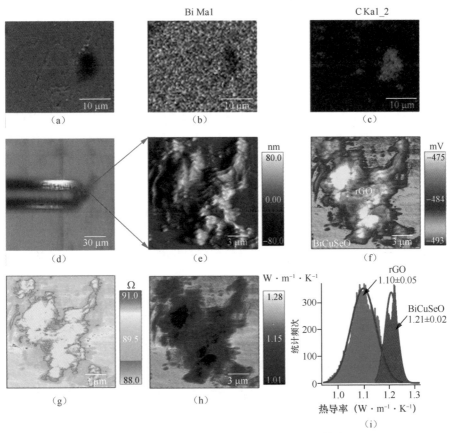

图 8-9　BiCuSeO-rGO 热导率的定量扫描热显微镜结果

（a）SEM 图像；（b）Bi 的元素分布；（c）C 的元素分布；（d）光学显微镜图像；（e）地形；
（f）惠斯通桥电压分布；（g）电阻变化分布；（h）热导率；（i）热导率分布的直方图

通过一步固相反应途径合成了掺杂 Pb 的 BiCuSeO[12, 23]，定量扫描热显微镜结果如图 8-10 所示。图 8-10（a）给出了样品的显微结构，样品中清晰显示出两个不同相。图 8-10（b）和图 8-10（c）中 Bi 和 Cu 的元素分布表明第二相缺 Bi 富 Cu。结合之前的数据 [24]，研究人员得出这两相分别为 BiCuSeO 和 Cu_2Se，光学显微镜图像 ［图 8-10 （d）］揭示了两相共存。研究人员选择了一个包含这两相的区域来进行定量扫描热显微镜映射。图 8-10 （e）给出了一个相对平坦的表面（与光学显微镜图像中的微观结构不相关），包含抛光过程产生的一些划痕。图 8-10 （f）中放大惠斯通桥电压的分布清楚地揭示了这两相对应的不同区域。由于接触时探针温度降低，惠斯通桥电压从零降到负值，基体 BiCuSeO 的热导率较低，因此电压下降幅度较低。电阻变化如图 8-10 （g）所示，通过计算惠斯通桥电压，得到热导率，如图 8-10 （h）所示。这两相的热导率分布的直方图如图 8-10 （i）所示，由此研究人员确定 BiCuSeO 的热导率为 $(0.778 \pm 0.003) \, W \cdot m^{-1} \cdot K^{-1}$，$Cu_2Se$ 的热导率为 $(0.782 \pm 0.003) \, W \cdot m^{-1} \cdot K^{-1}$。测量的 BiCuSeO 的热导率与文献值 $(1.02 \pm 0.2) \, W \cdot m^{-1} \cdot K^{-1}$[20] 不匹配，但与 $Bi_{0.94}Pb_{0.06}CuSeO_{0.79}$ 的文献值 $(0.79 \pm 0.06) \, W \cdot m^{-1} \cdot K^{1}$ 接近 [23, 25]，证明了 Pb 掺杂有效降低了 BiCuSeO 的热导率。

综上所述，研究人员通过定量扫描热显微镜获得了两种具有 BiCuSeO 纳米结构样品的热导率的定量分布。结果表明，Pb 掺杂将 BiCuSeO 的热导率从 $(1.02 \pm 0.2) \, W \cdot m^{-1} \cdot K^{-1}$ 降低到 $(0.778 \pm 0.003) \, W \cdot m^{-1} \cdot K^{-1}$，而含还原氧化石墨烯样品的热导率增加到 $(1.21 \pm 0.02) \, W \cdot m^{-1} \cdot K^{-1}$。研究人员利用定量扫描热显微镜将局部热导率和微观结构联系起来，可用于指导 BiCuSeO 热电材料的设计和优化。

除了 P 型热电材料外，研究人员还对 N 型 BiCuSeO 材料性能进行探索。研究人员基于理论计算预测了 N 型 BiCuChO（Ch = Se、S）在单轴拉伸应变下可提升热电性能 [26]。BiCuChO（Ch = Se、S）作为一种很有潜力的热电材料，具有较低的本征热导率，与 P 型 BiCuChO 相比，N 型 BiCuChO 具有较好的导电性。因此，一种在提高泽贝克系数的同时保持电导率以提高 N 型 BiCuChO 热电性能的策略被提出。研究人员利用第一性原理计算，结合半经典玻耳兹曼输运理论，研究了单轴拉伸应变对 N 型 BiCuChO 电子结构和热电性能的影响。结果表明，单轴拉伸应变可以提高 BiCuChO 的泽贝克系数，对其电导率的影响可以忽略不计。这种增强源于电子态密度的增加和有效质量的增加，费米能级附近的导带沿 Γ 到 Z 方向更平坦。在 800 K 下，在载流子浓度同为 $3 \times 10^{20} \, cm^{-3}$ 的情况下，与未发生应变的样品相比，发生单轴拉伸应变的 N 型 BiCuSeO 的功率因子可提高 54%，N 型 BiCuSO 的功率因子可提高 74%。此外，研究人员还确定了不同形变下的最佳载流子浓度。这是开发高热电性能 BiCuSeO 的特殊策略，下面将详细介绍该工作的要点。

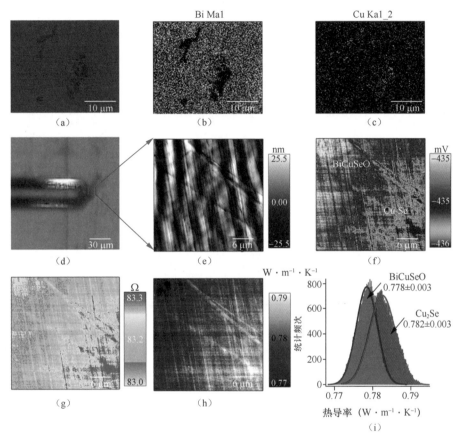

图 8-10　Pb 掺杂 BiCuSeO 样品的热导率的定量扫描热显微镜结果

（a）SEM 图像；（b）Bi 的元素分布；（c）Cu 的元素分布；（d）光学显微镜图像；（e）地形；
（f）放大惠斯通桥电压的分布；（g）电阻变化；（h）热导率；（i）热导率分布的直方图

前面介绍过 BiCuSeO 的典型晶体结构，如图 8-11（a）所示，其中 $[Cu_2Se_2]^{2-}$ 层和 $[Bi_2O_2]^{2+}$ 层沿 c 轴方向交替堆叠在一起，BiCuSO 的晶体结构与 BiCuSeO 相似。研究人员分析了单轴拉伸应变对电子结构的影响以及 N 型 BiCuChO 的热电性能，沿 c 轴施加单轴拉伸应变，并定义了 $\Delta c = (c - c_0)/c_0$。其中，c 和 c_0 是 BiCuChO 在发生应变和无应变时的优化晶格常数，这里的优化晶格常数是研究人员根据能量最小化的方法确定的。例如，无应变 BiCuChO（Ch = Se、S）的能量相对单胞体积的变化如图 8-11（b）、图 8-11（d）所示。不同单轴拉伸应变下的晶格常数如图 8-11（c）、图 8-11（e）所示。结果表明，单轴拉伸应变的增加导致 BiCuSeO 的面外晶格常数 c 增加，面内晶格常数 a 减小。BiCuSO 也有类似的趋势。既然 BiCuSeO 和 BiCuSO 的晶格常数都可以通过单轴拉伸应变调整，研究人员猜想单轴拉伸应变可能会影响电子结构，进而影响热电性能。

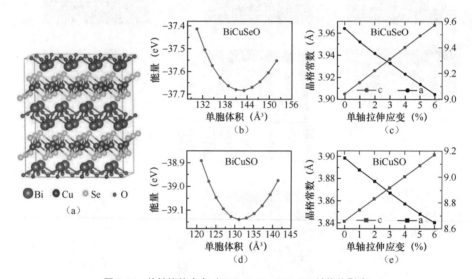

图 8-11　单轴拉伸应变对 BiCuSeO、BiCuSO 结构的影响

（a）BiCuSeO 的晶体结构；（b）BiCuSeO 的能量相对单胞体积的变化；
（c）BiCuSeO 的晶格常数随单轴拉伸应变的变化；（d）BiCuSO 的能量相对单胞体积的变化；
（e）BiCuSO 的晶格常数随单轴拉伸应变的变化

研究人员计算了不同单轴拉伸应变下 BiCuSeO 和 BiCuSO 的 DOS，结果如图 8-12 所示，当单轴拉伸应变增加时，费米能级附近的 DOS 曲线斜率更大，这与导带底附近的能量变化一致。在费米能级附近的 DOS 曲线斜率越大，越有利于增大泽贝克系数[12]，这也表明在单轴拉伸应变下，BiCuSeO 和 BiCuSO 的泽贝克系数可能增加。

为了详细研究单轴拉伸应变对 DOS 的影响，图 8-13 计算了投影态密度（PDOS），并给出每个原子在不同轨道上的态密度。在 BiCuSeO 和 BiCuSO 中，图 8-13（a）、图 8-13（d）表明，Bi 原子的 p 轨道在费米能级附近的导带底附

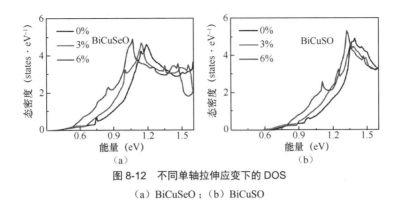

图 8-12　不同单轴拉伸应变下的 DOS
（a）BiCuSeO；（b）BiCuSO

近对 PDOS 贡献较大，而 O 原子、Se 原子、S 原子和 Cu 原子的贡献相对较小。在图 8-13 中，对于 BiCuSeO，随着单轴拉伸应变增加，每个原子的 PDOS 被移动到较低的能量，其中 1.2 eV 处的虚线被标记为区分 PDOS 位移；对于 BiCuSO，随着单轴拉伸应变的增加，PDOS 也向更低的能量处移动。

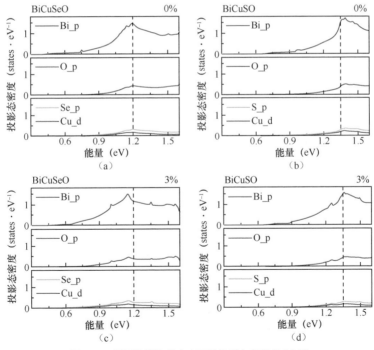

图 8-13　不同单轴拉伸应变下的投影态密度 (PDOS)
（a）BiCuSeO 在 0% 单轴拉伸应变下的 PDOS；（b）BiCuSO 在 0% 单轴拉伸应变下的 PDOS；
（c）BiCuSeO 在 3% 单轴拉伸应变下的 PDOS；（d）BiCuSO 在 3% 单轴拉伸应变下的 PDOS；

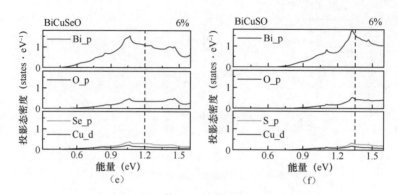

图 8-13　不同单轴拉伸应变下的投影态密度 (PDOS)（续）

（e）BiCuSeO 在 6% 单轴拉伸应变下的 PDOS；（f）BiCuSO 在 6% 单轴拉伸应变下的 PDOS

　　为了进一步说明单轴拉伸应变对 N 型 BiCuChO 热电材料电导率的影响，研究人员计算了不同单轴拉伸应变下，BiCuSeO 和 BiCuSO 在费米能级附近的部分电荷密度，如图 8-14 所示。部分电荷密度分布通常用于研究电导率[27]。由于 N 型 BiCuChO 的电输运性质是由费米能级附近的导带决定的，因此只给出了费米能级附近的 Bi 原子和 O 原子在导带（0～2 eV）附近的电荷密度分布。从图 8-14（a）中我们可以看出，由于 Bi 原子和 Bi 原子之间缺乏电荷密度分布，它们之间存在明显的反键特性，这决定了 N 型 BiCuSeO 的电导率与之前的报道[12]一致。随着应变从 0% 增加到 6%，如图 8-14（a）～图 8-14（c）所示，Bi 原子周围的电荷密度略有增加，表明 Bi-Bi 键强度在应变下略有减弱，导致在单轴拉伸应变增加的情况下 N 型 BiCuSeO 的电导率略有下降趋势。单轴拉伸应变下 N 型 BiCuSO 的部分电荷密度的变化趋势如图 8-14（d）～图 8-14（f）所示。BiCuSO 的情形与 BiCuSeO 相似，由于我们的讨论主题是 BiCuSeO，故不赘述。

　　在研究了单轴拉伸应变对 BiCuChO 电子结构的影响后，研究人员进一步研究了单轴拉伸应变对热电性能的影响，这是通过求解玻耳兹曼输运方程来估计的。在不同单轴拉伸应变下，N 型 BiCuSeO 和 BiCuSO 的热电性能随电子载流子浓度的变化如图 8-15 所示，选取的温度为 800 K，因为 BiCuSeO 和 BiCuSO 都属于中温区热电材料[28, 29]。在非应变状态下，N 型 BiCuSeO 和 BiCuSO 的泽贝克系数均为负值，泽贝克系数的绝对值随着电子载流子浓度的增加而降低 [见图 8-15（a）、图 8-15（d）]，而电导率随电子载流子浓度的增加而增加 [见图 8-15（b）、图 8-15（e）]。泽贝克系数和电导率相对电子载流子浓度的变化趋势相反，这导致功率因子具有最大值，如图 8-15（c）、图 8-15（f）

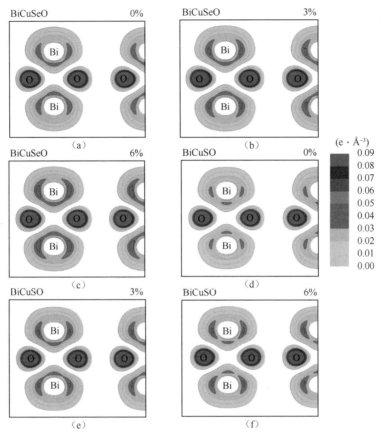

图 8-14　不同单轴拉伸应变下，Bi-O-Bi 平面上费米能级附近的部分电荷密度等高线图

（a）0% 单轴拉伸应变下的 BiCuSeO；（b）3% 单轴拉伸应变下的 BiCuSeO；（c）6% 单轴拉伸应变下的 BiCuSeO；（d）0% 单轴拉伸应变下的 BiCuSO；（e）3% 单轴拉伸应变下的 BiCuSO；（f）6% 单轴拉伸应变下的 BiCuSO

所示。与 N 型 BiCuSO 相比，N 型 BiCuSeO 具有较小的泽贝克系数（绝对值）和较高的电导率。众所周知，N 型热电材料的电导率主要由费米能级附近的导带决定。结合图 8-13 所示的在费米能级附近，BiCuSO 的 PDOS 曲线斜率比 BiCuSeO 的大，表明 N 型 BiCuSO 的泽贝克系数（绝对值）比 N 型 BiCuSeO 的大，而电导率的趋势正好相反[27]。在图 8-15（a）和图 8-15（d）中，当单轴拉伸应变应用于 N 型 BiCuSeO 和 BiCuSO 时，在很大的电子载流子浓度范围内可以观察到泽贝克系数的绝对值明显增大。值得一提的是，电导率的下降可以忽略不计，如图 8-15（b）所示。因此，单轴拉伸应变可以在提升泽贝克系数（绝对值）的同时保持电导率，从而显著提高了 N 型 BiCuSeO 和 BiCuSO 的功率因

子，如图 8-15（c）和图 8-15（f）所示。在单轴拉伸应变下，BiCuChO 费米能级附近的导带沿 Γ 到 Z 方向变得更平坦，表明当施加应变时，电子的有效质量增加。根据泽贝克系数与有效质量的关系，较大的有效质量导致较高的泽贝克系数。因此，在单轴拉伸应变下，电子有效质量增加，导致了泽贝克系数（绝对值）增大。同时也注意到，在单轴拉伸应变下，DOS 曲线在费米能级附近的斜率变大（见图 8-12），这有利于增加泽贝克系数（绝对值）[12]，再次说明了单轴拉伸应变可以提高 N 型 BiCuSeO 和 BiCuSO 的泽贝克系数（绝对值）。

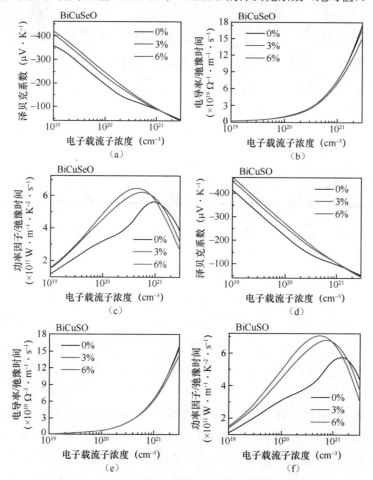

图 8-15　在 800 K 时，样品受不同单轴拉伸应变时的参数变化

（a）BiCuSeO 的泽贝克系数；（b）BiCuSeO 相对弛豫时间的电导率；
（c）BiCuSeO 相对弛豫时间的功率因子；（d）BiCuSO 的泽贝克系数；
（e）BiCuSO 相对弛豫时间的电导率；（f）BiCuSO 相对弛豫时间的功率因子

为了更清楚地展示单轴拉伸应变对热电性能的影响，在固定电子载流子浓度的情况下，N 型 BiCuSeO 和 BiCuSO 的功率因子与单轴拉伸应变的关系如图 8-16 所示。可以看出，对于 N 型 BiCuSeO 和 BiCuSO，在单轴拉伸应变增加到约 5% 后，功率因子达到平稳。与无应变相比，N 型 BiCuSeO 在单轴拉伸应变（6%）下的功率因子提高了 54%，N 型 BiCuSO 在单轴拉伸应变（6%）下的功率因子提高了 74%。此外，根据图 8-15（c）和图 8-15（f）的功率因子曲线，可以确定在每个单轴拉伸应变下功率因子达到峰值时的最佳电子载流子浓度，如图 8-17 所示。可以看出，N 型 BiCuSO 比 N 型 BiCuSeO 的功率因子更高，因为 N 型 BiCuSO 具有更高的泽贝克系数（绝对值），如图 8-15（a）和图 8-15（d）所示。

从图 8-17 中可以看出，N 型 BiCuSeO 和 BiCuSO 的功率因子都可以通过单轴拉伸应变来增强，但它们的最佳电子载流子浓度不同，这表明单轴拉伸应变是诱导提升热电性能的有效途径。

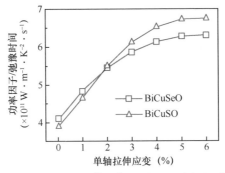

图 8-16　在 800 K 和载流子浓度为 $3 \times 10^{20}\,cm^{-3}$ 的条件下，功率因子与单轴拉伸应变的关系

基于第一性原理计算，研究了单轴拉伸应变下 BiCuChO 的电子结构，并利用半经典玻耳兹曼输运理论估计了 N 型 BiCuChO 的应变以及相关热电性能。电输运性能测试结果表明，在单轴拉伸应变下，BiCuChO 的泽贝克系数增加，电导率的降低可以忽略不计。电子结构计算结果表明，在应变作用下，费米能级附近的导带沿 Γ 到 Z 方向变得更平坦，使总态密度和有效质量曲线的斜率增加，泽贝克系数增强。与非应变相比，在 800 K、电子载流子浓度为 $3 \times 10^{20}\,cm^{-3}$ 时，N 型 BiCuSeO 的功率因子提高了 54%，N 型 BiCuSO 的功率因子提高了 74%，并确定了不同温度下的最佳电子载流子浓度。这为提高 N 型 BiCuChO 的热电性能提供了另一种策略。

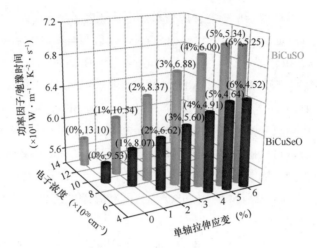

图 8-17　BiCuSeO 和 BiCuSO 在不同载流子浓度和单轴拉伸应变下的功率因子［其中，（0%，9.53）代表单轴拉伸应变为 0%，电子浓度为 $9.53 \times 10^{20}\,cm^{-3}$，余同］

　　除了以上介绍的研究策略外，得益于国内外研究人员的辛勤付出，目前每隔一段时间都会有新型研究策略出现。目前 BiCuSeO 已经发展成为极具潜力的兼具 P 型与 N 型电输运性能的热电材料。我们坚信在研究人员的努力下，未来将会有更多关于 BiCuSeO 热电材料的研究进展，这将带领 BiCuSeO 热电材料走向更加广阔的未来。

8.3　参考文献

[1]　WEN Q, CHANG C, PAN L, et al. Enhanced thermoelectric performance of BiCuSeO by increasing Seebeck coefficient through magnetic ion incorporation [J]. Journal of Materials Chemistry A, 2017, 5(26): 13392-13399.

[2]　ZHU Q, LIU J, LIN Y, et al. Spatially resolving heterogeneous thermal conductivity of BiCuSeO based thermoelectric nanostructures via scanning thermal microscopy [J]. Applied Physics Letters, 2020, 117(13): 133102.

[3]　ZHAO L D, HE J, BERARDAN D, et al. BiCuSeO oxyselenides: new promising thermoelectric materials [J]. Energy & Environmental Science, 2014, 7(9): 2900-2924.

[4]　PEI Y L, WU H, WU D, et al. High thermoelectric performance realized in a

BiCuSeO system by improving carrier mobility through 3D modulation doping [J]. Journal of the American Chemical Society, 2014, 136(39): 13902-13908.

[5]   SUI J, LI J, HE J, et al. Texturation boosts the thermoelectric performance of BiCuSeO oxyselenides [J]. Energy & Environmental Science, 2013, 6(10): 2916-2920.

[6]   LI J, SUI J, PEI Y, et al. A high thermoelectric figure of merit ZT >1 in Ba heavily doped BiCuSeO oxyselenides [J]. Energy & Environmental Science, 2012, 5(9): 8543-8547.

[7]   LIU Y, ZHAO L D, ZHU Y, et al. Synergistically optimizing electrical and thermal transport properties of BiCuSeO via a dual-doping approach [J]. Advanced Energy Materials, 2016, 6(9): 1502423.

[8]   LIMELETTE P, HEBERT S, HARDY V, et al. Scaling behavior in thermoelectric misfit cobalt oxides [J]. Physical Review Letters, 2006, 97(4): 046601.

[9]   HEREMANS J P, JOVOVIC V, TOBERER E S, et al. Enhancement of thermoelectric efficiency in PbTe by distortion of the electronic density of states [J]. Science, 2008, 321(5888): 554-557.

[10]   WU H J, CHANG C, FENG D, et al. Synergistically optimized electrical and thermal transport properties of SnTe via alloying high-solubility MnTe [J]. Energy & Environmental Science, 2015, 8(11): 3298-3312.

[11]   BARRETEAU C, BERARDAN D, AMZALLAG E, et al. Structural and Electronic Transport Properties in Sr-doped BiCuSeO [J]. Chemistry of Materials, 2012, 24(16): 3168-3178.

[12]   LI F, LI J F, ZHAO L D, et al. Polycrystalline BiCuSeO oxide as a potential thermoelectric material [J]. Energy & Environmental Science, 2012, 5(5): 7188-7195.

[13]   LAN J-L, ZHAN B, LIU Y C, et al. Doping for higher thermoelectric properties in p-type BiCuSeO oxyselenide [J]. Applied Physics Letters, 2013, 102(12): 123905.

[14]   WANG Y Y, ROGADO N S, CAVA R J, et al. Spin entropy as the likely source of enhanced thermopower in $Na_xCo_2O_4$ [J]. Nature, 2003, 423(6938): 425-428.

[15]   ESFAHANI E N, MA F, WANG S, et al. Quantitative nanoscale mapping of three-phase thermal conductivities in filled skutterudites via scanning thermal

microscopy [J]. National Science Review, 2018, 5(1): 59-69.

[16] PUMAROL M E, ROSAMOND M C, TOVEE P, et al. Direct nanoscale imaging of ballistic and diffusive thermal transport in graphene nanostructures [J]. Nano Letters, 2012, 12(6): 2906-2911.

[17] MUNOZ R M, MARTIN J, GRAUBY S, et al. Decrease in thermal conductivity in polymeric P3HT nanowires by size-reduction induced by crystal orientation: new approaches towards thermal transport engineering of organic materials [J]. Nanoscale, 2014, 6(14): 7858-7865.

[18] GRAUBY S, PUYOO E, RAMPNOUX J M, et al. Si and SiGe nanowires: fabrication process and thermal conductivity measurement by 3 omega-scanning thermal microscopy [J]. Journal of Physical Chemistry C, 2013, 117(17): 9025-9034.

[19] SHAN D, PAN K, LIU Y, et al. High fidelity direct measurement of local electrocaloric effect by scanning thermal microscopy [J]. Nano Energy, 2020, 67: 104203.

[20] REN G-K, WANG S-Y, ZHU Y-C, et al. Enhancing thermoelectric performance in hierarchically structured BiCuSeO by increasing bond covalency and weakening carrier-phonon coupling [J]. Energy & Environmental Science, 2017, 10(7): 1590-1599.

[21] HADADIAN M, GOHARSHADI E K, YOUSSEFI A. Electrical conductivity, thermal conductivity, and rheological properties of graphene oxide-based nanofluids [J]. Journal of Nanoparticle Research, 2014, 16(12): 2788.

[22] RENTERIA J D, RAMIREZ S, MALEKPOUR H, et al. Strongly anisotropic thermal conductivity of free-standing reduced graphene oxide films annealed at high temperature [J]. Advanced Functional Materials, 2015, 25(29): 4664-4672.

[23] LAN J-L, LIU Y-C, ZHAN B, et al. Enhanced thermoelectric properties of Pb-doped BiCuSeO ceramics [J]. Advanced Materials, 2013, 25(36): 5086-5090.

[24] DU Y, LI J, XU J, et al. Thermoelectric properties of reduced graphene oxide/ Bi_2Te_3 nanocomposites [J]. Energies, 2019, 12(12): 2430.

[25] ZHU H, LI Z, ZHAO C, et al. Efficient interlayer charge release for high-

performance layered thermoelectrics [J]. National Science Review, 2021, 8(2): nwaa085.

[26] ZOU C, LEI C, ZOU D, et al. Uniaxial tensile strain induced the enhancement of thermoelectric properties in n-type BiCuOCh (Ch = Se, S): a first principles study [J]. Materials, 2020, 13(7): 1755.

[27] ZOU D, XIE S, LIU Y, et al. Electronic structures and thermoelectric properties of layered BiCuOCh oxychalcogenides (Ch = S, Se and Te): first-principles calculations [J]. Journal of Materials Chemistry A, 2013, 1(31): 8888-8896.

[28] LI J, MA Z, WU K. Thermoelectric enhancement in sliver tantalate via strain-induced band modification and chemical bond softening [J]. RSC Advances, 2017, 7(14): 8460-8466.

[29] ZHAO L D, BERARDAN D, PEI Y L, et al. $Bi_{1-x}Sr_xCuSeO$ oxyselenides as promising thermoelectric materials [J]. Applied Physics Letters, 2010, 97(9): 092118.